Edizioni PensareDiverso
Collana "Il Campo di Coscienza".

Entanglement quantistico e campo di coscienza nella forma vivente.

Bruno Del Medico.

La biologia dei campi

Entanglement quantistico e campo di coscienza nella nuova biologia della vita.

Le implicazioni per la salute e la malattia

Bruno Del Medico Editore.
Edizioni PensareDiverso
edizioni@delmedico.it
www.giardinoquantico.it

Sommario.

Introduzione.

Che cos'è davvero un organismo vivente? Una macchina biochimica estremamente complessa, come ci ha insegnato la biologia del Novecento, oppure qualcosa di più: una struttura di senso, un sistema informativo capace di mantenere forma, identità e finalità nel tempo? La biologia dei campi nasce da questa domanda radicale e accompagna il lettore in un viaggio che attraversa scienza, filosofia e nuove frontiere del pensiero biologico.

Negli ultimi decenni, i successi della genetica molecolare e della biochimica hanno prodotto risultati straordinari, ma hanno anche messo in luce i limiti di un paradigma puramente riduzionista. Spiegare la vita come somma di reazioni chimiche o come semplice esecuzione di un codice genetico non basta più a rendere conto di fenomeni fondamentali: la forma, la coerenza dell'organismo, l'auto-organizzazione, la capacità di adattamento creativo e, in ultima analisi, il significato biologico.

Questo libro propone un cambio di prospettiva: considerare gli organismi come strutture informative stabilizzate, sostenute da campi di coerenza che precedono e organizzano le singole parti materiali. Non si tratta di una fuga nel vago o nel simbolico, ma di un tentativo rigoroso di integrare contributi provenienti dalla fisica dei sistemi complessi, dalla biologia teorica, dalle neuroscienze e da una rilettura critica delle tradizioni vitalistiche alla luce delle conoscenze contemporanee.

Dalla crisi del paradigma biochimico classico al problema irrisolto della forma in biologia evolutiva, il testo mostra come la vita possa essere compresa più efficacemente se pensata come un fenomeno di coerenza non-locale, in cui il tutto non è il risultato delle parti, ma la loro condizione di possibilità. In questa prospettiva, i campi biologici non sono metafore suggestive, bensì strumenti concettuali per descrivere come l'informazione prenda corpo, come l'energia diventi organizzazione e come l'organismo mantenga la propria identità dinamica.

Questa visione ha implicazioni profonde anche per il modo in cui intendiamo salute e malattia. La salute emerge come stato di coerenza globale, mentre la patologia appare come una frammentazione del campo, una perdita di armonia informativa prima ancora che un guasto meccanico. Allo stesso tempo, la vita viene reinterpretata come processo cognitivo diffuso: ogni organismo, nel suo stesso esistere, conosce, valuta e risponde al mondo.

La biologia dei campi apre uno spazio di riflessione responsabile, in cui scienza e metafisica tornano a dialogare senza confondersi. Un invito a ripensare la vita non solo come fatto naturale, ma come evento di senso nell'universo, e il sapere biologico come una conoscenza che implica, inevitabilmente, anche una scelta culturale ed etica.

Premessa. Una nuova grammatica concettuale.

Perché la vita non può più essere pensata come materia in movimento.

Per oltre un secolo la biologia ha parlato il linguaggio della fisica classica: materia, urti, reazioni, catene causali. Un linguaggio potente, che ha prodotto risultati straordinari, ma che oggi mostra crepe sempre più evidenti. Non perché manchino i dati – al contrario – ma perché quei dati sembrano dire più di quanto le categorie tradizionali siano in grado di ascoltare. Questa introduzione nasce da qui: dalla sensazione, sempre meno sotterranea, che la vita non possa più essere pensata come semplice materia in movimento, come una somma di reazioni chimiche orchestrate dal caso e filtrate dalla necessità.

La finalità di questa premessa non è dimostrare una nuova teoria biologica, né proporre esperimenti alternativi. Il suo compito è più radicale e, insieme, più sobrio: preparare il terreno concettuale del libro, chiarire perché sia necessario cambiare grammatica prima ancora di cambiare modello. Le pagine che seguono invitano il lettore a sospendere per un momento l'automatismo con cui identifichiamo il vivente con il meccanico, per esplorare l'idea che la vita sia innanzitutto un fenomeno di coerenza, di campo, di informazione che prende corpo.

Negli ultimi decenni, la biologia molecolare, la teoria dei sistemi complessi, l'epigenetica e alcune convergenze con la fisica contemporanea hanno prodotto un paradosso silenzioso: sappiamo sempre di più sui componenti elementari del vivente, ma fatichiamo a spiegare perché l'organismo, nel suo insieme, si comporti come un'unità dotata di stabilità, plasticità e senso. Il problema, come osservava già Ludwig von Bertalanffy, fondatore della teoria dei sistemi, non è nei fatti ma nello sguardo: «*I sistemi viventi non sono aggregati di parti, ma totalità organizzate*». Una frase che oggi suona meno filosofica e più operativa di quanto apparisse alla metà del Novecento.

È qui che emerge quella che potremmo chiamare la crisi silenziosa della biologia moderna. Silenziosa perché non si manifesta come fallimento sperimentale, ma come disagio interpretativo. Fenomeni come la morfogenesi, la regolazione globale dell'organismo, la sorprendente robustezza dei sistemi viventi di fronte alle perturbazioni, eccedono la causalità lineare senza per questo violare alcuna legge naturale. Come scriveva il biologo e premio Nobel Albert Szent-Györgyi, «*la vita è una proprietà dell'organizzazione, non delle molecole*». Una constatazione semplice, quasi ovvia, eppure profondamente destabilizzante per una biologia abituata a cercare le cause ultime nei mattoni elementari.

Quando i dati eccedono le teorie, non è raro che la scienza reagisca restringendo lo sguardo, raffinando gli strumenti, accumulando ulteriori dettagli. Questo libro sceglie una strada diversa: chiede se non sia il quadro concettuale a dover essere ampliato. L'idea di campo biologico, che verrà sviluppata nelle parti successive, non nasce come metafora suggestiva, ma come tentativo di pensare l'organismo come una struttura informativa stabilizzata, in cui il tutto precede e orienta le parti. In questo senso, il riferimento all'informazione non va inteso in chiave astratta o digitale, ma come principio incarnato, capace di generare forma, funzione e continuità nel tempo.

Un passaggio analogo era stato intuito, in un altro contesto, dal fisico David Bohm quando scriveva che «*in un ordine implicato il tutto è presente in ogni parte*». Trasferita nel dominio biologico, questa intuizione suggerisce che il vivente non sia semplicemente costruito dal basso, ma mantenuto dall'alto, da un ordine di coerenza che non coincide con nessun singolo componente materiale. Non si tratta di abbandonare la biochimica, ma di riconoscerne il limite esplicativo quando viene usata come ontologia totale.

Dal meccanismo al significato: è questo il movimento che l'introduzione intende avviare. Parlare di significato in biologia non equivale a introdurre finalismi ingenui, ma a riconoscere che ogni organismo opera costantemente distinzioni, mantiene relazioni, conserva una forma. In questo senso, risuona ancora attuale l'affermazione di Francisco Varela: «*Vivere è un processo di conoscenza*». Una frase che apre lo spazio a una biologia capace di dialogare non solo con la fisica, ma anche con l'epistemologia e la filosofia della natura, senza perdere rigore.

Questa introduzione è dunque una soglia. Non offre soluzioni, ma orientamenti. Non risponde a tutte le domande, ma chiarisce perché le domande stesse vadano riformulate. Nei capitoli successivi, la crisi del paradigma classico, la nozione di coerenza, l'idea di campo e le implicazioni per la salute e la malattia verranno esplorate con maggiore profondità. Qui, il lettore è semplicemente invitato a considerare una possibilità: che la vita non sia solo ciò che accade nella materia, ma il modo in cui la materia viene continuamente informata, tenuta insieme, resa significativa.

Le parole con cui pensiamo la vita.

Ogni scienza nasce due volte: una nei laboratori e una nel linguaggio con cui prova a raccontarsi. La biologia non fa eccezione. Fin dalle sue origini moderne, ha preso in prestito parole, immagini e metafore dalla fisica e dall'ingegneria, trovandovi una straordinaria forza esplicativa. Parlare di "meccanismi", "ingranaggi molecolari", "programmi genetici" ha permesso di rendere intelligibile il vivente, di scomporlo, analizzarlo, manipolarlo. Ma oggi, proprio mentre la biologia dispone di una mole di dati senza precedenti, quelle stesse metafore iniziano a mostrare il loro lato opaco: più che chiarire, talvolta sembrano nascondere.

È necessario mettere a fuoco un punto spesso trascurato: il problema non è solo che cosa sappiamo della vita, ma come lo diciamo. Il linguaggio scientifico non è un semplice veicolo neutro di informazioni; orienta lo sguardo, suggerisce nessi causali, stabilisce ciò che appare plausibile e ciò che viene escluso a priori. Come ricordava il filosofo della scienza Mary Hesse, «*le metafore non sono ornamenti del pensiero scientifico, ma strumenti cognitivi*». Strumenti che, proprio perché potenti, possono diventare vincoli invisibili.

La metafora meccanicistica ha accompagnato la biologia con una coerenza quasi perfetta. Dal Seicento in poi, l'organismo è stato pensato come una macchina raffinata, il corpo come un apparato, la cellula come una fabbrica chimica. Nel Novecento, con l'avvento della genetica molecolare, il lessico si è aggiornato senza cambiare davvero registro: il DNA è diventato un "codice", i geni "istruzioni", l'organismo l'esecuzione di un "programma". Nel 1961, quando François Jacob parlava di "*programme génétique*", l'espressione appariva illuminante; oggi, a distanza di decenni, molti biologi riconoscono che quella metafora rischia di suggerire un determinismo lineare che i dati reali non confermano.

Il punto critico emerge quando il linguaggio inizia a precedere l'osservazione, invece di seguirla. Fenomeni come la plasticità fenotipica, la regolazione epigenetica o l'auto-organizzazione dei sistemi viventi faticano a trovare posto in un vocabolario pensato per descrivere catene di comando e sequenze istruttive. Il biologo inglese Denis Noble ha osservato, non senza una certa ironia, che «*i geni non sono comandi, ma risorse*». Cambiare una parola, in questo caso, significa cambiare l'immagine stessa dell'organismo: non più esecutore passivo, ma sistema dinamico che integra segnali, contesti e vincoli globali.

È in questo scarto tra linguaggio e fenomeni che si inserisce la proposta di questo libro. Parlare di campo, di coerenza, di informazione incarnata non equivale a introdurre termini vaghi o suggestivi, ma a tentare una ricalibrazione del discorso scientifico. Del resto, la storia della scienza mostra che i momenti di svolta coincidono spesso con un mutamento lessicale profondo. Quando Michael Faraday introdusse il concetto di campo in fisica, non stava aggiungendo un'entità misteriosa, ma fornendo un nuovo modo di dire ciò che le equazioni già lasciavano intravedere. Analogamente, in biologia, il ricorso a un linguaggio meno meccanicistico mira a rendere dicibile ciò che i dati mostrano ma che le vecchie metafore non riescono più a contenere.

Questa riflessione non implica il rifiuto della precisione scientifica, né una fuga verso linguaggi poetici o simbolici. Al contrario, come sottolineava Niels Bohr, «*siamo sospesi nel linguaggio*», e proprio per questo dobbiamo usarlo con rigore e consapevolezza. Il problema non è usare metafore, ma dimenticare che lo sono. Quando l'organismo viene descritto esclusivamente come una macchina, diventa difficile pensarlo come un'unità dotata di storia, memoria e stabilità dinamica. Quando la vita viene ridotta a materia in movimento, ciò che sfugge non è il dettaglio, ma il senso complessivo.

Questo paragrafo intende dunque offrire al lettore una chiave di lettura: prima di addentrarsi nei temi della crisi del paradigma classico, della coerenza biologica e dei campi della vita, è necessario interrogare il vocabolario con cui questi temi vengono affrontati. Perché, come scriveva il linguista Benjamin Lee Whorf, «*noi analizziamo la natura secondo le linee tracciate dalla nostra lingua*». Ripensare la biologia significa, inevitabilmente, ripensare anche le parole con cui la raccontiamo.

Dai campi fisici ai campi della vita.

C'è un segnale sottile, ma sempre più riconoscibile, che attraversa molte discipline scientifiche contemporanee: la sensazione che i fenomeni più interessanti non si lascino più descrivere come semplici catene di cause ed effetti locali. In fisica, in neuroscienze, nell'ecologia e persino in alcune branche dell'economia teorica, parole come campo, coerenza, emergenza e organizzazione globale sono entrate nel lessico non per moda, ma per necessità. La biologia, in questo senso, non è un'eccezione isolata, bensì l'ultimo anello di una trasformazione più ampia del modo di pensare la natura.

Il caso più noto è quello della fisica del Novecento. Quando, tra gli anni Venti e Trenta, si affermano la meccanica quantistica e l'elettrodinamica dei campi, diventa chiaro che certe proprietà non appartengono agli oggetti presi singolarmente, ma al sistema nel suo insieme. A Göttingen e a Copenaghen, luoghi che oggi sembrano quasi mitologici nella storia della scienza, si discuteva del fatto che una particella non potesse più essere pensata come un punto isolato, ma come un nodo in una rete di relazioni. Senza entrare nei dettagli tecnici, ciò che conta è il cambio di prospettiva: la realtà non è una somma di pezzi, ma una configurazione coerente.

Qualcosa di analogo accade oggi nelle neuroscienze. A partire dagli anni Novanta, con lo sviluppo delle tecniche di *neuroimaging*, si è iniziato a osservare che funzioni come la percezione o la coscienza non corrispondono a un singolo "centro" nel cervello, ma a pattern dinamici di sincronizzazione tra aree distanti. Il neuroscienziato Francisco Varela parlava di coerenza neurale per descrivere questi stati transitori ma altamente organizzati. Non un comando centrale, ma un accordo temporaneo, simile (come disse in una conferenza a Parigi nel 1998) a un *ensemble jazz* più che a un'orchestra classica.

Anche l'ecologia offre esempi illuminanti. Gli ecosistemi vengono oggi studiati come campi di interazioni non lineari, dove la stabilità non dipende dall'immutabilità, ma dalla capacità di assorbire perturbazioni mantenendo una struttura complessiva. Il lavoro di C.S. Holling sulla resilienza ecologica, sviluppato tra il Canada e la Scandinavia negli anni Settanta, ha mostrato che un sistema vivente può cambiare continuamente senza perdere la propria identità. Un'idea che risuona profondamente con la nozione biologica di organismo come struttura informativa stabilizzata.

Questo rapido sguardo comparativo non serve a importare modelli da una scienza all'altra, né a forzare analogie. Serve piuttosto a collocare la biologia dei campi in un clima culturale e scientifico più ampio, in cui concetti come coerenza e campo emergono spontaneamente ogni volta che ci si confronta con sistemi complessi e viventi. La sensazione, condivisa da molti ricercatori in ambiti diversi, è che il linguaggio riduzionista funzioni bene per i componenti, ma perda efficacia quando si tratta di comprendere il comportamento del tutto. La biologia, oggi, sembra trovarsi esattamente su questa soglia.

La biologia che funziona ma non capisce.

Se si guarda alla biologia contemporanea dall'esterno, l'idea di una "crisi" può sembrare quasi paradossale. Mai come oggi abbiamo avuto strumenti così sofisticati, banche dati sterminate, tecnologie capaci di leggere, riscrivere e visualizzare i processi vitali con una precisione impensabile solo pochi decenni fa. Eppure, proprio all'interno della comunità scientifica, serpeggia una sensazione meno trionfalistica: quella di una disciplina che avanza rapidamente, ma senza sapere con esattezza verso quale idea di vita stia correndo.

È una crisi silenziosa perché non produce rotture spettacolari, né conflitti aperti tra scuole. Non c'è un esperimento che "non funziona", né un'anomalia clamorosa che costringa a riscrivere i manuali dall'oggi al domani. Il disagio emerge altrove: nel modo in cui i risultati vengono interpretati, incasellati, raccontati. Come osservava già negli anni Novanta la storica della scienza Evelyn Fox Keller, il problema non è la mancanza di spiegazioni, ma l'eccesso di spiegazioni parziali che non si ricompongono in una visione d'insieme.

Un aneddoto circolato a lungo nei corridoi del "*Laboratory of Molecular Biology*" di Cambridge racconta che Sydney Brenner, uno dei padri della biologia molecolare, amasse ripetere con una punta di provocazione: «*Sappiamo tutto sui geni, ma non sappiamo ancora cos'è un organismo*». La frase, attribuita a una conversazione informale dei primi anni Duemila, non era una confessione di ignoranza, ma una diagnosi lucida. La biologia eccelle nell'analisi dei componenti, ma fatica a spiegare come questi componenti diventino una forma vivente stabile, capace di mantenersi, adattarsi e riconoscersi come unità.

Il nodo interpretativo si manifesta ogni volta che si tenta di collegare livelli diversi di descrizione. Le mappe genomiche, le reti di regolazione, i flussi metabolici forniscono informazioni dettagliatissime, ma il passaggio dal "come funziona una parte" al "perché l'organismo è così e non altrimenti" resta problematico. Non perché manchino i dati, ma perché il quadro concettuale dominante tende a trattare l'organismo come il risultato emergente di processi locali, senza interrogarsi sulla stabilità globale della forma.

Questo scarto è evidente anche nella formazione scientifica. In molte università europee e nordamericane, tra cui Heidelberg e Stanford, si discute da anni della difficoltà degli studenti nel collegare biologia molecolare, fisiologia e morfologia. Le discipline convivono, ma parlano lingue leggermente diverse. Il risultato è una conoscenza frammentata, altamente competente sul piano tecnico, ma esitante quando si tratta di articolare una nozione unitaria di vita.

La crisi, dunque, non riguarda la validità degli esperimenti, bensì l'orizzonte interpretativo entro cui essi vengono collocati. Continuare ad accumulare dati senza rivedere le categorie concettuali rischia di produrre quella che il filosofo della scienza Thomas Kuhn avrebbe chiamato una "*normal science*" sempre più efficiente e sempre meno interrogativa. In questo senso, la biologia moderna assomiglia a una biblioteca sterminata in cui i libri aumentano, ma il catalogo concettuale resta fermo.

Parlare di crisi interpretativa non significa invocare un cambio di metodo o una ribellione contro il rigore sperimentale. Significa riconoscere che la domanda "che cos'è un organismo?" non può essere risolta solo migliorando la risoluzione degli strumenti. Richiede un ripensamento delle cornici teoriche, una maggiore attenzione ai principi di organizzazione, di continuità e di stabilità informativa che tengono insieme il vivente. È su questa soglia, discreta ma decisiva, che si colloca la proposta di una biologia dei campi.

Vedere non è mai neutro: le immagini che decidono cos'è la vita.

Ogni epoca scientifica guarda la vita attraverso le immagini che sa produrre. Non è un dettaglio estetico, ma una scelta epistemologica profonda. Quando, nella seconda metà dell'Ottocento, Rudolf Virchow affermava a Berlino che "*omnis cellula e cellula*", (*ogni cellula nasce da un'altra cellula*) non stava solo enunciando un principio biologico: stava sancendo una visione del vivente modellata dall'immagine al microscopio ottico, dalla cellula come unità discreta, delimitata, autosufficiente.

Da allora, la biologia ha continuato a raffinare i propri strumenti visivi – microscopia elettronica, fluorescenza, imaging molecolare – senza però interrogarsi a sufficienza su ciò che queste immagini suggeriscono implicitamente. Le mappe metaboliche, le sequenze genetiche visualizzate come codici lineari, i diagrammi a cascata delle vie di segnalazione cellulare raccontano una storia precisa: quella di una vita scomponibile, localizzabile, governata da cause puntuali. Eppure, come notava già negli anni Settanta il biofisico inglese Brian Goodwin, osservando i processi di morfogenesi embrionale, "*le immagini spiegano meno di quanto promettono*". Ci mostrano il dove, raramente il come e quasi mai il perché.

Un caso emblematico è la celebre "doppia elica" del DNA, resa iconica dal modello di Watson e Crick nel 1953 a Cambridge. Un'immagine potentissima, capace di orientare decenni di ricerca, ma anche di consolidare l'idea che l'informazione biologica risieda in una struttura statica, leggibile come un testo. Molto meno spazio visivo è stato dato, per contro, ai fenomeni di regolazione epigenetica, ai campi elettrici cellulari studiati da Lionel Jaffe a Berkeley, o ai pattern dinamici osservati negli anni Novanta nei laboratori di sviluppo embrionale a Kyoto e Tubinga. Non perché fossero meno reali, ma perché più difficili da "fotografare". Come ricordava il filosofo della scienza Ian Hacking, le immagini scientifiche non si limitano a rappresentare il mondo: contribuiscono a stabilire ciò che conta come reale. In biologia, questo ha significato privilegiare ciò che è isolabile e colorabile, a scapito di ciò che è relazionale, diffuso, coerente. È su questo punto cieco, silenzioso ma decisivo, che si apre la prospettiva dei campi biologici: non contro le immagini, ma oltre il loro potere di semplificazione.

Laboratori senza orizzonte: la frammentazione della conoscenza biologica.

C'è un aspetto della crisi della biologia contemporanea di cui si parla poco, forse perché tocca nervi scoperti che vanno oltre il laboratorio: la sua dimensione sociale e istituzionale. La biologia di oggi non soffre per mancanza di dati, né per carenza di tecnologie. Al contrario, produce informazioni in quantità vertiginosa. Eppure, come osservava già negli anni Novanta il sociologo della scienza Bruno Latour durante le sue ricerche sul lavoro quotidiano nei laboratori, la conoscenza non nasce mai in astratto: è sempre inscritta in reti di finanziamenti, carriere, riviste, bandi e indicatori di produttività. In questo contesto, l'iperspecializzazione non è solo una scelta epistemica, ma una strategia di sopravvivenza. Studiare una singola proteina, una via metabolica circoscritta, un recettore isolato è spesso più "finanziabile" che interrogarsi sul funzionamento globale di un organismo.

Un biologo molecolare incontrato anni fa in un centro di ricerca europeo – lo chiameremo M. – raccontava con una punta di ironia che nel suo dipartimento "*tutti sanno tutto di quasi nulla*". La battuta coglie un punto essenziale: la divisione del lavoro scientifico, spinta da sistemi di valutazione quantitativi, tende a spezzare il vivente in problemi sempre più piccoli, perfettamente analizzabili, ma sempre meno riconducibili a un quadro unitario. Non è un caso che concetti come campo, coerenza o organizzazione globale vengano spesso percepiti come vaghi o sospetti: non perché siano privi di fondamento, ma perché non trovano facilmente collocazione nei moduli di un *grant* o nei criteri di una rivista ad alto *impact factor*.

Già nel 1962 Thomas Kuhn, nel suo "*La struttura delle rivoluzioni scientifiche*", osservava che i paradigmi non cambiano solo per accumulo di anomalie, ma quando diventa possibile immaginare un altro modo di fare scienza. Oggi, in biologia, molte anomalie sono sotto gli occhi di tutti: regolazioni non locali, sincronizzazioni a distanza, resilienze sistemiche difficilmente spiegabili in termini puramente biochimici. Ciò che manca non sono le osservazioni, ma gli spazi istituzionali e culturali per integrarle. A ciò si aggiunge un effetto paradossale: più una disciplina diventa potente sul piano tecnico, più tende a difendere le proprie categorie interpretative, perché da esse dipendono fondi, reputazioni, intere scuole di ricerca. Come notava il premio Nobel Peter Medawar in una conferenza a Londra nel 1974, "*la scienza può diventare conservatrice proprio quando sembra più avanzata*".

In questo scenario, parlare di organismi come strutture informative stabilizzate non significa proporre un'eresia, ma tentare una ricomposizione. Non si tratta di negare il valore delle analisi molecolari, bensì di riconoscere che esse descrivono frammenti di un processo più ampio, che richiede un linguaggio capace di attraversare livelli diversi. La biologia dei campi nasce anche come risposta a una domanda implicitamente sociologica: come restituire unità di senso a una scienza che, per come è organizzata, rischia di perdere la visione dell'insieme proprio mentre accumula dettagli senza precedenti.

Prevedere non è capire: il paradosso della biologia contemporanea.

Uno dei tratti più sorprendenti – e meno discussi – della biologia contemporanea è lo scarto crescente tra ciò che sappiamo fare e ciò che sappiamo comprendere. Siamo diventati straordinariamente abili nel prevedere e manipolare processi biologici: anticipiamo l'espressione di un gene, modifichiamo una proteina, blocchiamo una cascata infiammatoria, guidiamo una cellula staminale verso un destino piuttosto che un altro. Eppure, se ci fermiamo un istante, la domanda più semplice resta spesso inevasa: che cos'è, nel suo insieme, l'organismo che stiamo controllando? Questa tensione non è nuova. Già nel 1917, a Vienna, Ludwig von Bertalanffy annotava nei suoi quaderni che "*la capacità di previsione non coincide con la comprensione dell'organizzazione*". Un secolo dopo, la distanza tra le due sembra essersi allargata.

Un esempio emblematico viene dalla storia recente della farmacologia. Negli anni Duemila, in diversi centri di ricerca tra Boston e Basilea, si è perfezionata la capacità di progettare farmaci altamente selettivi, capaci di colpire un singolo bersaglio molecolare con precisione quasi chirurgica. Le previsioni sperimentali funzionavano: il recettore veniva inibito, il segnale bloccato. E tuttavia, negli studi clinici, gli effetti sistemici inattesi si moltiplicavano. Come raccontava un ricercatore coinvolto in uno di questi programmi, "*tutto era sotto controllo, tranne l'organismo*". La previsione locale non si traduceva in comprensione globale. Il problema non era tecnico, ma concettuale: l'organismo rispondeva come un'unità coerente, non come una somma di parti indipendenti.

Questo scarto richiama una distinzione classica, cara alla tradizione filosofica tedesca, tra Erklären e Verstehen: spiegare un meccanismo non equivale a comprendere un significato. In biologia, la spiegazione causale ha prodotto risultati straordinari, ma tende a perdere di vista la dimensione organizzativa, quella che dà senso alle interazioni locali. Norbert Wiener, fondatore della cibernetica, ricordava nel 1950 che "*un sistema può essere prevedibile e tuttavia incomprensibile, se ignoriamo il principio che lo organizza*". È precisamente qui che la prospettiva dei campi biologici introduce una discontinuità: non nega la previsione, ma la relativizza, inserendola in un quadro in cui il comportamento delle parti acquista significato solo in riferimento a una totalità informata.

La biologia dei campi suggerisce che comprendere un organismo non significa soltanto anticiparne le risposte, ma coglierne la logica interna di stabilizzazione, le regole implicite che mantengono la forma, la funzione e l'identità nel tempo. Come osservava il neurofisiologo Kurt Goldstein, lavorando con pazienti cerebrolesi a Francoforte negli anni Trenta, l'organismo non "reagisce" semplicemente agli stimoli: riorganizza se stesso. Prevedere un singolo esito sperimentale può essere utile; comprendere l'organizzazione che rende possibile quell'esito è un'altra impresa, più lenta e meno immediatamente spendibile, ma decisiva se si vuole parlare davvero di vita come fenomeno dotato di senso.

Dati ribelli: ciò che gli organismi fanno e le teorie non spiegano.

C'è un momento, nella storia di ogni scienza, in cui i dati iniziano a comportarsi male. Non perché siano sbagliati, ma perché non stanno più al loro posto. Continuano ad accumularsi, sono riproducibili, solidi, spesso persino spettacolari, e tuttavia non entrano nelle cornici teoriche disponibili. In biologia questo momento non è improvviso né dichiarato: è silenzioso, progressivo, quasi imbarazzante. I fenomeni osservati funzionano, ma non "tornano". È come assistere a un concerto in cui ogni musicista suona correttamente, eppure l'armonia complessiva sfugge a ogni spartito noto.

Un esempio classico viene dalla morfogenesi, lo studio di come un organismo prende forma. Nel 1952, in un ufficio dell'Università di Manchester, Alan Turing – lo stesso matematico che aveva contribuito a decifrare Enigma – pubblicava un articolo sorprendente su "*Philosophical Transactions of the Royal Society*". Dimostrava che semplici reazioni chimiche, se accoppiate a processi di diffusione, potevano generare pattern complessi: strisce, macchie, simmetrie. Il modello funzionava, e ancora oggi è utilizzato. Ma già allora era chiaro che spiegare come emerge una forma non equivaleva a spiegare perché quella forma resti stabile, riconoscibile, capace di rigenerarsi se danneggiata. I dati mostravano una regolarità che eccedeva la catena causa-effetto locale.

Ancora più disarmante è il caso della rigenerazione. Chiunque abbia osservato una planaria – un piccolo verme piatto studiato fin dall'Ottocento – sa che può ricostruire un intero organismo a partire da un frammento minuscolo. Tagliata in più parti, non produce un ammasso casuale di cellule, ma nuovi individui completi, con testa e coda al posto giusto. Nel corso di esperimenti condotti tra gli anni Venti e Trenta da Thomas Hunt Morgan a Woods Hole, nel Massachusetts, il fenomeno era già ben documentato. Il problema non era empirico: era teorico. Nessuna catena lineare di istruzioni locali sembrava sufficiente a spiegare come le cellule "sapessero" dove collocarsi. I dati indicavano una regia globale, ma il linguaggio disponibile parlava solo di reazioni puntuali.

Fenomeni analoghi emergono nella biologia cellulare contemporanea. Il cosiddetto "*quorum sensing*", osservato per la prima volta negli anni Settanta nei batteri marini studiati a Honolulu, mostra come popolazioni unicellulari modifichino il proprio comportamento collettivo in base alla densità, attivando geni solo quando viene raggiunta una soglia critica. Nessuna cellula, presa isolatamente, contiene la causa del cambiamento. È il sistema nel suo insieme a produrre un nuovo stato. La causalità non è più lineare, ma distribuita: non "A causa B", bensì "una configurazione rende possibile un evento".

Anche la genetica, per lungo tempo considerata il bastione della spiegazione deterministica, si è trovata di fronte a un'eccedenza di dati. Barbara McClintock, lavorando sul mais negli anni Quaranta e Cinquanta a Cold Spring Harbor, osservò che il genoma non è un testo statico, ma un sistema dinamico capace di riorganizzarsi in risposta a stress e contesto. Parlava di "genoma sensibile", un'espressione che le valse decenni di incomprensione prima del Nobel del 1983. I dati c'erano, ma le teorie non erano pronte ad accoglierli.

Questi esempi, diversi per scala e contesto, convergono su un punto cruciale: il vivente manifesta proprietà emergenti che non si lasciano ridurre a concatenazioni lineari di cause. La biologia dei campi nasce precisamente in questo spazio di eccedenza, dove i fatti chiedono una grammatica diversa. Non per abbandonare il rigore, ma per riconoscere che l'organismo opera come una struttura informativa stabilizzata, capace di mantenere coerenza attraverso flussi, perturbazioni e cambiamenti. I dati, in fondo, non stanno tradendo la scienza: stanno segnalando che è tempo di ampliare il suo linguaggio.

Emergenza senza mistero.

Per molti biologi, pronunciare la parola emergenza è stato a lungo un gesto ambiguo, quasi una resa elegante. Come se dire che una proprietà "emerge" significasse ammettere che non sappiamo davvero spiegare come e perché accade. Eppure, osservando con attenzione la storia recente delle scienze della vita, appare sempre più chiaro che l'emergenza non è un buco nero della conoscenza, ma uno dei suoi strumenti più raffinati. Non cancella la spiegazione: la sposta di livello.

Un episodio raccontato spesso nei corridoi del Santa Fe Institute, nel Nuovo Messico, aiuta a chiarire il punto. All'inizio degli anni Novanta, durante un seminario informale, un giovane ricercatore mostrò come modelli computazionali molto semplici potessero generare comportamenti collettivi imprevedibili. Alla fine della presentazione, un fisico anziano commentò: "*Non abbiamo perso la causalità, l'abbiamo distribuita*". In quella frase c'era già il cuore dell'emergenza: non l'assenza di cause, ma la loro organizzazione in configurazioni che producono novità.

In biologia, l'emergenza diventa necessaria quando le proprietà osservate non appartengono a nessuna delle parti prese singolarmente. La coscienza di un organismo, la sua capacità di adattarsi creativamente, la stabilità di una forma nel tempo non sono localizzabili in una molecola, in un gene o in una cellula. Sono proprietà del sistema nel suo insieme. Ludwig von Bertalanffy, fondatore della teoria dei sistemi, lo scriveva già nel 1968 nel suo "*General System Theory*": "*Il tutto è più della somma delle parti non per magia, ma per organizzazione*". Una frase che, a distanza di decenni, suona meno filosofica e più operativa.

Un esempio particolarmente istruttivo viene dalla biologia dello sviluppo. Negli anni Ottanta, nei laboratori dell'EMBL di Heidelberg, alcuni ricercatori osservarono che embrioni sottoposti a perturbazioni significative riuscivano comunque a raggiungere una struttura finale corretta. Non perché ogni errore venisse localmente corretto, ma perché l'organismo sembrava "tendere" a una forma globale. Parlare di emergenza, in questo caso, non significava introdurre un principio occulto, bensì riconoscere che la spiegazione risiedeva nella dinamica collettiva, non nei singoli passaggi.

Il fraintendimento nasce spesso da un confronto implicito con l'ideale meccanicistico classico, in cui spiegare equivale a scomporre. Ma la scienza contemporanea, dalla termodinamica dei sistemi lontani dall'equilibrio alla teoria delle reti, ha mostrato che comprendere può anche voler dire seguire la nascita di pattern, vincoli e regolarità che non erano scritti in nessuna parte isolata. I vortici studiati da Ilya Prigogine negli anni Settanta, o le strutture dissipative osservate in sistemi chimici reali, non erano "misteriose": erano emergenti, e proprio per questo intelligibili a un nuovo livello.

In questa prospettiva, l'emergenza diventa una chiave fondamentale per pensare l'organismo come struttura informativa stabilizzata. Non una macchina complicata, ma un processo che genera e mantiene senso biologico. Lungi dal rappresentare un passo indietro rispetto alla spiegazione, l'emergenza segna un avanzamento: accetta che la vita non si lasci esaurire da una sola scala descrittiva e che la vera comprensione nasca nel passaggio tra i livelli. Il mistero, semmai, non è che l'ordine emerga, ma che per tanto tempo abbiamo pensato di poterlo spiegare senza tenerne conto.

Tra attese e soglie: la biologia e il tempo che non scorre diritto.

C'è un presupposto silenzioso che accompagna gran parte della biologia moderna: l'idea che il tempo scorra in modo uniforme, reversibile, neutro. Un tempo da laboratorio, scandito da cronometri e grafici cartesiani, in cui una causa precede un effetto con regolarità quasi ferroviaria. Eppure, chiunque abbia osservato davvero un organismo vivente — una pianta che "decide" quando fiorire, un sistema immunitario che reagisce troppo tardi o troppo presto, una cicatrice che resta come traccia — sa che il tempo biologico è un'altra cosa. È irregolare, stratificato, spesso asimmetrico. In una parola: non lineare.

Negli anni Cinquanta, il biologo britannico Conrad Hal Waddington, lavorando a Edimburgo, introdusse l'immagine del paesaggio epigenetico: una pallina che rotola in una superficie fatta di valli e creste, dove il percorso dipende non solo dalla spinta iniziale, ma dalla storia già percorsa. Non era solo una metafora elegante: era un modo per dire che, in biologia, il passato resta operativo. Le cellule "ricordano" ciò che è accaduto, e questa memoria influenza ciò che potrà accadere. Il tempo, qui, non è una variabile esterna: è incorporato nella forma.

Un esempio meno teorico arriva dall'osservazione clinica. Negli anni Novanta, in alcuni reparti di oncologia europei, si notò che tumori apparentemente simili, trattati con protocolli identici, mostravano risposte radicalmente diverse. Non era solo una questione genetica. Col tempo emerse che contavano i ritardi, le soglie superate o mancate, le sequenze temporali delle terapie. Un farmaco dato "troppo presto" poteva essere inefficace, uno somministrato "troppo tardi" devastante. Il sistema biologico non reagiva in modo proporzionale, ma per salti, discontinuità, punti di non ritorno.

Questo introduce un'altra caratteristica decisiva della temporalità vivente: l'irreversibilità. Un organismo non torna mai esattamente allo stato precedente. Anche quando guarisce, resta diverso. Come scriveva il fisiologo francese Henri Atlan alla fine degli anni Settanta, "*l'ordine biologico si costruisce consumando possibilità*". Ogni scelta temporale apre alcune strade e ne chiude altre. La vita non è un nastro che si può riavvolgere, ma una storia che si scrive mentre accade.

Non sorprende, allora, che molti modelli lineari fatichino a descrivere fenomeni come la latenza, l'adattamento lento, o le risposte ritardate. Pensiamo al sistema endocrino: un segnale può essere emesso ora e produrre effetti significativi solo giorni o mesi dopo. O al microbiota intestinale, studiato intensamente dopo il 2010, dove cambiamenti minimi e inizialmente invisibili possono, col tempo, riorganizzare interi equilibri fisiologici. Qui il tempo agisce come un amplificatore silenzioso, non come una semplice coordinata.

Questa temporalità complessa obbliga a ripensare l'organismo come struttura informativa stabilizzata nel tempo. Stabilizzata, ma non fissa. L'informazione biologica non è un messaggio istantaneo: è un processo che si deposita, si trasforma, talvolta si riattiva. Come in certi quartieri storici di città come Lisbona o Napoli, dove strati di epoche diverse convivono nello stesso spazio, anche negli organismi convivono tempi diversi: evolutivi, ontogenetici, fisiologici. Capire la vita significa imparare a leggerli insieme, senza ridurli a una sola linea temporale.

Quando l'esperimento riesce, ma la teoria tace.

Nei laboratori di tutto il mondo accade sempre più spesso una scena curiosa, quasi imbarazzante. L'esperimento è riuscito, i dati sono puliti, riproducibili, pubblicabili su riviste di primo piano. Eppure, al momento di spiegare perché quel fenomeno accade, le parole si fanno caute, le interpretazioni divergono, le conclusioni restano sospese. È come se la biologia contemporanea fosse diventata straordinariamente brava a produrre risposte corrette a domande mal poste.

Un caso emblematico viene da *Tufts University*, nel laboratorio di Michael Levin, dove da oltre un decennio si studiano i pattern bioelettrici nello sviluppo degli organismi. Modificando debolissimi gradienti elettrici nelle cellule di embrioni di rana (*Xenopus laevis*), il gruppo ha ottenuto risultati che sembrano usciti da un racconto di fantascienza: occhi che si formano in posizioni anomale, arti che si rigenerano dove non dovrebbero, tessuti che "sanno" cosa diventare anche quando il contesto genetico è stato perturbato. Gli esperimenti sono solidi, replicati, filmati. Ma che cosa guida davvero la forma? Un gene? Un segnale locale? O qualcosa che assomiglia più a un campo informativo distribuito, capace di coordinare il tutto?

Un altro esempio, meno noto al grande pubblico ma molto discusso tra gli addetti ai lavori, riguarda la cosiddetta "robustezza biologica". In numerosi esperimenti di biologia dello sviluppo, condotti tra Germania e Giappone nei primi anni Duemila, si è osservato che embrioni sottoposti a perturbazioni significative — variazioni di temperatura, rimozione di cellule, alterazioni chimiche — riescono comunque a sviluppare forme sorprendentemente normali. I modelli classici parlano di compensazioni molecolari locali. Ma quando le compensazioni sono troppe, troppo coordinate e troppo affidabili, l'idea di una semplice somma di aggiustamenti comincia a scricchiolare.

C'è poi il caso, ormai celebre, della fotosintesi. Nel 2007, un gruppo guidato da Graham Fleming pubblicò su Nature dati sperimentali che mostravano segnali di coerenza quantistica nei complessi fotosintetici di alghe e batteri. I risultati erano chiari: l'energia non "saltava" casualmente da una molecola all'altra, ma sembrava esplorare simultaneamente più percorsi, come se il sistema sapesse in anticipo quale fosse il più efficiente. La comunità scientifica reagì con interesse, ma anche con disagio. Il fenomeno era reale; l'interpretazione, molto meno. Era un artefatto? Un caso limite? O l'indizio che i sistemi viventi utilizzano principi organizzativi che la biologia classica non ha mai veramente integrato?

Anche in medicina, il copione si ripete. Nei trapianti di microbiota fecale, praticati con successo crescente per alcune patologie intestinali, i risultati clinici possono essere eccellenti. Eppure, due pazienti trattati con protocolli quasi identici possono mostrare esiti radicalmente diversi. I batteri trasferiti sono gli stessi, le condizioni controllate, i dati accurati. Ciò che manca è una teoria capace di spiegare come un ecosistema vivente complesso si riorganizzi come un tutto, e perché questa riorganizzazione segua traiettorie non prevedibili a partire dai singoli componenti.

In tutti questi casi, il problema non è l'inaffidabilità dell'esperimento. Al contrario: è la sua eccessiva riuscita. I dati eccedono le categorie concettuali disponibili. Come notava già nel 1968 il fisico e filosofo della scienza Peter Medawar, "*i fatti non parlano da soli, se non c'è un linguaggio adeguato ad ascoltarli*". La biologia dei campi nasce precisamente in questo spazio di scarto: là dove l'organismo non appare più come una macchina complicata, ma come una struttura informativa stabilizzata, capace di mantenere forma, funzione e senso anche quando le singole parti vengono alterate.

Quando controlliamo il risultato ma perdiamo il senso.

Uno dei trionfi più celebrati della biologia contemporanea è la sua capacità di produrre effetti. Spegniamo un gene e una proteina scompare. Attiviamo un recettore e una cellula cambia comportamento. Inseriamo una sequenza e otteniamo un risultato misurabile, spesso riproducibile con impressionante precisione. Ma tra l'effetto ottenuto e la forma compresa si apre un divario che la retorica del progresso scientifico tende a minimizzare.

Un esempio eloquente arriva dal mondo degli organoidi, quelle minuscole strutture tridimensionali coltivate in laboratorio a partire da cellule staminali. Nel 2009, nei laboratori del "*Hubrecht Institute*" di Utrecht, il gruppo guidato da Hans Clevers riuscì a far crescere piccoli "intestini" funzionali in vitro. L'effetto era straordinario: cellule isolate che, senza uno schema esplicito, si organizzavano spontaneamente in una struttura dotata di cripte, villi e differenziazione funzionale. La previsione sperimentale funzionava. Ma alla domanda cruciale — da dove nasce la forma? — le risposte restavano vaghe. Non c'era un gene architetto, né una sequenza di istruzioni lineari. C'era, piuttosto, una dinamica collettiva che sembrava precedere e guidare i singoli eventi molecolari.

Qualcosa di simile accade con le tecniche di editing genetico. CRISPR-Cas9, sviluppata a partire dal 2012 grazie al lavoro di Jennifer Doudna ed Emmanuelle Charpentier, consente interventi di una precisione chirurgica. Possiamo prevedere l'effetto di una mutazione con una probabilità altissima. Eppure, in molti casi, l'organismo reagisce in modi inattesi: circuiti alternativi si attivano, funzioni emergono altrove, la forma complessiva si riorganizza. Come osservava già negli anni Settanta il biologo inglese Brian Goodwin, intervenire su un elemento non equivale a comprendere la logica che tiene insieme il tutto. È la differenza tra sapere come ottenere un risultato e sapere perché quel risultato è possibile.

La storia della biologia dello sviluppo è costellata di questi cortocircuiti interpretativi. Negli anni Cinquanta, a Woods Hole, Conrad Waddington introdusse il concetto di "paesaggio epigenetico" per spiegare perché cellule geneticamente identiche potessero seguire destini diversi. Era una metafora potente, ma anche una confessione implicita: i meccanismi noti non bastavano. Oggi disponiamo di strumenti infinitamente più sofisticati, ma la domanda resta sorprendentemente simile. La forma non è la semplice conseguenza di una catena causale; è una proprietà globale che emerge da relazioni distribuite nello spazio e nel tempo.

Questa distinzione tra effetto e forma non è solo teorica. In medicina rigenerativa, ad esempio, si possono stimolare la proliferazione cellulare o l'espressione di fattori di crescita ottenendo risultati temporanei. Ma ricostruire una struttura funzionale — un tessuto, un organo, un equilibrio fisiologico — richiede qualcosa di più: un principio organizzativo che coordini i processi locali in una totalità coerente. È qui che la nozione di campo biologico comincia a farsi strada, non come fuga nel vago, ma come tentativo di dare un nome a ciò che l'esperimento mostra senza riuscire a spiegare.

Come scrisse il filosofo della scienza Georges Canguilhem, la vita non è definita dai suoi componenti, ma dalla normatività che li organizza. Prevedere un effetto significa muoversi all'interno di una norma già data. Comprendere la forma significa interrogarsi su come quella norma venga continuamente generata, mantenuta e, talvolta, trasformata. È un passaggio sottile ma decisivo: dalla biologia come ingegneria del risultato alla biologia come scienza del senso.

Numeri inquieti: ciò che i dati biologici non dicono da soli.

C'è stato un tempo in cui il dato scientifico veniva accolto come una risposta. Un punto fermo, una conferma, talvolta una vittoria. Nella biologia contemporanea, questo atteggiamento sopravvive più come abitudine che come reale convinzione. I dati oggi sono abbondanti, fin quasi ridondanti, ma raramente chiudono un discorso. Al contrario, lo aprono. E spesso lo aprono in direzioni impreviste.

Lo si avverte chiaramente nei grandi centri di ricerca che producono atlanti biologici globali. Nel 2016, quando il progetto "*Human Cell Atlas*" venne presentato a Londra, l'obiettivo dichiarato era "mappare tutte le cellule del corpo umano". Una promessa ambiziosa, sostenuta da tecnologie di sequenziamento a singola cellula sempre più raffinate. Ma già dopo pochi anni, i ricercatori coinvolti — tra Cambridge, Stanford e l'EMBL di Heidelberg — si trovarono di fronte a un paradosso: più cellule venivano classificate, più le categorie diventavano instabili. Tipi cellulari che sfumavano l'uno nell'altro, stati intermedi, transizioni continue. Il dato non forniva una risposta definitiva su "che cos'è" una cellula, ma poneva una domanda più profonda: come si mantiene un'identità biologica nel cambiamento costante?

Questo slittamento è cruciale. Il dato, nella biologia dei campi, non è il mattone ultimo della conoscenza, ma un segnale. Indica che c'è un ordine, senza però esaurirlo. Come accadeva a Claude Bernard nella Parigi di metà Ottocento: studiando il "*milieu intérieur*", si accorse che la stabilità degli organismi non derivava dall'assenza di variazioni, ma dalla loro regolazione continua. I suoi esperimenti fornivano misurazioni precise, ma ciò che davvero contava era la domanda che ne emergeva: quale principio tiene insieme questa apparente instabilità?

Anche oggi, molti dati biologici funzionano allo stesso modo. Prendiamo le oscillazioni metaboliche osservate nei lieviti, studiate a partire dagli anni Novanta nei laboratori di Göteborg. I grafici mostrano cicli regolari, fluttuazioni sincronizzate, comportamenti collettivi tra cellule. È tutto misurabile, ripetibile. Ma il significato non è contenuto nel numero. Il dato chiede di essere interpretato come traccia di una coordinazione invisibile, di una dinamica di insieme che non si lascia ridurre alla somma dei singoli processi.

In questo senso, il dato biologico somiglia più a una domanda filosofica che a una risposta ingegneristica. Non dice semplicemente "*questo accade*", ma suggerisce "*come è possibile che accada*?". Una differenza sottile, ma decisiva. Come ricordava il fisico e filosofo Erwin Schrödinger nelle sue lezioni a Dublino nel 1943, i fatti della vita non sono strani perché violano le leggi note, ma perché le usano in modo organizzato. Il dato, allora, non è la fine dell'indagine: è l'inizio di una riflessione sull'organizzazione.

Cambiare sguardo sul dato significa anche accettare una certa dose di incompiutezza. Nei corridoi del *Max Planck Institute* di Dresda, dove si studiano i processi di auto-organizzazione tissutale, capita di sentire giovani ricercatori dire che "*i dati sono bellissimi, ma non sappiamo ancora cosa ci stanno chiedendo*". È una frase rivelatrice. Indica una scienza che non pretende più di dominare il fenomeno, ma di ascoltarlo.

In questa prospettiva, la biologia dei campi non propone di abbandonare i dati, bensì di restituire loro profondità. Considerarli non come risposte che chiudono, ma come interrogativi che orientano. Ogni misura diventa allora una finestra su un ordine più ampio, ogni anomalia un indizio, ogni regolarità una domanda mascherata. È forse qui che la biologia smette di essere solo una scienza della vita e comincia a diventare una scienza del senso della vita.

Oltre l'ingranaggio: perché gli organismi non sono macchine ben montate.

Per oltre un secolo la biologia ha parlato la lingua del meccanismo. Una lingua potente, precisa, capace di produrre risultati straordinari: farmaci mirati, tecniche di imaging raffinate, interventi genetici impensabili fino a pochi decenni fa. Eppure, sotto questa superficie di successo, si è aperta una crepa silenziosa. Gli organismi continuano a essere descritti come dispositivi che funzionano, ma sempre più raramente come sistemi che significano.

Il passaggio dal meccanismo al significato non avviene per improvvisa ribellione teorica, ma per saturazione. Quando ogni processo vitale è spiegato come una catena di cause efficienti, resta inevasa una domanda elementare: perché proprio questa organizzazione e non un'altra? Perché una forma stabile, una funzione coordinata, una risposta contestuale che sembra "sensata" rispetto alla situazione? Il linguaggio meccanico dice come avviene qualcosa, ma tace sul perché quella cosa abbia coerenza per l'organismo.

Un episodio spesso ricordato nei laboratori di biologia dei sistemi al MIT riguarda le prime simulazioni computazionali di reti genetiche, all'inizio degli anni Duemila. I modelli funzionavano: producevano oscillazioni, stati stabili, transizioni. Ma, come raccontò Stuart Kauffman durante un seminario informale nel 2002, "*non sapevamo dire se il sistema stesse facendo qualcosa o stesse semplicemente accadendo*". Era un'ammissione importante: il comportamento era corretto, il significato no. Mancava una semantica biologica.

È qui che entra in gioco la prospettiva del campo. Parlare di campo non significa evocare metafore vaghe, ma riconoscere che l'organizzazione biologica precede e orienta i singoli eventi. Come in un campo magnetico, dove le limature di ferro rendono visibile una struttura invisibile, così nei sistemi viventi i processi molecolari "si allineano" a un ordine che non è contenuto in nessuna reazione isolata. L'informazione, in questo contesto, non è un messaggio che viaggia da un punto all'altro, ma una relazione che dà forma al comportamento complessivo.

Un esempio illuminante viene dalla biologia dello sviluppo. Nel 1924, a Berlino, Hans Spemann mostrò che trapiantando una piccola regione embrionale — il celebre "organizzatore" — era possibile indurre la formazione di un secondo asse corporeo. Spemann parlava di "campi morfogenetici", con grande cautela terminologica. Non sapeva come quell'effetto si producesse nei dettagli molecolari, ma aveva colto qualcosa di essenziale: l'informazione biologica non risiede solo nei componenti, bensì nella configurazione che li rende operativi come insieme.

Questa intuizione ritorna oggi, con strumenti diversi, nello studio delle reti cellulari e tissutali. Quando un organismo risponde a una ferita, a uno stress ambientale o a un cambiamento nutrizionale, non esegue un protocollo rigido. Interpreta una situazione. E interpretare significa attribuire rilevanza, stabilire priorità, modulare risposte. È un linguaggio elementare, privo di coscienza riflessiva, ma non privo di senso.

Non è un caso che filosofi della scienza come Georges Canguilhem insistessero, già negli anni Cinquanta, sul carattere normativo della vita. In una lezione alla Sorbona nel 1952, Canguilhem osservava che un organismo non si limita a subire il proprio ambiente: lo valuta, lo distingue in favorevole e sfavorevole. Questa capacità di valutazione non è un accessorio, ma il cuore stesso del vivente. È qui che il meccanismo mostra il suo limite concettuale.

La prospettiva del campo e dell'informazione incarnata consente allora un cambio di registro. La vita non appare più come un oggetto che funziona, ma come un processo che significa qualcosa per se stesso. Ogni organismo diventa una struttura informativa stabilizzata: non un archivio di dati, ma un sistema che mantiene la propria identità interpretando continuamente segnali, vincoli e possibilità. Come scrisse il biologo cileno Francisco Varela nel suo taccuino di ricerca del 1987, oggi conservato a Santiago: "*Vivere è produrre senso, anche quando non c'è nessuno a osservarlo*".

In questo passaggio dal meccanismo al significato, la biologia non perde rigore. Cambia grammatica. E forse, proprio per questo, si avvicina di più a ciò che intende comprendere.

Il linguaggio nascosto degli organismi.

C'è un paradosso silenzioso che attraversa la biologia contemporanea. Mai come oggi abbiamo avuto accesso a una quantità sterminata di dati: genomi sequenziati, reti metaboliche mappate, immagini cellulari ad altissima risoluzione. Eppure, più i dettagli aumentano, più la vita sembra sfuggire a una comprensione unitaria. È come osservare una conversazione conoscendo alla perfezione la chimica dell'inchiostro, ma ignorando il significato delle frasi.

Negli ultimi decenni, una domanda ha iniziato a insinuarsi nei margini della ricerca biologica: e se gli organismi non fossero soltanto macchine biochimiche, ma sistemi capaci di produrre, interpretare e trasformare segni? Non metafore poetiche, ma segni nel senso forte del termine. È qui che entra in scena la biosemiotica, un campo di studio nato tra la fine degli anni Ottanta e l'inizio dei Novanta, spesso lontano dai riflettori, ma sempre più difficile da ignorare.

Il biologo danese Jesper Hoffmeyer amava raccontare che il primo errore della biologia moderna è stato quello di confondere la causa con il senso. Una reazione chimica può spiegare come accade qualcosa, ma non che cosa quell'evento significhi per l'organismo che lo vive. In biosemiotica, il concetto chiave è quello di segno: qualcosa che sta per qualcos'altro per qualcuno. In un organismo, quel "qualcuno" non è una coscienza riflessiva, ma l'intero sistema vivente.

Pensiamo a un batterio che modifica il proprio movimento in risposta a una variazione chimica nell'ambiente. Dal punto di vista classico, è una cascata di reazioni molecolari. Dal punto di vista semiotico, quella molecola esterna funziona come un segnale che significa "cibo" o "pericolo". Non è la molecola in sé a guidare il comportamento, ma il valore che assume all'interno della storia e dell'organizzazione del vivente.

Nel 2001, durante un convegno a Tartu — città estone legata indissolubilmente alla tradizione semiotica di Juri Lotman — un giovane ricercatore raccontò di come la stessa sostanza chimica potesse indurre risposte opposte in organismi geneticamente simili ma cresciuti in ambienti diversi. «*Non reagiscono*», disse, «*interpretano*». La sala rimase in silenzio per qualche secondo: non era una provocazione, ma una constatazione empirica che chiedeva nuove categorie concettuali.

La biosemiotica non nega la biochimica, così come la linguistica non nega la fisica delle onde sonore. La supera per integrazione. Ogni organismo, dal più semplice al più complesso, vive immerso in una rete di segni che esso stesso contribuisce a generare. Ormoni, gradienti elettrici, configurazioni spaziali dei tessuti: tutto questo non è solo "materia in movimento", ma informazione che vale qualcosa per il sistema.

Un esempio affascinante proviene dalla botanica. Negli anni Duemila, in una serra sperimentale nei pressi di Firenze, un'équipe osservò che alcune piante modificavano il proprio sviluppo radicale non in base alla presenza fisica di altre radici, ma in risposta a specifiche molecole rilasciate nel suolo. Quelle molecole non erano nutrienti né tossine: erano segnali. La pianta "leggeva" l'ambiente e prendeva decisioni morfologiche coerenti con quella lettura.

Qui il segno non è un simbolo arbitrario, ma una relazione stabile tra forma, funzione e contesto. È ciò che rende possibile parlare di organismi come strutture informative stabilizzate: entità che mantengono la propria identità non solo grazie all'energia e alla materia, ma grazie alla continuità dei significati biologici che sanno riconoscere.

A differenza dei linguaggi umani, il linguaggio della vita non è codificato in dizionari né regolato da sintassi esplicite. È una grammatica immanente, che emerge dalla storia evolutiva e dall'organizzazione interna degli organismi. Il biologo e filosofo Jakob von Uexküll, già nei primi decenni del Novecento, parlava di *Umwelt*: il mondo significativo proprio di ogni specie. Non un ambiente oggettivo, ma un universo di segni pertinenti.

Riletto oggi, Uexküll appare sorprendentemente attuale. Il suo lavoro suggerisce che la realtà biologica non è una scena neutra, ma un tessuto di relazioni interpretate. Ogni organismo vive in un mondo che ha senso per lui, e questa capacità di senso è ciò che chiamiamo vita.

Accettare questa prospettiva significa spostare lo sguardo: non chiedersi solo da quali componenti è fatto un organismo, ma quali segni è in grado di riconoscere, quali informazioni può incarnare, quali coerenze riesce a mantenere nel tempo. È un cambio di linguaggio prima ancora che di teoria.

Parlare di segni in biologia non è un ritorno al vitalismo né un cedimento al misticismo. È il tentativo, rigoroso e necessario, di colmare una lacuna concettuale. Come ha osservato la filosofa della scienza Evelyn Fox Keller in una conferenza a Berlino nel 2012, «*abbiamo imparato a descrivere i componenti della vita, ma non ancora il suo discorso*».

Questa introduzione non pretende di fornire risposte definitive. Vuole piuttosto aprire un varco: suggerire che la vita, prima di essere spiegata, debba essere compresa come un fenomeno di significazione. Un evento in cui la materia diventa capace di dire qualcosa a se stessa.

Informazione senza mittente

Siamo abituati a pensare l'informazione come qualcosa che qualcuno invia a qualcun altro. Un mittente, un messaggio, un destinatario. È il modello della comunicazione che ereditiamo dalla tecnologia, dal telegrafo ottocentesco fino agli algoritmi digitali. Ma che cosa accade se proviamo ad applicare questo schema alla vita? Chi "manda" l'informazione a una cellula che si differenzia, a un embrione che prende forma, a un organismo che si adatta a un ambiente in continuo mutamento?

La biologia contemporanea si trova sempre più spesso davanti a fenomeni informativi privi di un emittente riconoscibile. Non c'è un centro di comando, non c'è un direttore d'orchestra nascosto. Eppure, l'informazione c'è: circola, si stabilizza, produce forma e comportamento. È un'informazione che non viene spedita, ma emerge.

Negli anni Cinquanta, il matematico Claude Shannon mise a punto una teoria dell'informazione potentissima, ma deliberatamente muta sul significato. Funzionava benissimo per i cavi telefonici, molto meno per i sistemi viventi. In un organismo, l'informazione non è una quantità astratta che viaggia da A fino a B, ma un evento che accade "quando una differenza fa la differenza", per usare un'espressione resa celebre dall'antropologo Gregory Bateson.

Bateson, che amava raccontare di aver imparato più osservando i delfini che leggendo manuali, insisteva su un punto cruciale: nei sistemi viventi l'informazione nasce dalla relazione. Non è contenuta in un segnale isolato, ma nel modo in cui un sistema è strutturato per rispondere a certe variazioni e non ad altre. Non c'è bisogno di intenzione, basta una coerenza interna che renda quel cambiamento rilevante.

Un esempio affascinante arriva dagli studi sul *Physarum polycephalum*, una muffa mucillaginosa studiata a partire dagli anni Settanta nei laboratori giapponesi e americani. Questo organismo, privo di sistema nervoso, è in grado di "risolvere" labirinti e ottimizzare percorsi verso il cibo. Nessun neurone invia istruzioni, nessun centro decide. L'informazione emerge dalla dinamica del corpo stesso, dal dialogo continuo tra forma, movimento e ambiente.

Parlare di informazione senza mittente significa spostare l'attenzione dal segnale all'interfaccia. L'informazione non sta né tutta dentro l'organismo né tutta fuori: nasce nello spazio di contatto. Lo psicologo James J. Gibson, negli anni Sessanta, introdusse il concetto di "*affordance*" per descrivere le possibilità d'azione offerte dall'ambiente a un organismo. Una superficie "dice" che può essere calpestata solo a chi ha un certo corpo, una certa scala, una certa storia evolutiva.

In questo senso, l'ambiente non invia messaggi: propone configurazioni. È l'organismo, con la sua struttura informativa stabilizzata, a rendere quelle configurazioni significative. L'informazione non precede la relazione, ma la accompagna. È un sottoprodotto necessario dell'essere-in-relazione.

Un ricercatore raccontava di essersi reso conto di questo osservando colonie batteriche in condizioni di stress termico. Non c'era un segnale chimico nuovo, nessun "allarme" molecolare identificabile. Eppure, il comportamento collettivo cambiava in modo coordinato. L'informazione non era in una molecola specifica, ma nel cambiamento globale del contesto fisico e nella capacità del sistema di leggerlo come tale.

In questa prospettiva, l'informazione non è un contenuto trasportato, ma una configurazione efficace. I sistemi viventi non ricevono istruzioni: si organizzano in modo tale che certi eventi diventino informativi. È una differenza sottile, ma decisiva. Come osservava il biologo teorico Francisco Varela in una conferenza a Parigi nel 1996, «*la cognizione non è la rappresentazione di un mondo dato, ma l'emergere di un mondo praticabile*».

Qui si innesta l'idea di campo biologico. Il campo non trasmette messaggi, ma stabilizza relazioni. È ciò che rende possibile che un'informazione emerga senza essere inviata, che una forma si mantenga senza un progetto esterno. In questo senso, gli organismi sono strutture informative non perché contengano dati, ma perché rendono il mondo informabile.

Accettare l'idea di un'informazione senza mittente significa anche rinunciare a una certa immagine rassicurante della vita come sistema controllato ogni istante dall'alto. I processi vitali non eseguono ordini: rispondono a vincoli, opportunità, risonanze. Il biologo e chimico Ilya Prigogine, premio Nobel nel 1977, parlava di "ordine attraverso le fluttuazioni": strutture che nascono non nonostante il disordine, ma grazie ad esso.

In questa luce, la vita appare meno come una macchina e più come un processo interpretativo diffuso, senza interprete centrale. Un processo in cui l'informazione non ha autore, ma ha senso. E forse è proprio questo che rende il vivente così difficile da ridurre a materia in movimento.

Tecnologia e fraintendimenti del vivente.

Ogni epoca comprende la natura con gli strumenti concettuali che ha a disposizione. Nel Seicento, l'universo era un grande orologio; nell'Ottocento, una macchina a vapore; oggi, inevitabilmente, un computer. La biologia non ha fatto eccezione. Anzi, è forse la disciplina che più profondamente ha assorbito le metafore tecnologiche del proprio tempo. Parlare di "codice genetico", di "programmi di sviluppo", di "errori di trascrizione" ha avuto un'enorme forza esplicativa. Ma, come spesso accade con le metafore riuscite, il successo ha finito per nasconderne i limiti.

L'idea che la vita funzioni come un software che gira su un hardware molecolare nasce in un contesto storico preciso. Siamo negli anni Quaranta e Cinquanta del Novecento, tra Princeton, Cambridge e Los Alamos. È l'epoca della cibernetica, dei primi calcolatori elettronici, delle conferenze Macy. Non sorprende che, pochi anni dopo, Francis Crick potesse parlare del DNA come di un "codice" e Jacques Monod descrivere l'organismo come una macchina chimica governata da istruzioni. La metafora informatica sembrava finalmente offrire un linguaggio rigoroso per ciò che fino ad allora appariva misterioso.

Eppure, già allora, qualcuno avvertiva un disagio. Nel 1967, a Santa Fe, il biologo Conrad Hal Waddington — lo stesso che aveva introdotto l'immagine del "paesaggio epigenetico" — osservava ironicamente che nessun embrione aveva mai letto il proprio genoma. Una battuta, certo, ma rivelatrice: il problema non è il DNA, bensì l'idea che l'informazione biologica funzioni come un manuale di istruzioni.

Le metafore informatiche hanno funzionato perché hanno permesso di fare scienza operativa. Sequenziare, confrontare, modificare. Negli anni Novanta, durante il *Progetto Genoma Umano*, i laboratori di Bethesda e Cambridge parlavano apertamente di "debugging" genetico. L'immaginario era quello dell'ingegneria: se c'è un errore, lo si corregge. Ma mentre un software resta identico a se stesso indipendentemente dal computer su cui gira, un gene fuori dal suo contesto biologico perde gran parte del suo significato.

Un aneddoto raccontato da una genetista francese è illuminante. All'inizio degli anni Duemila, durante un esperimento di trasferimento genico su piante modello, il gene "giusto" produceva effetti radicalmente diversi a seconda del tessuto, della fase di sviluppo e persino delle condizioni di luce della serra. «*Era lo stesso codice*», raccontava, «*ma sembrava parlare lingue diverse*». Il problema non stava nella sequenza, ma nell'idea che la sequenza fosse il messaggio.

Qui emerge il fraintendimento centrale: confondere l'informazione biologica con l'informazione tecnica. Nei sistemi tecnologici, il significato è esterno: siamo noi a decidere che cosa un bit rappresenti. Nei sistemi viventi, invece, il significato è interno al processo stesso. Non è assegnato, ma incarnato.

L'immagine del programma suggerisce una sequenza lineare, un inizio e una fine, un controllo dall'alto. Ma la vita non "esegue" nulla. Si organizza, si riorganizza, devia, esplora. Nel 1981, il biologo evoluzionista Stephen Jay Gould raccontava di come l'evoluzione somigli più a un'improvvisazione jazz che a una partitura classica. Una metafora musicale, non informatica, che coglie meglio la dimensione temporale, situata e relazionale del vivente.

Pensare l'organismo come un computer porta a cercare il "centro di comando", il file principale, l'istruzione originaria. Ma gli organismi reali funzionano per distribuzione, ridondanza, plasticità. La tecnologia digitale, paradossalmente, ci ha aiutato a capire la vita solo quando ha iniziato ad assomigliarle meno: con le reti neurali, i sistemi adattivi, l'apprendimento non supervisionato. Segno che il problema non è l'uso delle metafore, ma il prenderle alla lettera.

Il punto non è abbandonare il linguaggio dell'informazione, ma liberarlo dall'immaginario della macchina. In biologia, l'informazione non è un testo da decifrare, ma una dinamica da abitare. Ridurla a codice significa perdere di vista ciò che la rende efficace: il contesto, la storia, la forma globale dell'organismo.

Nel 2005, durante un seminario a Heidelberg, un giovane ricercatore chiese provocatoriamente se un organismo fosse più simile a un computer o a una città. La risposta non fu unanime, ma molti concordarono su un punto: una città non funziona perché qualcuno ne possiede la mappa completa, ma perché milioni di interazioni locali producono un ordine riconoscibile. La vita, forse, è più urbana che informatica.

In questo senso, la prospettiva dei campi biologici non rifiuta la tecnologia, ma la relativizza. Ricorda che ogni strumento concettuale illumina qualcosa e oscura qualcos'altro. E che il vivente, quando viene compreso solo attraverso le metafore delle macchine che costruiamo, finisce inevitabilmente per essere frainteso.

Dal calcolo al senso: la nuova inquietudine delle scienze esatte.

Per buona parte del Novecento, parlare di “senso” nelle scienze dure era considerato, nel migliore dei casi, un vezzo filosofico; nel peggiore, una deviazione poco rispettabile. Le equazioni funzionavano senza significato, i modelli predicevano senza comprendere, e questo sembrava bastare. Eppure, qualcosa ha iniziato a incrinarsi proprio là dove la formalizzazione era più rigorosa. Non per mancanza di dati o di potenza di calcolo, ma per un disagio più sottile: l’impressione crescente che descrivere non equivalga a capire.

In fisica, il segnale è arrivato da lontano. Già negli anni Ottanta, nei corridoi del CERN di Ginevra, alcuni teorici — tra cui Carlo Rovelli, allora giovane ricercatore — cominciavano a interrogarsi sul fatto che le leggi fondamentali non descrivessero “cose”, ma relazioni. La gravità quantistica a loop, sviluppata in quegli anni tra l’Europa e gli Stati Uniti, non parla più di spazio come contenitore neutro, bensì come rete di relazioni significative. Non è un caso che Rovelli abbia poi scritto, molti anni dopo, che la fisica non ci dice “*com’è il mondo*”, ma “*come il mondo interagisce con se stesso*”. Una frase che avrebbe fatto storcere il naso a un positivista classico.

Il punto non è che la fisica sia diventata improvvisamente umanistica. È successo qualcosa di più interessante: i modelli più avanzati hanno iniziato a funzionare solo quando incorporavano nozioni che assomigliano sorprendentemente a ciò che, un tempo, si chiamava senso. Nella teoria dell’informazione quantistica, ad esempio, l’informazione non è più una semplice quantità astratta, ma dipende dal contesto, dall’osservatore, dalla relazione. A Vienna, nel 2015, durante una conferenza su fondamenti della meccanica quantistica, un fisico sperimentale osservò ironicamente che «*l’informazione non esiste da sola: esiste sempre per qualcuno*». Un’affermazione banale per un filosofo, quasi scandalosa per un fisico di vecchia scuola.

Un movimento analogo si è verificato nelle neuroscienze. Per decenni, il cervello è stato descritto come un elaboratore di segnali: input, processamento, output. Ma a partire dagli anni Duemila, soprattutto nei laboratori di Friburgo e San Diego, ha preso piede un'altra idea: che il cervello non elabori semplicemente informazioni, bensì produca significati. Il neuroscienziato Francisco Varela — scomparso nel 2001, ma oggi più citato che mai — parlava di "*sense-making*", costruzione di senso, come funzione primaria dei sistemi viventi. Non una metafora poetica, ma un tentativo rigoroso di spiegare perché un organismo non reagisce soltanto, bensì interpreta.

Un aneddoto raccontato da una ricercatrice italiana chiarisce bene il cambio di prospettiva. Durante uno studio su pazienti con lesioni corticali, si accorse che due soggetti con danni quasi identici mostravano comportamenti radicalmente diversi. Non era la mappa neuronale a fare la differenza, ma la storia personale, il modo in cui il corpo aveva imparato ad abitare il mondo. Ella concluse: «*Il cervello non rappresenta il mondo: lo significa*». Una conclusione difficile da formalizzare, ma impossibile da ignorare.

È in questo clima culturale che la biologia dei campi trova il suo spazio naturale. Non come un'invasione di concetti vaghi nelle scienze esatte, ma come il riconoscimento che il vivente non può essere compreso senza chiamare in causa il senso. Gli organismi non sono semplicemente sistemi complessi; sono strutture che mantengono una coerenza significativa nel tempo. La loro informazione non serve a descriverli dall'esterno, ma a permettere loro di esistere come unità dotate di direzione.

Curiosamente, questo ritorno del senso non nasce ai margini, ma nel cuore delle discipline più formalizzate. È come se, dopo aver spinto il linguaggio matematico al massimo della sua potenza, le scienze dure si fossero imbattute in una domanda che le equazioni, da sole, non riescono più a eludere: che cosa conta davvero in un sistema vivente? Non quanto è grande, né quanto è veloce, ma che cosa ha significato per la sua sopravvivenza, la sua forma, la sua storia.

Nel 2022, a un convegno interdisciplinare a Zurigo, un biologo teorico concluse il suo intervento con una frase rimasta impressa a molti: «*Abbiamo imparato a calcolare tutto, tranne ciò che ha senso*». Non era una resa, ma un invito. A riconoscere che il significato non è un'aggiunta tardiva alla scienza, bensì una dimensione che riemerge ogni volta che ci si avvicina seriamente alla vita.

PARTE PRIMA. Il punto cieco della biologia moderna.

Dal pensiero di Ludwig von Bertalanffy
Un organismo non è spiegabile a partire dalle sue parti, perché è l'organizzazione che dà senso alle parti, non il contrario.

Dal pensiero di Denis Noble:
I geni sono essenziali, ma non sono i comandanti: la vita funziona come un sistema cooperativo, non come una catena di comando.

Dal pensiero di Stuart Kauffman:
La forma vivente non è completamente scritta nel passato: emerge, si stabilizza e apre possibilità che prima non esistevano.

Dal pensiero di Henri Bergson:
La vita non segue semplicemente leggi già date, ma le piega, le utilizza e le supera nel suo stesso slancio creativo.

La prima parte di questo libro apre una soglia critica. Non per demolire ciò che la biologia ha costruito nel corso di oltre un secolo, ma per interrogare i suoi fondamenti là dove iniziano a mostrare segni di tensione. La crisi del paradigma biologico classico non nasce da un fallimento, bensì da un successo: la straordinaria efficacia delle spiegazioni biochimiche e genetiche nel descrivere i meccanismi locali della vita. Proprio questa efficacia, però, rende più evidente ciò che resta fuori dal quadro.

I due capitoli che compongono questa parte affrontano una domanda semplice solo in apparenza: che cos'è, davvero, un organismo vivente?

Nel primo capitolo, il limite della spiegazione biochimica emerge quando si tenta di passare dalla descrizione delle reazioni alla comprensione dell'unità dell'organismo. Le molecole funzionano, i processi sono chiari, ma il vivente appare come qualcosa di più di una somma: una totalità stabile, orientata, capace di mantenersi e trasformarsi senza un progetto esterno che la guidi. La questione della finalità – senza ricorrere a un progettista – rimane un nodo irrisolto per la causalità classica.

Il secondo capitolo sposta il fuoco sul darwinismo e sulla selezione naturale. Qui la crisi non riguarda l'adattamento, che la teoria spiega con grande eleganza, ma la forma. La comparsa, la persistenza e la coerenza delle strutture biologiche sembrano obbedire a un principio organizzativo che non si lascia ridurre né alla variazione casuale né al solo gene. La forma non appare come un effetto secondario della funzione, ma come una priorità silenziosa che rende possibile ogni funzione.

Nel percorso complessivo del libro, questa prima parte svolge una funzione decisiva: crea lo spazio concettuale necessario per ciò che seguirà. Mostrando dove il paradigma classico si arresta, prepara il terreno a una diversa idea di vita, che verrà esplorata nelle parti successive attraverso i concetti di coerenza, campo, informazione ed equilibrio dinamico. Senza questa crisi iniziale, le proposte successive apparirebbero arbitrarie; con essa, diventano una risposta possibile a domande rimaste troppo a lungo sospese.

Questa non è dunque una parte “contro” la biologia tradizionale, ma oltre i suoi confini attuali. È il momento in cui il lettore è invitato a sospendere le spiegazioni abituali, non per abbandonarle, ma per osservarle da una distanza critica. È qui che il libro comincia davvero a cambiare sguardo.

In conclusione, questa prima parte invita il lettore a riconoscere che la crisi non è una debolezza della scienza, ma il segno che una trasformazione concettuale è necessaria. È il punto in cui la domanda sulla vita torna ad essere radicale.

I°. Il limite della spiegazione biochimica.

Questo capitolo prende avvio da una constatazione tanto semplice quanto destabilizzante: la biochimica funziona magnificamente, e proprio per questo mostra oggi i suoi limiti. Nessuno mette in discussione la potenza descrittiva con cui la biologia molecolare ha chiarito i meccanismi intimi della vita — le vie metaboliche, la regolazione enzimatica, l'espressione genica. E tuttavia, quando si tenta di passare dal come al che cosa, dal funzionamento locale alla realtà complessiva dell'organismo, emerge una discrepanza che non può più essere ignorata.

L'argomento centrale del capitolo non è una critica alla biochimica, ma al suo uso come spiegazione totale del vivente. Le reazioni chimiche avvengono, certo, ma non spiegano da sole perché l'organismo si presenti come un'unità coerente, stabile nel tempo e orientata funzionalmente. La cellula non è un semplice contenitore di reazioni: è un sistema che mantiene se stesso, che seleziona ciò che conta e che agisce come se avesse uno scopo, pur senza un progetto esterno che lo diriga.

È qui che il paradigma classico inizia a mostrare una crepa concettuale. La causalità lineare — una reazione che ne produce un'altra — è estremamente efficace a livello locale, ma diventa insufficiente quando si tratta di spiegare l'unità dell'organismo. Come emerge il tutto dalle parti? In che modo milioni di processi distribuiti danno luogo a un comportamento coordinato, orientato e sorprendentemente robusto? La biochimica descrive i mattoni, ma fatica a rendere conto dell'edificio.

Ancora più delicata è la questione della finalità. Gli organismi sembrano agire "in vista di qualcosa": mantenere l'equilibrio interno, riparare un danno, riprodursi. Eppure, la biologia moderna ha espulso ogni riferimento a fini intrinseci, sostituendoli con il linguaggio dell'adattamento e della selezione. Il risultato è una tensione irrisolta: la finalità è ovunque nei fenomeni biologici, ma da nessuna parte nelle spiegazioni teoriche. Questo capitolo affronta apertamente questo paradosso, senza invocare progettisti occulti, ma riconoscendo che la causalità classica potrebbe non essere sufficiente.

Nel contesto generale del libro, il Capitolo I° svolge una funzione preparatoria essenziale. Serve a sospendere l'evidenza del paradigma dominante, mostrando che ciò che appare ovvio — la vita come somma di processi chimici — è in realtà una semplificazione potente ma incompleta. Solo mettendo a fuoco questo limite diventa possibile, nei capitoli successivi, introdurre i concetti di coerenza, campo e informazione incarnata non come alternative arbitrarie, ma come risposte a un vuoto teorico reale.

Questo capitolo non chiede al lettore di rinunciare alle spiegazioni scientifiche, ma di riconoscere che spiegare come qualcosa avviene non equivale sempre a spiegare che cosa esso sia. È da questa distinzione, spesso trascurata, che prende avvio l'intero percorso della biologia dei campi.

La causalità circolare nei sistemi viventi: la vita che si causa da sé.

Se c'è un punto in cui la spiegazione biochimica mostra con maggiore chiarezza il proprio limite, è proprio il modo in cui concepisce la causalità. La biochimica classica ragiona bene lungo catene ordinate: una molecola attiva un enzima, l'enzima produce un effetto, l'effetto innesca un'altra reazione. È una logica lineare, potente, elegante. Ma quando la si applica all'organismo nel suo insieme, qualcosa non torna. Il vivente non procede come una fila di tessere del domino: assomiglia piuttosto a un sistema in cui ciò che accade modifica le condizioni stesse del proprio accadere.

Qui entra in gioco la nozione di causalità circolare, uno dei concetti più delicati e meno assimilati della biologia contemporanea. Circolare non significa vaga, né tantomeno mistica. Significa che, nei sistemi viventi, le cause non scorrono in una sola direzione: il livello globale dell'organismo influenza i processi locali tanto quanto i processi locali contribuiscono a costituire il globale. L'organismo non è il risultato finale delle sue reazioni: è la condizione attiva che le rende possibili, le seleziona, le stabilizza.

Questo punto era già chiarissimo a Immanuel Kant quando, alla fine del Settecento, parlava degli organismi come di esseri in cui "*le parti esistono per il tutto e il tutto per le parti*". Kant non aveva accesso alla biochimica, ma aveva intuito un problema che oggi ritorna con forza: nel vivente, la causalità non è mai solo dal basso verso l'alto. Ogni cellula agisce in un contesto che non ha creato da sola, ma che contribuisce continuamente a mantenere.

Spesso si confonde la causalità circolare con il semplice feedback, un concetto preso in prestito dall'ingegneria e dalla cibernetica. Il termostato che regola la temperatura di una stanza è un classico esempio: rileva una deviazione e la corregge. Ma l'organismo fa qualcosa di più radicale. Non si limita a correggere uno scarto rispetto a un valore prefissato; ridefinisce continuamente ciò che conta come equilibrio. Il set-point non è dato una volta per tutte: emerge dalla storia stessa del sistema.

Negli anni Settanta, Humberto Maturana e Francisco Varela introdussero il concetto di *autopoiesi* proprio per descrivere questa dinamica. Un sistema vivente — scrivevano — è una rete di processi che produce i componenti che, a loro volta, mantengono la rete. Non c'è un inizio privilegiato della catena causale, perché la catena è un circuito. È un'idea che, ancora oggi, mette in difficoltà ogni spiegazione puramente lineare: chi causa cosa, quando tutto contribuisce a tutto?

Un biologo che osserva una coltura cellulare sa bene che il comportamento delle singole cellule cambia a seconda dello stato complessivo del tessuto. Un medico che segue l'evoluzione di una malattia cronica osserva spesso come l'organismo modifichi la propria risposta nel tempo, non solo reagendo a una causa, ma riorganizzando il proprio modo di funzionare. In entrambi i casi, la causalità non è una freccia, ma un circuito dinamico, storico, sensibile al contesto.

Questa idea ha profonde risonanze anche fuori dalla biologia. Il filosofo Maurice Merleau-Ponty, riflettendo sul corpo vivente, parlava di una "logica dell'implicazione reciproca", in cui percezione, azione e struttura corporea si co-determinano. Non è un caso che proprio la fenomenologia e la biologia teorica si siano incontrate, nel Novecento, su questo punto: la vita sfugge a ogni spiegazione che separi rigidamente causa ed effetto.

Nel quadro del Capitolo I°, la causalità circolare non è ancora la soluzione, ma è già una crepa decisiva nel paradigma classico. Mostra perché la vita non può essere pensata come una somma di reazioni indipendenti: perché ogni reazione avviene all'interno di un'organizzazione che essa stessa contribuisce a mantenere. La biochimica descrive i passaggi; la causalità circolare invita a guardare la danza complessiva.

Le parole che sanno più di quanto dicono.

Ogni scienza è anche un esercizio di linguaggio. Non descriviamo mai la natura in modo neutro: la raccontiamo attraverso parole che, come lenti, mettono a fuoco alcuni aspetti e ne sfumano altri. La biochimica, probabilmente più di ogni altra disciplina biologica, ha costruito un lessico preciso, operativo, apparentemente privo di ambiguità. Eppure, se ci si sofferma ad ascoltare davvero questo linguaggio, emerge una curiosa tensione: le parole usate per descrivere reazioni molecolari sembrano alludere a qualcosa che va oltre le reazioni stesse.

Prendiamo termini comuni come regolazione, controllo, segnale. Nessun biochimico serio li usa in senso metaforico o intenzionale. Eppure, queste parole portano con sé un bagaglio semantico che non è puramente chimico. Parlare di regolazione significa evocare l'idea di un ordine che viene mantenuto; parlare di controllo suggerisce una direzione, una priorità; parlare di segnale implica qualcuno — o qualcosa — che riceve, interpreta, risponde. In altre parole, il linguaggio della biochimica introduce implicitamente l'unità dell'organismo, anche quando il paradigma teorico vorrebbe limitarvisi solo come somma di processi locali.

Claude Bernard, nella Parigi della metà dell'Ottocento, ne era perfettamente consapevole. Quando introdusse il concetto di "*milieu intérieur*", non stava semplicemente aggiungendo un termine tecnico: stava riconoscendo che l'organismo vivente mantiene attivamente condizioni interne compatibili con la vita. Non una conseguenza automatica delle reazioni chimiche, ma un mantenimento. Walter Cannon, qualche decennio più tardi, chiamò questo processo *omeostasi*, una parola che significa letteralmente "stare uguale", ma che in realtà descrive una stabilità dinamica, continuamente rinegoziata. È difficile non notare quanto questa idea sia già carica di una visione unitaria del vivente.

Lo stesso accade quando si parla di segnali. Una molecola segnale non è semplicemente presente o assente, come una goccia di reagente in una provetta. È efficace solo se viene riconosciuta come rilevante. Nel 1956, al Rockefeller Institute di New York, il biologo George Palade mostrò come le cellule non fossero sacchi caotici di molecole, ma sistemi altamente organizzati, capaci di traffico interno e comunicazione selettiva. Da quel momento, il termine "segnalazione cellulare" entrò stabilmente nel lessico biologico. Ma segnalare, anche nel linguaggio quotidiano, significa indicare qualcosa per qualcuno. La biochimica può descrivere i recettori e le cascate intracellulari, ma il fatto stesso che una molecola conti come segnale dipende dallo stato complessivo dell'organismo.

Il termine forse più rivelatore è controllo. Si parla di controllo enzimatico, controllo genico, controllo metabolico. Nessuno immagina un "direttore d'orchestra" nascosto nella cellula, eppure l'immagine resta sorprendentemente appropriata. Come osservava il biologo evoluzionista Conrad Waddington, durante una conferenza a Edimburgo nel 1968, "*descriviamo processi molecolari come se l'organismo sapesse dove andare, anche quando neghiamo che sappia qualcosa*". Il controllo, in biologia, non funziona come una leva meccanica: è distribuito, contestuale, dipendente dalla storia del sistema. E tuttavia, la parola rimane, perché nessun'altra riesce a rendere conto di quella coerenza funzionale che attraversa i livelli dell'organizzazione vivente.

Questa tensione linguistica non è un difetto: è un sintomo. Indica che la biochimica, pur nel suo successo locale, si muove continuamente sul confine di ciò che può spiegare con categorie puramente meccanicistiche. Il linguaggio tradisce ciò che il modello teorico fatica a integrare: l'organismo come unità orientata, capace di mantenersi, rispondere, adattarsi in modo sensato alle circostanze.

La filosofa della scienza Evelyn Fox Keller, riflettendo sul linguaggio delle scienze della vita, notava come certi termini funzionino da "ponti concettuali": permettono di lavorare efficacemente, pur rimandando a una comprensione più ampia ancora da chiarire. È come se la biochimica, nel descrivere le singole note, fosse costretta a usare parole che fanno intuire l'esistenza della melodia.

In questo senso, il linguaggio biochimico non è solo uno strumento descrittivo, ma una soglia. Mostra che la vita non è semplicemente ciò che accade quando certe molecole reagiscono, ma ciò che tiene insieme quelle reazioni in una forma stabile, riconoscibile, orientata. Le parole lo sanno, anche quando la teoria fa finta di no.

Identità a pezzi: perché la vita non si lascia smontare.

C'è un gesto semplice, quasi banale, che illumina una differenza profonda tra macchine e organismi: lo smontaggio. Possiamo smontare una bicicletta nel garage di casa, disporre i pezzi sul pavimento e, anche così, nessuno dubita che quella resti la stessa bicicletta. È temporaneamente inutilizzabile, certo, ma la sua identità non è in discussione. Al contrario, se smontiamo un organismo — anche solo separandone parti vitali — ciò che resta non è più quell'organismo. Non è una versione "incompleta": è qualcos'altro.

Questa differenza non è metaforica né sentimentale. È ontologica. Riguarda il modo di essere di una macchina rispetto a quello di un vivente.

Una macchina è definita dalla disposizione funzionale delle sue parti. Il suo principio di identità è esterno: risiede nel progetto, nel disegno, nello schema che precede e sopravvive all'oggetto concreto. Un motore diesel costruito a Torino nel 1984 è ontologicamente identico a uno assemblato oggi a Pune, se rispetta le stesse specifiche. Smontarlo non ne intacca l'essenza: la macchina è, in fondo, una possibilità sempre ricostruibile.

Un organismo, invece, non ha un progetto esterno che lo definisce, né uno schema separabile dalla sua esistenza concreta. La sua identità coincide con il suo stesso processo di vita. Come osservava già Aristotele nel "*De Anima*", il vivente non è un corpo che ha una forma, ma un corpo che è la sua forma in atto. Togliere le parti significa interrompere quel processo, non sospenderlo.

Immanuel Kant, nella "*Critica del Giudizio*" (1790), colse questo punto con una chiarezza ancora sorprendente: un organismo è un essere in cui "le parti sono reciprocamente causa ed effetto della loro forma". In una macchina, le parti cooperano perché qualcuno le ha disposte così. In un organismo, le parti esistono perché il tutto è già in atto. È una differenza sottile, ma decisiva.

Un aneddoto spesso raccontato nei dipartimenti di biologia dello sviluppo risale agli anni Trenta, nel laboratorio di Hans Spemann a Friburgo. Quando i suoi studenti separavano cellule embrionali molto precoci di salamandra, scoprivano che ciascuna poteva riorganizzarsi e dare origine a un organismo completo. Ma appena lo sviluppo procedeva, quella possibilità svaniva: la separazione non produceva più due organismi, bensì due frammenti destinati a perire. Non erano "pezzi" di un tutto preesistente, come ingranaggi su un tavolo: erano momenti di un processo che esiste solo finché resta integro.

La macchina tollera l'interruzione perché la sua unità è aggiunta dall'esterno. L'organismo non la tollera perché la sua unità è immanente. Gilbert Simondon, filosofo francese spesso ignorato nei manuali di biologia, lo spiegava con un linguaggio quasi ingegneristico: la macchina è un individuo tecnico che rimane tale anche quando è inattivo; l'organismo è un individuo che esiste solo nel suo funzionare. Fermarlo significa dissolverlo.

Questo chiarisce anche un equivoco diffuso nelle metafore tecnologiche della biologia contemporanea. Dire che il DNA è un "programma" o la cellula una "fabbrica" può essere utile localmente, ma diventa fuorviante sul piano ontologico. Un programma può essere copiato, sospeso, riavviato. Un organismo no. Non perché sia più fragile, ma perché non è separabile dal proprio tempo. La sua identità è storica, non replicabile istante per istante.

Norbert Wiener, il padre della cibernetica, lo ammise con una certa inquietudine in una conferenza al MIT nel 1951: "*La macchina può essere spenta e riaccesa; l'organismo no, perché ciò che chiamiamo vita è il suo stesso continuo divenire*". È una frase che suona quasi ovvia, eppure segna il punto esatto in cui il paradigma meccanicistico mostra la sua insufficienza.

In sintesi, una macchina è qualcosa che resta ciò che è anche quando non funziona; un organismo è ciò che è solo mentre funziona, cresce, si mantiene. Smontare una macchina è un'operazione reversibile. Smontare un organismo è un evento ontologicamente irreversibile. Non perché manchi qualche pezzo, ma perché è venuto meno ciò che teneva insieme i pezzi: l'unità vivente come processo.

Ed è proprio questa unità — non localizzabile in nessuna parte, eppure reale — che la spiegazione biochimica, da sola, non riesce a catturare.

Il successo locale della biochimica.

Se c'è una disciplina che, nel Novecento, ha mantenuto le promesse della scienza moderna, questa è la biochimica. Ha spiegato, previsto, manipolato. Ha trasformato la medicina, l'agricoltura, l'industria alimentare. Ha dato nomi, formule e percorsi a ciò che per secoli era rimasto opaco. Sarebbe intellettualmente disonesto non riconoscerne il successo. Il problema non è che cosa la biochimica spiega, ma che cosa resta fuori da ciò che spiega.

Quando, nel 1926, James Sumner cristallizzò l'ureasi dimostrando che un enzima è una proteina, mise un punto fermo a una disputa che sembrava quasi metafisica. Da quel momento, la vita apparve sempre più come una questione di reazioni catalizzate, di affinità molecolari, di cinetiche misurabili. Da lì in avanti, il racconto è noto: la scoperta della struttura del DNA a Cambridge nel 1953, il codice genetico decifrato negli anni Sessanta, le vie metaboliche disegnate come mappe metropolitane nei manuali universitari.

In questo senso, la biochimica funziona in modo impeccabile. Funziona quando isola un processo, lo riproduce in vitro, ne misura le condizioni di possibilità. Funziona quando un farmaco blocca un recettore, quando un inibitore rallenta una cascata enzimatica, quando una mutazione viene associata a una proteina difettosa. È una scienza straordinariamente efficace nel dominio del locale: il sito attivo di un enzima, la tasca di legame di un ligando, la sequenza di una catena polipeptidica.

Un ricercatore dell'EMBL di Heidelberg raccontava, durante un seminario informale nei primi anni Duemila, che "*in laboratorio tutto torna, finché non rimetti la molecola dentro la cellula*". Non era una battuta contro la biochimica, ma una constatazione dei suoi confini. In provetta, il sistema è pulito, controllabile, elegantemente riducibile. Nel vivente, la stessa reazione è immersa in un contesto che la modifica, la devia, talvolta la sovverte.

Il punto cruciale è che la biochimica descrive interazioni, non organizzazioni. Sa dire come una molecola ne riconosce un'altra, ma non perché quell'incontro avvenga lì, in quel momento, in quella sequenza, contribuendo alla stabilità dell'intero organismo. La somma delle reazioni corrette non garantisce, da sola, la presenza della vita. Come osservava François Jacob, premio Nobel nel 1965, "*la biologia non è una fisica del vivente, ma una storia*". E una storia non si ricostruisce elencando le lettere dell'alfabeto.

Un esempio emblematico viene dalla biologia molecolare dei primi anni Settanta. Al Salk Institute di La Jolla, alcuni gruppi riuscirono a ricostruire in vitro processi fondamentali come la trascrizione e la traduzione. Tutto funzionava. Ma quando si tentava di trasferire quella logica esplicativa all'organismo intero, emergeva una discrepanza sottile ma persistente: le stesse molecole, nello stesso numero, non producevano lo stesso risultato. Qualcosa dipendeva dal contesto globale, dall'organizzazione dinamica, da relazioni non riducibili a una catena causale lineare.

La biochimica eccelle nel rispondere alla domanda "come avviene una reazione?", ma fatica quando la domanda diventa "perché questa reazione è rilevante per la vita dell'organismo?". È una differenza di scala e di logica, non di precisione. Il paradigma riduzionista non è falso: è localmente vero. Il problema nasce quando il suo successo viene esteso impropriamente a ciò che non è locale.

Negli anni Ottanta, il biologo inglese Conrad Waddington — figura oggi meno citata di quanto meriterebbe — osservava che la biochimica aveva spiegato i "mattoni" della vita, ma non l'"architettura". E aggiungeva, con una certa ironia, che nessuno pretenderebbe di capire una cattedrale gotica analizzando solo la composizione chimica delle pietre. Il paragone non sminuisce la chimica delle pietre: ne indica il limite esplicativo.

Il successo della biochimica, dunque, è reale e misurabile. Ma è un successo che illumina porzioni del fenomeno vitale lasciandone in ombra altre, decisive. Finché restiamo al livello delle reazioni, tutto è chiaro. Quando ci chiediamo come quelle reazioni si tengano insieme, si stabilizzino, si coordinino nel tempo, il linguaggio biochimico diventa improvvisamente muto. Non perché sbagli, ma perché non è stato concepito per rispondere a quel tipo di domanda.

Ed è proprio in questa zona d'ombra — tra l'efficacia locale e l'insufficienza globale — che inizia a profilarsi l'esigenza di un altro sguardo sulla vita.

Dalle molecole alle reti: quando la vita ha cambiato scala.

Per gran parte del Novecento, la biochimica ha rappresentato il cuore pulsante delle scienze della vita. Non solo per i risultati ottenuti, ma per l'idea di conoscenza che incarnava: capire un organismo significava scomporlo nei suoi componenti elementari, studiarli uno per uno, e poi — almeno in linea di principio — ricostruire il tutto. Un programma ambizioso, coerente con lo spirito della modernità scientifica, e per molti versi straordinariamente produttivo.

Nei laboratori di Harvard, di Cambridge o del Pasteur di Parigi, tra gli anni Cinquanta e Settanta, questa impostazione sembrava non avere rivali. Ogni nuova via metabolica mappata, ogni recettore identificato, ogni enzima caratterizzato rafforzava l'idea che la vita fosse, in fondo, una questione di chimica ben organizzata. Come ricordava ironicamente un vecchio ricercatore del Karolinska Institutet, "*se non lo capiamo, è solo perché non abbiamo ancora trovato la molecola giusta*".

Eppure, proprio nel momento del massimo successo, iniziarono a comparire le prime crepe concettuali. Non provenivano da una ribellione ideologica, ma dall'esperienza quotidiana di laboratorio. Alla fine degli anni Ottanta, con l'avvento delle tecniche di genomica e di proteomica, ci si rese conto che conoscere tutti i componenti non equivaleva a capire il comportamento del sistema. I genomi venivano sequenziati, le liste di proteine si allungavano, ma la distanza tra inventario e comprensione non diminuiva.

Un episodio spesso ricordato — quasi con imbarazzo — risale al 1995, durante una conferenza a Santa Fe, luogo simbolo per le scienze della complessità. Di fronte a modelli matematici elegantissimi e a una mole impressionante di dati molecolari, qualcuno fece notare che si riusciva a descrivere una cellula come una rete di migliaia di interazioni, ma non a prevedere con affidabilità come avrebbe reagito a una perturbazione minima. La battuta che circolò nei corridoi fu: "*Sappiamo tutto, tranne quello che fa*".

È in questo clima che prende forma la biologia dei sistemi. Non come rifiuto della biochimica, ma come suo prolungamento critico. Le continuità sono evidenti: stessi dati, stessi strumenti, stessa attenzione al rigore quantitativo. Ma la frattura è nel punto di vista. Non più la singola reazione come unità esplicativa fondamentale, bensì l'insieme delle interazioni considerate simultaneamente, nel tempo e nello spazio.

Nel 2000, a Tokyo, Hiroaki Kitano — figura chiave di questa transizione — parlò esplicitamente della necessità di passare da una "biologia delle parti" a una "biologia dei comportamenti emergenti". Il termine emergenza non aveva nulla di mistico: indicava semplicemente proprietà osservabili che non sono attribuibili a nessun singolo componente isolato. Una constatazione empirica, prima ancora che teorica.

La biologia dei sistemi nasce dunque da una insoddisfazione interna al paradigma precedente. Non nega che le reazioni chimiche siano reali, necessarie, fondamentali. Ma mostra che il loro significato biologico cambia a seconda della rete in cui sono inserite. Una stessa molecola può essere segnale, nutriente o tossina, a seconda dello stato globale del sistema. Qui la causalità lineare, così efficace in biochimica classica, inizia a mostrare i suoi limiti.

È interessante notare che questo passaggio ha anche un riflesso culturale più ampio. Negli stessi anni in cui la biologia scopre le reti, Internet diventa una metafora dominante; l'economia parla di sistemi complessi; l'ecologia abbandona modelli semplicistici per descrivere equilibri dinamici. Non è una coincidenza: è il segno di un mutamento di sensibilità scientifica, di una nuova attenzione alle relazioni più che agli oggetti.

E tuttavia, la biologia dei sistemi resta — volutamente — dentro il perimetro della scienza sperimentale. Non introduce nuovi enti, non invoca principi esterni. Si limita a dire che la vita non è spiegabile cambiando solo il livello di dettaglio, ma richiede un cambiamento di prospettiva. È una soglia concettuale, non ancora un nuovo paradigma completo. Ma è una soglia decisiva.

In questo senso, il passaggio dalla biochimica classica alla biologia dei sistemi rappresenta un momento di sospensione: la consapevolezza che il linguaggio delle reazioni non basta più, senza che sia ancora chiaro quale linguaggio lo sostituirà. Una fase di transizione fertile, spesso inquieta, in cui la scienza inizia a intuire che l'organismo non è soltanto un insieme di processi, ma un'unità dinamica che dà senso ai propri meccanismi.

Il tutto che non si lascia smontare.

C'è un momento, nello studio della vita, in cui l'analisi più raffinata si arresta davanti a una domanda apparentemente ingenua: dove sta l'organismo? Non nelle molecole prese singolarmente, non nei geni isolati, non nei tessuti osservati come compartimenti separati. Eppure, l'organismo c'è, si impone, resiste, si riconosce come unità coerente nel tempo. La biologia moderna, straordinariamente abile nel descrivere i dettagli, fatica ancora a spiegare questo "qualcosa in più" che fa di un insieme di parti un vivente.

Il problema non è nuovo. Già all'inizio dell'Ottocento Johann Wolfgang von Goethe, osservando le metamorfosi delle piante nel suo giardino di Weimar, annotava che la forma vivente non è mai un semplice risultato, ma un processo che si esprime. Non cercava la pianta "vera" in un organo privilegiato, ma nel movimento che li collega tutti. Una foglia non è solo una foglia: è una variazione temporanea di un tema unitario. Goethe non parlava il linguaggio della biochimica, ma aveva colto qualcosa che ancora oggi ci interroga.

Il riduzionismo classico procede per scomposizione: capisce una funzione isolandola. Ma l'unità dell'organismo non si comporta come una funzione. È una presenza distribuita, che non coincide mai con un punto preciso. Kurt Goldstein, neurologo tedesco costretto all'esilio negli Stati Uniti negli anni Trenta, lo capì lavorando con soldati cerebrolesi della Prima guerra mondiale. Lesioni simili producevano esiti diversi in persone diverse. Non era il pezzo mancante a spiegare il deficit, ma la riorganizzazione dell'intero organismo intorno a quella perdita. Goldstein parlò di organismo come totalità, un concetto che la neurologia ufficiale dell'epoca considerava imbarazzantemente vago.

Eppure, i fatti erano ostinati. Un organismo reagisce come un tutto anche quando viene colpito in una parte. Non somma risposte locali: ridefinisce se stesso. Questo è il punto cieco della spiegazione puramente biochimica. Le reazioni sono necessarie, ma non spiegano perché avvengano in modo coordinato, stabile, orientato alla conservazione dell'unità.

Negli anni Cinquanta, lavorando tra Bruxelles e Austin, Ilya Prigogine mostrò che alcuni sistemi fisici lontani dall'equilibrio possono auto-organizzarsi. Ma ciò che colpiva, nei viventi, era la persistenza dell'identità: non solo l'ordine, ma un ordine che si riconosce e si mantiene. Un vortice in un fluido esiste finché durano certe condizioni; un organismo, invece, contribuisce attivamente a produrre le condizioni della propria esistenza. Qui la fisica arriva vicino al confine, ma non lo attraversa del tutto.

Un aneddoto spesso ricordato nei laboratori di embriologia riguarda Hans Driesch, che nel 1891, a Napoli, lavorava sulle uova di riccio di mare. Separò le prime cellule embrionali aspettandosi di ottenere frammenti incompleti. Ottenne invece organismi interi, solo più piccoli. Driesch, inizialmente meccanicista convinto, fu costretto a cambiare idea: non c'era un "pezzo" che comandava, ma una capacità globale di organizzazione che non si lasciava localizzare. Parlò di "*entelechia*", termine oggi fuori moda, ma nato per nominare un problema reale.

Il punto cruciale è che l'unità dell'organismo non emerge dopo l'assemblaggio delle parti, come accade in un artefatto. È presente fin dall'inizio come principio operativo, come contesto che dà senso alle parti mentre queste si differenziano. In questo senso, il tutto non è il risultato finale: è la condizione iniziale che rende possibile ogni differenziazione.

Il filosofo Maurice Blondel scriveva nel 1893 che "*la vita è un'azione che non può essere compresa se non dal suo interno*". Oggi diremmo che l'unità del vivente è una unità di senso, non solo di struttura. Un fegato non è "un fegato in generale", ma quel fegato, in quel corpo, in quella storia biologica. Togliamolo da lì, e resta materia competente ma muta.

Il problema dell'unità dell'organismo, dunque, non è un difetto temporaneo della teoria biologica, in attesa di dati migliori. È una sfida concettuale. Chiede di pensare il vivente non come un mosaico ben incastrato, ma come una forma dinamica che tiene insieme differenza e identità, trasformazione e permanenza. Una struttura che non si trova da nessuna parte in particolare, ma si manifesta ovunque.

Il volto che riconosciamo senza saper dire perché.

C'è un'esperienza quotidiana che tutti conosciamo e che, se osservata con attenzione, dice molto sulla natura dell'organismo vivente. Riconosciamo un volto a distanza, magari in una fotografia sfocata o dopo anni di assenza, senza saper indicare con precisione quali tratti lo rendano inconfondibile. Non è il naso, non sono gli occhi presi singolarmente, né la loro semplice combinazione geometrica. È qualcosa che sta "tra" le parti, o meglio che le attraversa tutte. Un'unità percepita, non misurata.

Questa esperienza estetica, perché di estetica si tratta, nel senso originario di "*aisthesis*", percezione, è sorprendentemente vicina a ciò che accade quando incontriamo un organismo vivente. Anche qui il tutto si manifesta prima dell'analisi. Nessun biologo, osservando un animale o una pianta, ha bisogno di elencarne le molecole per riconoscerne l'identità. L'organismo si dà come unità, prima ancora di essere spiegato.

Nel 1896, a Parigi, Henri Bergson assisteva a una rappresentazione teatrale e annotava nei suoi quaderni come il gesto di un attore fosse riconoscibile anche quando eseguito da un altro corpo. Non era la sequenza muscolare a contare, ma lo stile del movimento. Bergson userà questo esempio per parlare della vita come slancio, ma l'osservazione resta valida: lo stile precede la scomposizione. Allo stesso modo, un organismo ha uno "stile biologico", una firma globale che non coincide con nessun elemento isolato.

Pensiamo alla musica. Una fuga di Bach rimane riconoscibile anche se trasposta in un'altra tonalità o suonata con strumenti diversi. Le singole note contano, certo, ma non spiegano l'unità dell'opera. L'unità musicale è una struttura relazionale, una coerenza interna che si mantiene attraverso le variazioni. In modo analogo, un organismo attraversa cambiamenti continui – turnover cellulare, adattamenti fisiologici, cicli – senza perdere la propria identità. Le parti cambiano, il tutto resta.

Un aneddoto raccontato spesso negli ambienti della storia dell'arte riguarda Ernst Gombrich, che negli anni Sessanta, a Londra, mostrava ai suoi studenti copie deliberatamente imperfette di dipinti celebri. Molti riconoscevano l'autore anche in presenza di errori evidenti. "Lo stile," diceva Gombrich, "non è un dettaglio, è una totalità che filtra ogni dettaglio". Questa frase potrebbe essere trasferita senza forzature alla biologia: la forma vivente filtra e organizza ogni processo locale.

La biochimica, come la critica formalista più rigida, tende a chiedere da cosa è fatto. Ma l'unità estetica – come quella biologica – risponde a un'altra domanda: che cosa fa sì che questo sia ciò che è? Quando osserviamo un quadro di Morandi, ad esempio, non lo riduciamo all'elenco degli oggetti rappresentati. Bottiglie e scatole ci sono anche altrove. Ciò che riconosciamo è una tensione compositiva, un equilibrio silenzioso che non si lascia tradurre in parametri indipendenti.

Negli anni Ottanta, studi di psicologia della Gestalt – portati avanti tra Berlino e New York – mostrarono che la percezione del volto umano resiste alla frammentazione: anche quando alcuni tratti vengono alterati o nascosti, il volto resta identificabile finché la configurazione globale è preservata. È una lezione preziosa per la biologia: l'unità non è un effetto collaterale delle parti, ma una condizione percettiva e funzionale primaria.

L'organismo, come un'opera d'arte riuscita, non è semplicemente complesso. È coerente. E la coerenza non è mai localizzabile. Non sta in un gene, come non sta in una pennellata. È una proprietà del campo di relazioni che tiene insieme il tutto. Capire questo significa riconoscere che la vita non si lascia spiegare solo con l'inventario dei suoi componenti, così come l'arte non si lascia comprendere solo con l'analisi dei materiali.

In questo senso, l'unità biologica e quella estetica condividono una stessa logica profonda: entrambe esistono come forme riconoscibili prima che descrivibili, come presenze che precedono la misura. Non negano l'importanza delle parti, ma le subordinano a un ordine che non nasce dalla somma, bensì la orienta.

Quando le cellule "sanno" cosa fare: la sfida della finalità senza progettista.

C'è una domanda che accompagna la biologia fin dalle sue origini moderne e che, nonostante secoli di scoperte, continua a inquietare i laboratori e le aule universitarie: perché gli organismi sembrano agire "in vista di qualcosa", pur non essendo stati progettati da nessuno? Il cuore del problema non sta nel come funzionano i meccanismi della vita — su questo la biochimica ha fatto miracoli — ma nel perché quei meccanismi cooperino in modo così coerente, stabile e orientato.

Quando osserviamo una ferita che si rimargina, un embrione che si sviluppa secondo una sequenza sorprendentemente affidabile, o un sistema immunitario che "riconosce" ciò che va eliminato, siamo portati a usare un linguaggio finalistico: guarire, svilupparsi, difendersi. Eppure, da Darwin in poi, la scienza ha fatto di tutto per espellere la finalità dal suo vocabolario ufficiale. Parlare di scopi sembrava un ritorno mascherato alla teologia naturale di William Paley, celebre per il suo esempio dell'orologio trovato nel prato: se c'è un orologio, deve esserci un orologiaio. Ma la biologia moderna non vuole orologiai.

Il risultato è una tensione mai del tutto risolta. Da un lato, gli organismi si comportano come se avessero uno scopo; dall'altro, la causalità ammessa è solo quella efficiente: catene di eventi locali, ciechi, privi di intenzione. Il linguaggio dei manuali cerca allora soluzioni di compromesso: "teleonomia", "funzione selezionata", "programma genetico" (metafora informatica che Jacques Monod usava con cautela già negli anni Sessanta). Ma il disagio resta.

Un aneddoto raccontato negli anni Novanta al laboratorio di embriologia dell'Università di Cambridge è emblematico. Durante una discussione informale, un giovane ricercatore, osservando la rigenerazione di un embrione di salamandra a cui era stata asportata una parte, sbottò: «*Sembra che sappia cosa manca*». La frase fu accolta con sorrisi ironici. Eppure, nessuno seppe proporre una spiegazione che non ricorresse, implicitamente, a quell'idea proibita: una forma globale che guida i processi locali.

La causalità classica funziona magnificamente quando si tratta di spiegare come una reazione avviene o perché una proteina si lega a un recettore. Ma quando l'oggetto è l'organismo nel suo insieme, la spiegazione si incrina. Come può una sequenza di cause locali produrre un comportamento orientato al mantenimento della forma, dell'integrità e della funzionalità complessiva? Dire che è "solo" il risultato della selezione naturale sposta il problema nel tempo, ma non lo elimina. La selezione spiega perché certe configurazioni persistono, non come esse operino, qui e ora, come unità finalizzate.

Già Immanuel Kant, nella "*Critica del giudizio*" (1790), aveva colto il punto con una lucidità che sorprende ancora oggi. Gli organismi, scriveva, sono enti in cui le parti esistono per il tutto e il tutto per le parti. Non sono come una macchina, assemblata dall'esterno, ma come una realtà che si auto-produce. Kant concludeva che la finalità in biologia è inevitabile come principio di giudizio, anche se non dimostrabile come causa reale. Due secoli dopo, il problema è ancora lì, solo rivestito di un linguaggio più tecnico.

Oggi evitiamo parole come entelechia, ma il fenomeno non è scomparso. Nei laboratori di biologia dei sistemi, a Boston come a Zurigo, si studiano reti genetiche e metaboliche che mostrano robustezza: la capacità di mantenere una funzione anche quando singoli componenti vengono perturbati. È un linguaggio elegante, matematico, ma sotto traccia riaffiora la stessa domanda: robustezza rispetto a cosa? A una forma, a una funzione, a un esito atteso.

Il paradosso della finalità senza progettista è questo: la vita sembra orientata senza essere intenzionale, direzionata senza un direttore. La causalità classica, lineare e locale, non possiede gli strumenti concettuali per rendere conto di questa direzionalità intrinseca. Può descrivere il percorso, ma non il perché del percorso. Può elencare le tappe, ma non spiegare perché, nonostante il rumore, gli errori, le perturbazioni, l'organismo ritorni sempre — finché è vivo — a una certa coerenza funzionale.

Non stupisce allora che, nella pratica quotidiana, anche gli scienziati più rigorosi scivolino in un linguaggio finalistico. Si parla di "errore da correggere", di "segnali appropriati", di "risposta adeguata". È un linguaggio operativo, certo, ma tradisce qualcosa di più profondo: la difficoltà di pensare la vita senza attribuirle, almeno implicitamente, un senso interno.

Forse l'enigma non sta nel fatto che la biologia non riesca ancora a spiegare la finalità, ma nel presupposto che ogni spiegazione debba ridursi a cause cieche e locali. Come osservava il filosofo della scienza Francisco Varela in una conferenza a Parigi nel 1996, «la questione non è reintrodurre un progettista, ma capire come emerga una normatività senza legislatore». Una frase annotata da molti, ma raramente presa fino in fondo.

La finalità senza progettista resta così una zona di frontiera: troppo empirica per la metafisica tradizionale, troppo carica di senso per una biochimica ridotta a ingranaggio. È proprio in questa tensione che si apre lo spazio per una nuova domanda sulla vita — non più solo di cosa è fatta, ma che tipo di ordine è.

Lo scopo senza scopo: rileggere Aristotele alla luce della vita contemporanea.

Quando si pronuncia il nome di Aristotele in un dipartimento di biologia molecolare, spesso cala un silenzio educato, seguito da un rapido cambio di argomento. Eppure, senza che ce ne accorgiamo, molte delle difficoltà concettuali della biologia contemporanea ruotano ancora attorno a una nozione che il filosofo di Stagira aveva posto al centro della sua riflessione: la causa finale, il "*télos*".

Aristotele non intendeva la finalità come un progetto imposto dall'esterno, né come l'esecuzione di un piano cosciente. Nel "*De Partibus Animalium*" insiste su un punto che oggi suona sorprendentemente moderno: negli organismi viventi, le strutture esistono in vista di una funzione, e questa funzione è interna al processo stesso di sviluppo. Non c'è un architetto nascosto, ma un orientamento intrinseco della forma verso la propria realizzazione.

La biologia moderna ha reagito a questa idea con un lungo atto di rimozione. Dal Seicento in poi, con Cartesio e la nascita della scienza meccanicistica, la causa finale viene progressivamente espulsa dal discorso scientifico, considerata una scorciatoia metafisica. Spiegare significa individuare cause efficienti, concatenazioni di eventi misurabili. Tutto il resto — scopi, fini, tendenze — viene archiviato come linguaggio poetico o, peggio, come residuo teologico.

Eppure, a ben guardare, il problema che Aristotele cercava di affrontare non è mai scomparso. Come spiegare che un embrione di mammifero, partendo da una singola cellula, attraversi una sequenza di trasformazioni altamente regolata, arrivando quasi sempre — salvo incidenti — a una forma funzionale coerente? Dire che "succede perché è selezionato" non basta a chiarire perché, durante lo sviluppo, ogni passaggio sembri orientato verso una configurazione futura che ancora non esiste.

Un episodio raccontato dallo storico della scienza Pietro Corsi riguarda una lezione tenuta a Parigi negli anni Settanta da un noto biologo evoluzionista. Alla domanda di uno studente su come evitare il linguaggio finalistico parlando di sviluppo, il docente rispose con un sorriso: «*Lo evitiamo nei titoli degli articoli, non nei corridoi*». Una battuta che fotografa bene la situazione: la finalità è bandita ufficialmente, ma continua a operare ufficiosamente.

Rileggere Aristotele oggi non significa adottarne la cosmologia o la biologia descrittiva — superate da secoli — ma riconoscere la pertinenza della sua intuizione centrale: negli esseri viventi, il presente sembra organizzato in funzione di una forma futura. La causa finale, in questa chiave, non è una forza misteriosa, ma un modo per descrivere un ordine temporale rovesciato, in cui il senso di un processo non è riducibile alla somma dei suoi passi intermedi.

Nel Novecento, alcuni pensatori hanno provato a riaprire il dialogo con Aristotele senza cadere nel vitalismo ingenuo. Il filosofo francese Raymond Ruyer, per esempio, parlava negli anni Cinquanta di "attività formale" per descrivere quei processi biologici che non possono essere spiegati solo come effetti meccanici locali. Le sue idee rimasero marginali, ma anticipavano un disagio che oggi riaffiora nelle discussioni sulla morfogenesi e sull'auto-organizzazione.

Il punto cruciale è che la causalità classica guarda sempre indietro, cerca le cause nel passato immediato. La causa finale aristotelica, invece, guarda in avanti: non come previsione cosciente, ma come attrazione verso una configurazione stabile. In termini moderni, potremmo dire che Aristotele stava tentando di nominare ciò che oggi descriviamo, con lessico diverso, come "dinamica verso stati organizzati".

Un dettaglio spesso dimenticato è che Aristotele era un osservatore instancabile. Sull'isola di Lesbo, dove trascorse lunghi periodi studiando animali marini, annotava variazioni, anomalie, casi limite. Non cercava la perfezione astratta, ma regolarità dentro l'imperfezione. La causa finale non era, per lui, una garanzia metafisica, ma una ipotesi interpretativa per rendere intelligibile il comportamento complessivo del vivente.

Vista da qui, la distanza tra Aristotele e la biologia dei campi — che interpreta l'organismo come struttura informativa stabilizzata — si riduce. In entrambi i casi, ciò che conta non è il singolo componente, ma la forma globale che orienta i processi. Cambiano le parole, non il problema di fondo. E forse, come spesso accade nella storia della scienza, un'idea antica ritorna non perché fosse "vera" in senso moderno, ma perché aveva individuato una domanda che non abbiamo ancora smesso di porci.

La causa finale, liberata dall'idea di un progettista esterno, potrebbe allora essere riletta non come spiegazione ultima, ma come segnale di un limite: il punto in cui la descrizione puramente meccanica smette di essere sufficiente. Aristotele non aveva gli strumenti per andare oltre. Noi sì, forse. Ma solo se accettiamo di riconoscere che la vita pone domande che non si lasciano ridurre facilmente a reazioni e catene causali.

Diari, lettere, silenzi: la finalità che ritorna nelle confessioni degli scienziati.

C'è un momento, nella pratica scientifica, che raramente compare negli articoli *peer-reviewed* ma che affiora con sorprendente regolarità nelle lettere private, nei diari di laboratorio, nelle interviste rilasciate a fine carriera. È il momento dell'esitazione. Quello in cui il ricercatore intuisce che la spiegazione puramente meccanica, per quanto impeccabile sul piano tecnico, non riesce a dire tutto ciò che sembra necessario dire.

François Jacob, premio Nobel per la medicina nel 1965, lo ammise con disarmante franchezza in alcune pagine autobiografiche pubblicate nel 1970 (*La logique du vivant*): «*Usiamo un linguaggio che attribuisce fini e intenzioni, anche quando sappiamo che non dovremmo*». Jacob era perfettamente allineato con il paradigma molecolare, eppure riconosceva che termini come "funzione", "programma", "controllo" non erano semplici metafore innocenti. Erano stampelle concettuali, necessarie per orientarsi in un territorio dove la causalità lineare mostrava crepe evidenti.

Questo disagio non nasce da una nostalgia metafisica, ma dall'esperienza concreta del lavoro scientifico. Lo si ritrova, ad esempio, nei quaderni di laboratorio di Conrad Hal Waddington, embriologo britannico, che negli anni Quaranta annotava a margine dei suoi esperimenti sulla *drosophila* riflessioni insolite per un genetista: "*Lo sviluppo sembra ricordare dove deve andare*". Waddington coniò il termine "*paesaggio epigenetico*" proprio per evitare il linguaggio finalistico, ma la metafora del "canale" e della "valle" tradiva una tensione irrisolta: come parlare di direzione senza parlare di scopo?

Anche nei grandi templi della biologia sperimentale questo imbarazzo era palpabile. Al "*Cold Spring Harbor Laboratory*", nello stato di New York, negli anni Cinquanta, alcuni giovani ricercatori raccontarono — in interviste raccolte decenni dopo da storici della scienza — che durante le discussioni informali serali si parlava liberamente di "obiettivi" cellulari, salvo poi epurare accuratamente quel lessico dai manoscritti destinati alle riviste. Era una sorta di doppio registro: uno pratico, indispensabile per pensare; uno ufficiale, necessario per pubblicare.

Il biologo svizzero Adolf Portmann, meno noto al grande pubblico ma molto letto negli anni Cinquanta, affrontò apertamente questo scarto. Nei suoi taccuini personali, oggi conservati a Basilea, scriveva che l'organismo «mostra se stesso», come se la forma avesse un valore espressivo oltre che funzionale. Non parlava di finalità in senso classico, ma ammetteva che ridurre la forma a puro sottoprodotto adattativo lasciava una sensazione di incompletezza. Le sue posizioni gli valsero una certa marginalità accademica, ma anche l'attenzione di filosofi e storici dell'arte.

Il punto interessante è che il disagio non riguarda l'ignoranza dei meccanismi, bensì la loro insufficienza narrativa. Gli scienziati sanno come avvengono molti processi; faticano a spiegare perché questi processi convergano con tanta affidabilità verso configurazioni funzionali stabili. In un'intervista rilasciata alla BBC nel 1996, la biologa dello sviluppo Anne McLaren, figura centrale della ricerca sugli embrioni di mammifero, confessò che la parola "destino cellulare" le sembrava «pericolosa ma inevitabile». Pericolosa perché evocava teleologia, inevitabile perché nessun altro termine funzionava altrettanto bene.

Questo tipo di ammissioni non è raro, ma resta confinato ai margini del discorso pubblico. È come se la biologia contemporanea vivesse una forma di autocensura epistemologica: riconosce certi problemi, ma evita di formularli fino in fondo per timore di scivolare fuori dal perimetro della scienza "dura". Eppure, proprio queste esitazioni, queste note a piè di pagina emotive, indicano il punto di massima tensione del paradigma biochimico.

Nel contesto della biologia dei campi, questo disagio acquista un significato nuovo. Se l'organismo è una struttura informativa stabilizzata, allora la ricorrenza di un linguaggio orientato allo scopo non è una debolezza soggettiva dello scienziato, ma il sintomo di un livello di organizzazione che chiede categorie diverse. Le lettere, i diari, le interviste diventano così documenti preziosi: non deviazioni dal metodo, ma tracce di un problema reale, ancora aperto.

Forse, come scriveva il fisico Max Delbrück in una lettera privata del 1972 a un collega di Pasadena, «*abbiamo vinto molte battaglie contro il mistero, ma non la guerra contro il senso*». Una frase che non troveremo mai in un manuale, ma che dice molto su ciò che ancora ci sfugge quando cerchiamo di spiegare la vita senza ricorrere, almeno implicitamente, a una qualche forma di finalità.

Quando i sistemi fanno più di quanto abbiamo programmato.

Negli ultimi anni, un curioso rovesciamento di prospettiva si è insinuato nei laboratori di ricerca: non è più solo la biologia a ispirare l'ingegneria, ma l'ingegneria dei sistemi autonomi a costringere la biologia a rivedere le proprie certezze. In particolare, l'intelligenza artificiale — quella reale, fatta di codici, robot e ambienti di simulazione — ha riportato al centro una questione che la biologia classica aveva cercato di mettere tra parentesi: la comparsa di comportamenti orientati a uno scopo senza che lo scopo sia stato esplicitamente programmato.

Un aneddoto spesso raccontato nei corridoi del MIT riguarda un progetto di robotica autonoma dei primi anni Duemila. Un gruppo guidato da Rodney Brooks, pioniere della robotica comportamentale, aveva progettato piccoli robot mobili con regole semplicissime, privi di rappresentazioni interne del mondo. Durante i test, in un magazzino di Cambridge (Massachusetts), alcuni di questi robot iniziarono a "difendere" spontaneamente certe zone ricche di risorse energetiche, allontanando gli altri. Nessuna istruzione parlava di difesa, competizione o territorio. Eppure, il comportamento era lì, stabile e ripetibile.

Gli ingegneri lo chiamarono "*emergent behavior*". Ma tra i biologi presenti alle dimostrazioni circolava una domanda più inquietante: non è esattamente questo ciò che osserviamo negli organismi viventi? Facciamo riferimento all'"*apprendimento per rinforzo*", un modo dire che attribuisce all'agente scopi, intenzioni o obiettivi, anche se in realtà il comportamento emerge solo da regole di aggiornamento e segnali di ricompensa.

In questo campo la questione è diventata ancora più evidente. Quando nel 2016 AlphaGo sconfisse Lee Sedol a Seul, molti commentatori parlarono di "creatività" della macchina. I programmatori, più cauti, sottolinearono che il sistema stava semplicemente massimizzando una funzione obiettivo. Ma in interviste successive, Demis Hassabis ammise che alcune strategie non erano previste né comprese a priori: emergevano dall'interazione tra algoritmo, ambiente e storia delle partite. Una finalità operativa senza rappresentazione cosciente dello scopo.

Il parallelismo con la biologia è difficile da ignorare. Anche negli organismi, la finalità non si presenta come un piano scritto da qualche parte, ma come una tendenza stabile del sistema a mantenere certe forme, certe funzioni, certe relazioni. L'IA mostra che è possibile ottenere orientamento funzionale senza ricorrere a un progettista che controlli ogni passaggio. Ma mostra anche qualcosa di più sottile: che questa finalità non è riducibile alla somma delle regole locali.

In una conferenza tenuta a Santa Fe nel 2011, presso il Santa Fe Institute — luogo simbolo dello studio dei sistemi complessi — il fisico Chris Langton osservò che alcuni automi cellulari "sembrano sapere cosa evitare". Era una battuta, ma non troppo. Sistemi formali, governati da regole elementari, sviluppavano dinamiche di preservazione e adattamento che ricordavano, almeno per analogia strutturale, il comportamento dei sistemi viventi.

Qui il collegamento con la biologia dei campi diventa particolarmente fecondo. Se negli organismi la finalità è una proprietà emergente del campo di relazioni che li costituisce, allora l'IA fornisce un laboratorio concettuale in cui osservare come l'orientamento allo scopo possa nascere da configurazioni globali, non da istruzioni puntuali. La macchina non "vuole" nulla, e tuttavia si comporta come se tendesse a qualcosa. Proprio come una cellula che cicatrizza una ferita o un embrione che corregge uno sviluppo perturbato.

Non è un caso che alcuni ricercatori, come il matematico inglese Michael Levin — noto per i suoi studi sulla morfogenesi — abbiano iniziato a usare strumenti concettuali presi in prestito dall'IA per descrivere i processi biologici, parlando di "*goal-directedness*" a livelli diversi di organizzazione. Non si tratta di attribuire intenzioni, ma di riconoscere una struttura di senso operativa, una direzionalità che non può essere localizzata in una singola molecola, né in una singola riga di codice.

Il paradosso è evidente: mentre la biologia classica ha a lungo evitato il linguaggio della finalità per restare "scientifica", l'ingegneria dei sistemi autonomi si trova oggi costretta a confrontarsi con comportamenti finalistici che nessuno ha esplicitamente voluto inserire. È come se due strade diverse stessero convergendo verso lo stesso punto cieco del riduzionismo.

In questo senso, l'intelligenza artificiale non offre un modello da copiare, ma uno specchio. Mostra che la finalità può emergere senza intenzione, e che il problema non è eliminare lo scopo dal discorso scientifico, ma capire a quale livello esso appartenga. Una lezione preziosa per una biologia che voglia pensare gli organismi non come macchine complicate, ma come strutture informative stabilizzate, capaci di mantenere una direzione nel tempo.

II°. Quando l’evoluzione suona, ma non scrive la partitura.

C’è un’immagine che aiuta più di molte formule a comprendere il cuore di questo capitolo: quella di un cieco che ascolta un’orchestra. Può riconoscere che la musica è armoniosa, può persino distinguere gli strumenti e apprezzare l’equilibrio tra le parti. Ma non vede la partitura, né il principio che tiene insieme l’esecuzione. La selezione naturale, nel racconto classico del darwinismo, assomiglia molto a quel cieco: spiega perché una certa variazione venga favorita, ma non perché esista una forma coerente da selezionare.

Il darwinismo è stato, ed è tuttora, una delle teorie scientifiche più potenti mai formulate. Ha mostrato come l’adattamento degli organismi all’ambiente possa emergere senza ricorrere a disegni prestabiliti o a finalismi esterni. Eppure, proprio il suo successo ha finito per occultare una domanda più profonda: da dove vengono le forme biologiche? Non le singole variazioni, ma l’architettura stabile che rende possibile la variazione stessa.

La selezione naturale opera sempre su qualcosa: su organismi già dotati di una struttura, di una simmetria, di una robustezza che resiste alle perturbazioni. Un cuore può variare nelle dimensioni, un arto nella lunghezza, un becco nella curvatura, ma la presenza del cuore, dell'arto, del becco non è spiegata dal meccanismo selettivo in quanto tale. La selezione filtra, affina, elimina. Non orchestra.

Charles Darwin ne era perfettamente consapevole, anche se spesso lo si dimentica. In "*On the Origin of Species*" scrive, con cautela tipica del suo stile: «*Siamo portati a personificare la legge della variazione, come se fosse una forza indipendente; ma dobbiamo ricordare che la variazione non è la causa della produzione delle nuove specie, bensì soltanto il materiale grezzo su cui agisce la selezione.*»

Una frase che, letta oggi, suona quasi come un'ammissione di incompletezza: il "materiale grezzo" da dove proviene? E soprattutto, perché assume forme così regolari e ricorrenti?

Il capitolo si colloca qui, in questo spazio concettuale lasciato in ombra. Non per negare il darwinismo, ma per ridimensionarne la portata esplicativa. La selezione spiega l'adattamento locale, non la stabilità globale delle forme. Spiega il perché conviene, non il perché esiste. Come osservava il biologo inglese W. H. Thorpe, riflettendo sui limiti dell'approccio adattazionista: «*Il problema dell'origine delle specie non riguarda solo l'adattamento, ma anche l'origine di strutture complesse e altamente specifiche che rendono possibile l'adattamento stesso.*»

È qui che emerge il problema della forma come principio organizzativo autonomo. Le forme biologiche mostrano una sorprendente capacità di mantenersi, rigenerarsi, correggersi. Un embrione perturbato tende a "ritrovare" la propria organizzazione; un organismo ferito cerca di ristabilire una configurazione riconoscibile. Tutto questo avviene prima e al di sotto della pressione selettiva. La forma non è un risultato tardivo dell'evoluzione, ma una sua condizione di possibilità.

Henri Bergson, all'inizio del Novecento, lo aveva intuito con chiarezza filosofica, quando scriveva in "*L'évolution créatrice*": «*La vita non è un meccanismo, è una tendenza. Una forza che cerca di superare la resistenza della materia e di creare, nel cuore stesso della materia, lo strumento della propria evoluzione.*» Al di là del linguaggio metaforico, l'intuizione è precisa: la vita non procede per semplice accumulo di vantaggi selettivi, ma attraverso configurazioni formali che guidano e canalizzano il cambiamento.

La finalità di questo capitolo, nel contesto generale del libro, è dunque chiara: mostrare che la crisi del paradigma biologico classico non riguarda solo i meccanismi molecolari, ma anche il cuore della teoria evolutiva. Senza una riflessione sulla forma, la selezione resta come un direttore d'orchestra senza spartito: capace di mantenere il tempo, ma non di spiegare la musica.

Questo passaggio è decisivo per aprire la strada alle parti successive del libro. Se la forma non è riducibile né ai geni né alla selezione, allora bisogna cercare altrove il principio che organizza il vivente: nei campi di coerenza, nelle strutture informative, in un ordine che non è imposto dall'esterno, ma emerge come proprietà globale dei sistemi biologici.

La forma che resiste: il mistero della robustezza biologica.

C'è un tratto della vita che colpisce chiunque la osservi senza pregiudizi teorici: la sua sorprendente capacità di restare se stessa mentre tutto cambia. Gli organismi si sviluppano in ambienti imperfetti, affrontano perturbazioni, errori, fluttuazioni molecolari, eppure arrivano quasi sempre a una forma riconoscibile, stabile, funzionale. Questa proprietà, che i biologi chiamano robustezza, è uno dei punti ciechi più evidenti del darwinismo classico, perché si colloca esattamente tra due domini che la teoria evolutiva ha faticato a integrare: la biologia dello sviluppo e l'evoluzione.

La selezione naturale può spiegare perché una forma robusta venga favorita: un organismo che "tiene" meglio sopravvive più facilmente. Ma non spiega perché quella robustezza emerga in primo luogo, né come una forma riesca a mantenere la propria identità durante lo sviluppo, nonostante variazioni genetiche, rumore biochimico e condizioni ambientali mutevoli. È qui che l'evoluzione incontra un paradosso: per poter variare, una forma deve prima essere stabile; ma la stabilità stessa non può essere il prodotto diretto della variazione casuale.

Negli anni Duemila, il biologo dei sistemi Hiroaki Kitano, lavorando tra Tokyo e l'Europa, ha definito la robustezza come una proprietà fondamentale dei sistemi viventi, non riducibile a singoli geni o circuiti isolati. In un articolo ormai classico del 2004 scriveva: «*La robustezza è la capacità di un sistema di mantenere le proprie funzioni nonostante perturbazioni interne ed esterne.*» Una definizione apparentemente sobria, che però sposta radicalmente il problema: la forma non è un risultato passivo, ma una configurazione attivamente mantenuta.

Dal punto di vista dello sviluppo, questo significa che l'organismo non segue una semplice sequenza di istruzioni, come un programma lineare, ma si orienta verso una configurazione globale, correggendo deviazioni, compensando errori, riorganizzando localmente ciò che viene disturbato. Dal punto di vista evolutivo, significa che la selezione non agisce su un materiale amorfo, ma su forme già dotate di una resilienza intrinseca, che limita lo spazio delle variazioni possibili e ne canalizza gli effetti.

Un'intuizione affine era già presente, in forma pre-molecolare, nell'opera di D'Arcy Wentworth Thompson, che nel 1917, in "*On Growth and Form*", osservava come molte strutture biologiche sembrassero obbedire a vincoli di ordine e stabilità più che a una semplice logica adattativa. Thompson non negava l'evoluzione, ma suggeriva che la geometria e la dinamica delle forme precedono la selezione, fornendole il terreno su cui operare.

La robustezza, in questo senso, è un concetto-ponte: collega lo sviluppo individuale alla storia evolutiva, mostrando che la vita non è una sequenza di soluzioni provvisorie, ma un sistema capace di conservare informazione strutturale nel tempo. Le forme biologiche non sono fragili equilibri sul punto di collassare, ma configurazioni attive che resistono, si riparano, si ricompongono. Ed è proprio questa resistenza intelligente al disordine che rende possibile l'evoluzione stessa.

Nel contesto del capitolo, la robustezza diventa così un argomento decisivo contro una visione puramente selettiva della forma. Se le forme non fossero robuste, la selezione non avrebbe nulla di stabile su cui agire. L'orchestra, per tornare alla metafora del capitolo, non potrebbe nemmeno iniziare a suonare se ogni strumento si disgregasse al primo colpo d'archetto.

Vortici, fiocchi di neve e cellule: somiglianze ingannevoli della forma.

Per capire che cosa rende biologica una forma, conviene fare un passo indietro e guardare alle forme che la natura produce anche in assenza di vita. I cristalli, i vortici nei fluidi, le cosiddette strutture dissipative studiate dalla fisica del Novecento mostrano che l'ordine può emergere spontaneamente dal caos, senza bisogno di un progetto esterno. È una scoperta che ha affascinato generazioni di scienziati e che, a prima vista, sembra avvicinare il mondo inanimato a quello vivente. Ma è proprio in questo avvicinamento che si chiarisce la distanza.

Un cristallo di neve, osservato al microscopio, appare come un piccolo capolavoro di simmetria. Wilson Bentley, il fotografo del Vermont che all'inizio del Novecento dedicò la vita a ritrarli, amava ripetere che «*nessun fiocco è uguale a un altro*». Eppure, dietro quella varietà, c'è una regola ferrea: la forma del cristallo è interamente determinata dalle leggi fisiche e dalle condizioni locali di temperatura e umidità. Il cristallo non "difende" la propria forma, non la corregge, non la interpreta. Se le condizioni cambiano, la forma cambia o si dissolve. La stabilità è passiva, non attiva.

Un passo più vicino alla vita lo troviamo nei vortici: una spirale d'acqua in un fiume, una macchia rossa su Giove osservata già da Cassini nel Seicento, o le celle di convezione descritte da Henri Bénard nel 1900 nei suoi esperimenti parigini. Qui la forma non è più statica: è un processo che si mantiene nel tempo grazie a un flusso continuo di energia.

L'analogia con gli organismi è seducente. Anche la vita è un sistema aperto, lontano dall'equilibrio, che si mantiene grazie a scambi continui con l'ambiente. Ma la differenza cruciale emerge appena si guarda al modo in cui la forma viene conservata. Un vortice non ha memoria: se il flusso si interrompe, la forma scompare senza lasciare traccia. Un organismo, invece, attraversa flussi, perturbazioni, perfino traumi, e tende a ritornare a una configurazione riconoscibile, come se la forma fosse inscritta in un livello più profondo del semplice movimento della materia.

Qui si manifesta il limite dell'analogia fisica. Le forme fisiche sono epifenomeni delle condizioni: risultano dalle leggi, ma non agiscono su di esse. Le forme biologiche, al contrario, sembrano esercitare una sorta di causalità dall'alto, orientando i processi locali verso un risultato globale. Durante lo sviluppo embrionale, cellule identiche per patrimonio genetico assumono destini diversi non perché il contesto fisico lo imponga, ma perché l'organismo nel suo insieme "sa" — in un senso operativo, non metaforico — dove deve andare.

Questo confronto chiarisce anche un aspetto centrale: la selezione naturale può agire su forme già date, ma non basta a spiegare perché le forme biologiche abbiano questa qualità attiva, regolativa, persistente. Le strutture fisiche mostrano che l'ordine è possibile senza selezione; la vita mostra che esiste un tipo di ordine che resiste, si ripara e si anticipa. È in questa differenza sottile ma decisiva che la forma biologica rivela la propria autonomia concettuale.

L’orchestra della vita, dunque, non è fatta solo di buone leggi fisiche che suonano insieme per caso. C’è una partitura implicita che attraversa i processi, li coordina e li rende coerenti nel tempo. Ed è proprio questa partitura — ancora difficile da nominare senza uscire dai confini del riduzionismo — che distingue un fiocco di neve da una cellula, un vortice da un organismo.

Quando la forma chiede un principio più profondo.

Arrivati a questo punto, il lettore attento avverte una tensione che non può restare irrisolta. Abbiamo visto che la selezione naturale spiega come una forma funzioni meglio di un’altra, ma non perché quella forma esista, né perché riesca a mantenersi stabile nel tempo, attraversando sviluppo, mutazioni, stress ambientali. La metafora dell’orchestra, evocata nel titolo del capitolo, torna allora con forza: non basta immaginare strumenti ben costruiti o musicisti selezionati per bravura. Senza un principio che li tenga insieme, che sincronizzi tempi, intensità, relazioni, ciò che emerge non è musica, ma rumore.

Questo principio non è una nuova sostanza, né un’entità misteriosa da aggiungere all’inventario della biologia. È piuttosto una proprietà globale dell’organizzazione vivente, qualcosa che riguarda il modo in cui i processi si accordano tra loro nel tempo e nello spazio. Già negli anni Quaranta, lavorando tra Princeton e Vienna, Erwin Schrödinger si chiedeva come fosse possibile che l’organismo evitasse il collasso nel disordine, parlando di un “ordine che si nutre di ordine”. Oggi possiamo dire che quella intuizione puntava verso un concetto più preciso: la vita non è solo ordine, ma ordine coerente, capace di mantenersi, di risuonare con se stesso, di produrre stabilità dinamica.

Non è un caso che, in contesti diversi, scienziati e filosofi abbiano usato immagini simili. Il neurologo Karl Lashley, studiando negli anni Cinquanta la distribuzione delle funzioni nel cervello, parlava di azione "di campo", incapace di essere localizzata in un singolo punto. In un altro ambito, il direttore d'orchestra Wilhelm Furtwängler sosteneva che la musica non nasce dalla somma delle note, ma dalla tensione che le attraversa e le unisce. Analogamente, la forma biologica non emerge dall'accumulo di parti, ma da una relazione coerente tra processi, che fa sì che il tutto venga prima delle componenti.

Questo paragrafo si chiude dunque su una soglia. Se la forma non è riducibile né al gene né alla funzione, se la selezione non basta a spiegarne la comparsa e la stabilità, allora dobbiamo cambiare punto di vista. Dobbiamo smettere di chiederci solo che cosa viene selezionato, e iniziare a chiederci come un organismo riesca a essere un'unità significativa nel tempo. La risposta che si profila non è un nuovo meccanismo, ma una nuova parola-chiave: coerenza. È da qui che prenderà avvio la parte successiva, dove la vita verrà osservata non come un insieme di reazioni fortunate, ma come un fenomeno fisico e biologico capace di mantenere senso, forma e identità nel flusso continuo del cambiamento.

Il mito del gene sovrano: quando l'informazione non basta a spiegare la forma.

Per almeno mezzo secolo, la biologia ha raccontato la vita come una storia scritta nel DNA. Una narrazione potente, elegante, persino seducente: quattro lettere, infinite combinazioni, un libro molecolare capace di spiegare la forma di una foglia, la disposizione dei neuroni, la complessità di un organismo umano. Non è un caso che, nel 1962, quando Watson, Crick e Wilkins ricevettero il Nobel, l'entusiasmo travalicò i confini della comunità scientifica. A Cambridge si parlava del "segreto della vita" come di qualcosa finalmente svelato.

Eppure, col passare degli anni, quella promessa si è rivelata parziale. Non falsa — il DNA è indispensabile — ma incompleta. Il gene-centrismo, cioè l'idea che il gene sia l'unità fondamentale e sufficiente per spiegare la forma e il comportamento degli organismi, ha iniziato a mostrare crepe proprio dove pretendeva di essere più solido: nello sviluppo, nella stabilità delle forme, nella sorprendente robustezza del vivente.

Un dato, tra i molti, colpì l'opinione pubblica all'inizio degli anni Duemila: il "*Progetto Genoma Umano*", completato ufficialmente nel 2003, rivelò che l'essere umano possiede poco più di 20.000 geni, non molti di più di un verme come *Caenorhabditis elegans*. La domanda, imbarazzante nella sua semplicità, cominciò a circolare anche fuori dai laboratori: dove sta allora la complessità? Se la forma fosse davvero scritta tutta nei geni, ci si sarebbe aspettata una differenza molto più marcata.

Il problema è che il DNA non funziona come un progetto architettonico dettagliato. Non dice dove andrà ogni cellula, né come verranno coordinate miliardi di interazioni nel tempo. Fornisce componenti, possibilità, vincoli chimici. Ma la forma biologica emerge sempre in un contesto, attraverso relazioni dinamiche che non sono localizzabili in una singola sequenza genetica.

Un embriologo italiano, durante un convegno a Pavia nei primi anni Novanta, amava provocare il pubblico con una frase rimasta in circolazione tra gli studenti: «*Il DNA sa fare proteine, non organismi*». Era una battuta, certo, ma centrava il punto. La forma di un cuore, la simmetria di un fiore, la disposizione delle dita non derivano da un gene "per il cuore" o "per la mano", ma da processi collettivi, regolativi, che trascendono il singolo elemento molecolare.

Qui il gene-centrismo mostra il suo limite concettuale più profondo: confondere informazione con istruzione. Il DNA contiene informazione, ma non istruzioni operative complete. È come il testo di una pièce teatrale senza indicazioni di regia, senza tempi, senza intonazione. Chi abbia assistito a due messe in scena diverse dello stesso Shakespeare — magari una classica al Globe di Londra e una sperimentale in un teatro berlinese — sa quanto la forma finale dipenda da qualcosa che non è scritto parola per parola nel copione.

Anche in biologia, lo stesso genoma può dare origine a esiti differenti a seconda del contesto cellulare, delle interazioni meccaniche, dei segnali bioelettrici, dell'ambiente chimico. Gli studi di Conrad Waddington sull'epigenetica, già negli anni Quaranta a Edimburgo, avevano introdotto l'immagine del "paesaggio epigenetico": una metafora potente per dire che lo sviluppo segue traiettorie preferenziali, ma non rigidamente predeterminate dal gene.

Il punto, allora, non è ridimensionare il ruolo del DNA, bensì ricollocarlo. Il gene non è il sovrano che governa dall'alto, ma uno strumento all'interno di un'organizzazione più ampia. Continuare a pensare che la forma sia "contenuta" nel genoma equivale a cercare la melodia dentro le singole note. La vita, invece, sembra emergere da un livello di integrazione superiore, dove l'informazione diventa efficace solo quando è messa in relazione, sincronizzata, resa coerente.

Questo passaggio è cruciale per l'economia del capitolo. Mostra perché la selezione naturale, agendo su variazioni genetiche, non possa spiegare da sola la comparsa di forme stabili e riconoscibili. E prepara il terreno a una domanda più radicale: se il DNA non basta, che cosa tiene insieme l'organismo come unità di senso e di forma? La risposta non sarà cercata in una molecola aggiuntiva, ma in un principio organizzativo capace di coordinare il molteplice. È qui che il discorso sulla coerenza, sviluppato in precedenza, diventa non solo plausibile, ma necessario.

Il gene e la macchina.

Ogni grande stagione scientifica porta con sé non solo nuovi dati, ma anche nuove metafore dominanti. E le metafore non sono ornamenti del discorso: orientano lo sguardo, stabiliscono ciò che appare ovvio e ciò che diventa impensabile. Il gene-centrismo, che per decenni ha guidato la biologia, non nasce nel vuoto. È figlio di un'epoca che aveva fatto della tecnologia il proprio orizzonte di senso, e del determinismo tecnico una sorta di filosofia implicita.

Non è un caso che, a partire dagli anni Cinquanta, il DNA venga descritto come codice, programma, istruzione. Sono gli stessi anni in cui, tra Princeton e Los Alamos, nasce l'informatica moderna, e Alan Turing diventa una figura quasi mitologica. La biologia, affascinata dalla potenza esplicativa delle nuove macchine di calcolo, inizia a parlare la loro lingua. Se un computer funziona perché segue istruzioni precise, perché non dovrebbe funzionare così anche un organismo?

Questa analogia ha avuto una forza straordinaria. Negli anni Settanta, mentre la Silicon Valley muoveva i primi passi e il microprocessore entrava nell'immaginario collettivo, l'idea che il gene fosse il "software della vita" sembrava non solo plausibile, ma inevitabile. In una celebre conferenza a Santa Fe, un biologo molecolare raccontò di aver capito il proprio lavoro "pensando alla cellula come a un computer chimico". Era una metafora efficace, ma anche una gabbia concettuale.

Il determinismo tecnologico, secondo cui sono le tecnologie a guidare in modo quasi automatico l'evoluzione della società, ha un parente stretto nel gene-centrismo biologico. In entrambi i casi, un elemento — la macchina o il gene — viene elevato a causa primaria, mentre il contesto, le relazioni, le dinamiche emergenti passano in secondo piano. Come se una società fosse spiegabile solo dai suoi strumenti, o un organismo solo dalle sue sequenze.

Già negli anni Sessanta, il filosofo Lewis Mumford metteva in guardia contro questa riduzione, osservando come la tecnologia non fosse mai neutra né autosufficiente, ma sempre intrecciata a valori, scelte, forme di vita. Lo stesso si potrebbe dire del gene: non agisce nel vuoto, non "decide" nulla da solo. Eppure, l'epoca aveva bisogno di un principio semplice, localizzabile, controllabile. Il gene rispondeva perfettamente a questa esigenza simbolica.

C'è un episodio poco noto, raccontato da un sociologo della scienza francese in un seminario parigino del 1984. Durante una visita a un laboratorio di biologia molecolare, notò che le lavagne erano piene di frecce, diagrammi lineari, flussi unidirezionali. «Sembrava», disse, «la sala di controllo di una centrale». Non era solo un modo di disegnare: era un modo di pensare. La forma della spiegazione rifletteva la forma delle tecnologie dominanti.

Oggi, mentre parliamo di reti, sistemi distribuiti, intelligenze collettive, anche il linguaggio biologico inizia lentamente a cambiare. Il gene non scompare, ma perde il suo statuto di sovrano assoluto. E questo ci permette di rileggere il gene-centrismo per ciò che è stato anche culturalmente: una metafora potente, storicamente situata, non una verità definitiva sulla vita.

Capire questo non significa relativizzare la scienza, ma renderla più consapevole di sé. Le metafore guidano la ricerca tanto quanto i dati. Riconoscere che il DNA è stato pensato come una macchina in un'epoca dominata dalle macchine è un passo necessario per aprire lo sguardo a immagini diverse: non più il gene come microchip, ma l'organismo come processo coordinato, come struttura informativa che si stabilizza attraverso relazioni. È da questa consapevolezza che diventa possibile immaginare — senza forzature ideologiche — una biologia che vada oltre il determinismo, genetico o tecnologico che sia.

Il gene in prima pagina: quando i media trasformano la biologia in destino.

C'è un momento preciso in cui il gene smette di essere un concetto tecnico, discusso tra specialisti, e diventa un personaggio pubblico. Accade nella seconda metà del Novecento, quando la scienza entra stabilmente nei giornali, nelle riviste illustrate, poi nella televisione. È lì che il gene comincia a essere raccontato non più come una componente dell'organismo, ma come il suo regista occulto, il depositario di un destino scritto una volta per tutte.

Un passaggio simbolico può essere collocato nel 1962, anno in cui James Watson, Francis Crick e Maurice Wilkins ricevono il Nobel per la scoperta della struttura del DNA. Nei resoconti giornalistici dell'epoca — dal New York Times a Le Monde — la doppia elica viene spesso presentata come la "chiave della vita". Una formula efficace, certo, ma già carica di ambiguità: una chiave apre una serratura, determina un accesso. L'idea che la vita fosse finalmente “decifrata” era troppo potente per non essere amplificata.

Negli anni Settanta e Ottanta, con l’esplosione della divulgazione scientifica di massa, il racconto si fa ancora più netto. Titoli come “Scoperto il gene dell’intelligenza”, “Il gene dell’aggressività”, “Nel DNA il segreto dell’obesità” diventano familiari. Non importa che, nelle righe successive, gli stessi articoli introducano cautele, probabilità, interazioni ambientali. L’immagine che resta è quella del gene come causa ultima, semplice, rassicurante nella sua linearità.

Un noto giornalista scientifico italiano raccontò, in un’intervista del 1998, di aver discusso a lungo con un caporedattore che insisteva per titolare un pezzo sul genoma umano come “Il libro del destino finalmente aperto”. «So che non è esatto», gli disse, «ma è quello che la gente capisce». In quella frase c’è tutta la tensione tra accuratezza scientifica e logica mediatica: il bisogno di una storia chiara, con un protagonista forte e un finale comprensibile.

Il Progetto Genoma Umano, annunciato ufficialmente nel 1990 e celebrato nel 2000 alla Casa Bianca da Bill Clinton e Tony Blair, rappresenta forse il culmine di questa narrazione. Le immagini televisive parlavano di “mappa completa dell’uomo”, di “manuale di istruzioni della vita”. Pochi ricordano che, nello stesso discorso, Clinton sottolineava come il genoma non determinasse il destino individuale. Ma quel dettaglio, nel flusso mediatico, risultava secondario rispetto alla potenza simbolica della mappa e del manuale.

Questo modo di raccontare la genetica non nasce da malafede. È il risultato di una semplificazione strutturale, tipica dei media moderni, che privilegiano cause singole, nessi diretti, immagini forti. Il gene, invisibile ma nominabile, microscopico ma concettualmente isolabile, si presta perfettamente a questo ruolo. Molto più difficile raccontare processi distribuiti, interazioni dinamiche, forme che emergono nel tempo.

Così, senza quasi accorgercene, il discorso mediatico ha contribuito a consolidare un’immagine della vita come copione già scritto, in cui la selezione naturale si limita a scegliere tra variazioni predisposte dal DNA. Un'immagine che ha avuto effetti profondi non solo sulla percezione pubblica della biologia, ma anche sul modo in cui gli stessi scienziati hanno comunicato — e talvolta pensato — il proprio lavoro.

Oggi, mentre nuove ricerche mettono in luce la plasticità dello sviluppo, l'importanza dei contesti cellulari e ambientali, il ruolo dell'organizzazione globale, quella vecchia narrazione mostra tutte le sue crepe. Ma la sua forza culturale persiste. Capire come i media abbiano trasformato il gene da possibilità a destino non è un esercizio di critica esterna: è un passo necessario per liberare lo sguardo e tornare a interrogarsi sulla forma, sull'organismo come unità coerente, su ciò che nella vita eccede sempre la singola istruzione.

Dire "organismo" o dire "meccanismo": le conseguenze morali di una metafora.

Le metafore scientifiche non restano confinate nei libri o nei laboratori. Scivolano silenziosamente nei protocolli, nelle decisioni cliniche, nelle politiche pubbliche. Dire che la vita è una macchina o un processo coerente non è una semplice scelta linguistica: è un atto che orienta la ricerca e, soprattutto, l'etica che la accompagna.

Nel Novecento industriale, pensare l'organismo come una macchina è sembrato naturale. Le macchine erano il simbolo del progresso, dell'efficienza, del controllo. Se il corpo è un dispositivo, allora la malattia diventa un guasto, la terapia una riparazione, il medico un tecnico specializzato. Questa metafora ha prodotto risultati indiscutibili — dalla chirurgia moderna alla farmacologia — ma ha anche lasciato zone d'ombra difficili da ignorare.

Un chirurgo inglese, attivo negli anni Cinquanta al St. Bartholomew's Hospital di Londra, annotava nel suo diario che "*il paziente, sotto anestesia, somiglia terribilmente a un orologio aperto sul banco*". Era una constatazione pratica, non cinica. Eppure, in quella frase si coglie il rischio di una visione in cui il soggetto vivente si dissolve, lasciando spazio a un insieme di parti intercambiabili.

Quando la vita è pensata come macchina, anche l'etica tende a diventare ingegneristica: si valuta ciò che funziona, ciò che è efficiente, ciò che ottimizza un risultato. Non sorprende che proprio in questo quadro culturale si siano sviluppati, tra gli anni Sessanta e Settanta, dibattiti accesi sulla sperimentazione animale e umana, spesso affrontati più in termini di costi e benefici che di senso e responsabilità. La famosa conferenza di Asilomar del 1975, dedicata al DNA ricombinante, fu uno dei primi tentativi di fermarsi e chiedersi non solo "possiamo farlo?", ma "che cosa stiamo trattando come un oggetto?".

Pensare la vita come processo coerente, invece, cambia radicalmente il panorama etico. Se l'organismo non è una macchina assemblata, ma una struttura informativa che si mantiene nel tempo grazie a relazioni, allora ogni intervento diventa un atto che coinvolge il tutto. Non si "aggiusta" un processo senza modificarne l'equilibrio complessivo. La responsabilità non è più solo tecnica, ma interpretativa.

Negli anni Ottanta, il biologo e filosofo Hans Jonas insisteva sul fatto che la vita possiede una vulnerabilità intrinseca che chiede tutela, non dominio. Jonas non era un biologo dei campi, ma la sua etica della responsabilità nasceva proprio dal rifiuto di una visione puramente meccanica del vivente. Se la vita è processo, allora è anche portatrice di un valore interno, non riducibile alla sua utilità o prestazione.

Questa differenza emerge con forza anche in ambito medico. Un oncologo italiano raccontava, durante un seminario a Milano nei primi anni Duemila, come il modo di parlare della malattia influenzasse le scelte terapeutiche. "Se dico al paziente che dobbiamo distruggere il nemico", spiegava, "entro in una logica di guerra. Se parlo di ristabilire un equilibrio, cambia il tipo di alleanza che si crea". Non è solo una questione psicologica: è una diversa ontologia implicita.

Nel quadro della biologia dei campi, questa distinzione acquista un peso ancora maggiore. Intervenire su una struttura informativa stabilizzata significa riconoscere che l'organismo risponde, si adatta, integra. L'etica non può più limitarsi a regole esterne, ma deve diventare attenzione alla coerenza. Non tutto ciò che è possibile è automaticamente legittimo, perché non tutto ciò che modifica una parte rispetta il processo che la tiene in vita. In fondo, la metafora dell'orchestra è più che un'immagine suggestiva. In un'orchestra non si aggiusta uno strumento senza ascoltare l'insieme. E nessun direttore degno di questo nome tratta i musicisti come ingranaggi. Pensare la vita come orchestra, e non come macchina, significa assumere un'etica dell'ascolto prima ancora che dell'intervento.

Cambiare forma o dare forma?

Uno degli equivoci più persistenti nella biologia contemporanea nasce da una sovrapposizione concettuale tanto diffusa quanto rara-mente esplicitata: l'idea che produrre variazioni equivalga, prima o poi, a generare organizzazione. In fondo, è una tentazione comprensibile. Se la selezione naturale lavora su differenze casuali, se il tempo è sufficientemente lungo e il numero di tentativi sufficientemente grande, perché non dovrebbe emergere anche la forma?

Eppure, tra il cambiamento e la struttura esiste una distanza che non si colma per accumulo. Cambiare significa alterare uno stato; organizzare significa stabilire relazioni che resistono al cambiamento. La vita, nella sua ostinata regolarità, appartiene a questa seconda categoria.

Un esempio classico, spesso discusso nei corridoi dei dipartimenti di biologia evoluzionistica, riguarda le mutazioni. Negli anni Settanta, al Museo di Storia Naturale di Londra, un giovane ricercatore mostrava a un gruppo di studenti una serie di ali di Drosophila deformate da mutazioni indotte in laboratorio. "Guardate quanta varietà", diceva. Poi, indicando un'ala normale: "E ora spiegatemi perché questa forma ritorna, sempre uguale, milioni di volte, nonostante il rumore genetico". La domanda restava sospesa. Le mutazioni spiegavano le deviazioni, non la persistenza della forma.

La variazione introduce differenze, ma non spiega perché alcune configurazioni siano privilegiate, né perché un organismo torni a una forma stabile anche dopo perturbazioni significative. Un embrione di salamandra, tagliato in due nelle prime fasi di sviluppo — esperimenti condotti già alla fine dell'Ottocento da Hans Driesch a Napoli, nella Stazione Zoologica Anton Dohrn — non produce due mezzi organismi difettosi, ma due individui completi. Qui il cambiamento è drastico, ma la struttura si ricostituisce. Qualcosa "sa" come deve essere l'insieme.

Questo punto è cruciale: la variazione è cieca rispetto alla totalità, mentre l'organizzazione implica una visione d'insieme. Non nel senso di un progetto cosciente, ma di una coerenza che orienta i processi locali. La biologia classica ha spesso confuso l'una con l'altra, attribuendo alla selezione il merito di aver creato ciò che, in realtà, essa si limita a filtrare.

Un aneddoto raccontato da un ecologo svedese durante un convegno a Uppsala nei primi anni Duemila rende bene l'idea. Studiando popolazioni di licheni sottoposti a stress ambientali estremi, osservava un aumento enorme della variabilità morfologica. "Cambiavano moltissimo", raccontava, "ma non diventavano più complessi, né più organizzati. Anzi, spesso perdevano struttura". La variazione, spinta oltre una certa soglia, produce disordine, non nuova forma.

La distinzione tra cambiamento e struttura è nota anche fuori dalla biologia. Un architetto direbbe che modificare materiali non basta a creare un edificio. Un musicista sa che variare le note senza una relazione armonica produce rumore. È significativo che, nel 1948, Norbert Wiener — padre della cibernetica — avvertisse che l'informazione non coincide con la casualità: "L'informazione è informazione, non materia né energia, ma nemmeno rumore". Una frase spesso citata, ma raramente presa sul serio nelle sue implicazioni biologiche.

In un organismo vivente, la struttura non è un risultato tardivo della selezione, bensì una condizione che rende la selezione possibile. Senza una forma relativamente stabile, non c'è nulla da selezionare. La variazione lavora su una struttura, non al posto di essa. Confondere i due piani significa attribuire al tempo e al caso una capacità creativa che, empiricamente, non mostrano.

Questa confusione linguistica e concettuale ha avuto conseguenze profonde. Ha spinto a cercare l'origine della forma nei meccanismi che spiegano la diversità, anziché in quelli che garantiscono la coerenza. E ha reso difficile porre la domanda forse più scomoda: da dove viene la tendenza della vita a organizzarsi, a mantenere unità attraverso il cambiamento?

Nel contesto della biologia dei campi, questa domanda cambia statuto. La struttura non è vista come un esito improbabile di infinite variazioni, ma come un attrattore dinamico, una configurazione che il sistema tende a realizzare e a preservare. La variazione, allora, non scompare, ma assume un ruolo diverso: esplora i margini, non fonda il centro.

Forse il vero passo concettuale da compiere è riconoscere che la vita non coincide con il cambiamento, ma con ciò che, cambiando, resta. Ed è in questa fedeltà a una forma — più che nella proliferazione delle differenze — che si intravede un principio organizzativo ancora in gran parte da comprendere.

Il ruolo degli attrattori in biologia teorica.

Per molti biologi teorici, parlare di forma senza evocare uno scopo è sempre stato un esercizio delicato. Il rischio di scivolare nel finalismo — parola che ancora oggi provoca fastidio in molti seminari accademici — ha portato spesso a evitare il problema, più che a risolverlo. Eppure, a partire dagli anni Sessanta, un concetto mutuato dalla matematica dei sistemi dinamici ha offerto una via d'uscita elegante: quello di attrattore.

Un attrattore non è un fine, né un progetto nascosto. È una configurazione verso cui un sistema tende spontaneamente, date certe condizioni. Il termine entra nella biologia soprattutto grazie a studiosi come Stuart Kauffman, che negli anni Novanta, tra Santa Fe e Princeton, iniziò a parlare di "*gene regulatory networks*" come di sistemi dotati di stati stabili. Non importa quante perturbazioni locali subisca il sistema: entro certi limiti, ritorna sempre lì.

L'attrattore permette di dire qualcosa di forte senza dire nulla di metafisico. Non spiega perché quella forma esista, ma chiarisce come essa si mantenga. In questo senso, è uno strumento concettuale prezioso per distinguere variazione e organizzazione. La variazione è il movimento nello spazio delle possibilità; l'organizzazione è il fatto che quello spazio non sia piatto, ma strutturato da bacini di stabilità.

Un biologo dello sviluppo raccontava, durante una scuola estiva a Les Houches nei primi anni Duemila, di aver compreso davvero questo punto osservando un modello semplice di differenziazione cellulare. Cambiando parametri e condizioni iniziali, le traiettorie mutavano, ma gli esiti finali erano sorprendentemente pochi. "Non importa da dove parti", diceva, "finisci sempre nello stesso posto". Nessun fine, nessun disegno: solo una topologia dinamica che canalizza il possibile.

Questo è il punto cruciale: l'attrattore non dirige, ma limita. Non dice al sistema cosa deve diventare, ma cosa è improbabile che diventi. E così facendo, restituisce alla forma un ruolo attivo senza attribuirle intenzioni. La forma emerge come una proprietà globale del sistema, non come un premio assegnato dalla selezione.

Questa distinzione diventa particolarmente istruttiva quando si guarda alla biologia computazionale. Negli ultimi decenni, i modelli al computer hanno mostrato una straordinaria abilità nel simulare cambiamenti: mutazioni, fluttuazioni, dinamiche di popolazione, adattamenti rapidi. Le animazioni sono eleganti, i grafici convincenti, le traiettorie abbondano. Eppure, quando si tratta di riprodurre la stabilità delle forme biologiche, qualcosa spesso sfugge.

Un ricercatore del MIT, intervistato informalmente durante una conferenza a Berlino nel 2017, lo ammetteva con una certa ironia: "Siamo bravissimi a far succedere cose. Molto meno a farle restare". Il problema non è tecnico, ma concettuale. Molti modelli sono costruiti per esplorare lo spazio delle variazioni, non per rendere conto della presenza di attrattori robusti.

In assenza di una nozione esplicita di attrattore, il computer tratta la forma come un risultato contingente, sempre reversibile, sempre rinegoziabile. Ma negli organismi reali non è così. Un cuore non "assaggia" infinite configurazioni prima di battere: converge rapidamente verso una dinamica stabile. Un embrione non esplora tutte le anatomie possibili: cade, per così dire, in una valle ben precisa del paesaggio dinamico.

Oggi, quel paesaggio è diventato computabile, ma spesso resta non abitato: i modelli lo disegnano, senza davvero spiegare perché certi bacini siano così profondi e altri quasi invisibili.

La conseguenza è paradossale: più aumentiamo la potenza di calcolo, più rischiamo di confondere complessità computazionale con organizzazione biologica. Il computer moltiplica gli scenari, ma la vita ne realizza pochissimi. Capire perché — e come — avvenga questa selezione dinamica prima ancora di quella darwiniana è una delle sfide aperte della biologia dei campi.

La funzione arriva dopo: perché gli organismi non sono utensili ben riusciti.

C’è un’abitudine mentale, tanto radicata quanto raramente interrogata, che attraversa la biologia moderna: l’idea che la funzione venga prima della forma. Il cuore serve a pompare il sangue, l’ala serve a volare, l’occhio serve a vedere. La forma, in questa prospettiva, sarebbe poco più che un compromesso ingegneristico, il risultato di una lunga serie di aggiustamenti selezionati perché utili. È un modo di raccontare la vita che funziona bene nei manuali, ma che inizia a scricchiolare quando si prova a prendere sul serio la stabilità e la ricorrenza delle forme biologiche.

Il ribaltamento concettuale proposto qui non è un vezzo filosofico, ma una necessità esplicativa: non è la funzione a generare la forma, bensì la forma a rendere possibili certe funzioni. Le funzioni cambiano, si sovrappongono, si riadattano; le forme, invece, mostrano una sorprendente tenacia. Sono come spartiti che ammettono molte esecuzioni, ma non infinite.

Un anatomista del primo Novecento, Adolf Portmann, osservava a Basilea che molte strutture animali sono “*più ricche di forma di quanto sia necessario alla loro funzione*”. Pensava alle livree dei pesci abissali, invisibili nel buio, o alle simmetrie elaborate di organismi che nessun predatore avrebbe mai ammirato. Non si trattava di sprechi evolutivi, ma di indizi: la forma non è sempre giustificabile in termini di utilità immediata.

Il punto diventa ancora più chiaro quando si guarda allo sviluppo embrionale. Prima che un organo "serva" a qualcosa, deve assumere una forma coerente, riconoscibile, stabile. In molte specie, strutture morfologicamente simili svolgono funzioni diverse; altre, con funzioni analoghe, presentano architetture radicalmente differenti. La funzione, insomma, è un'interpretazione tardiva di una configurazione già data.

Un aneddoto raccontato negli anni Settanta al Laboratorio di Embriologia di Utrecht riguarda una serie di esperimenti su embrioni di anfibi leggermente deformati. Le cellule, pur spostate, "sapevano" dove andare. Non perché conoscessero lo scopo finale, ma perché la forma globale dell'organismo fungeva da vincolo, da cornice organizzativa entro cui i comportamenti cellulari trovavano senso. La funzione emergeva come conseguenza, non come guida.

Questo rovesciamento mette in difficoltà una certa narrazione darwiniana semplificata, secondo cui la selezione naturale scolpirebbe le forme a partire da funzioni vantaggiose. La selezione può affinare, eliminare, stabilizzare; ma lavora su forme già disponibili, non le inventa da zero. Come notava il paleontologo Stephen Jay Gould durante una conferenza al Museo di Storia Naturale di New York nel 1984, "*l'evoluzione è un grande riutilizzatore, non un progettista ex novo*". Una struttura nata in un certo contesto formale può essere cooptata per funzioni del tutto nuove, senza che la sua architettura fondamentale venga ripensata.

Pensare la forma come prioritaria significa anche smettere di trattare l'organismo come un oggetto tecnico. Un coltello è definito dalla sua funzione; se non taglia, è un cattivo coltello. Un organismo no. Un polmone non è un dispositivo per lo scambio gassoso: è una configurazione vivente che rende possibile quello scambio, insieme a molti altri effetti collaterali, alcuni dei quali biologicamente irrilevanti, altri decisivi.

Questo cambio di prospettiva ha conseguenze profonde. Sposta l'attenzione dalla domanda "a cosa serve?" alla domanda "che tipo di forma è possibile qui?". E costringe la biologia a confrontarsi con un fatto scomodo: la vita non ottimizza funzioni, stabilizza configurazioni. La funzione è un racconto che facciamo dopo, spesso utile, talvolta illuminante, ma raramente fondativo.

Non è un caso che architetti come Frei Otto, studiando negli anni Sessanta le strutture leggere a Stoccarda, si siano ispirati più alle forme biologiche che alle loro funzioni. Le reti di bolle di sapone, le ossa cave degli uccelli, le trame delle foglie mostravano una logica formale autonoma, capace di generare efficienza senza essere pensata per uno scopo preciso. La biologia, qui, non insegna cosa fare, ma come le forme emergono.

Dire che la forma precede la funzione non significa negare l’adattamento, ma ridimensionarlo. Significa riconoscere che la vita non nasce per essere utile, ma per essere coerente. La funzione è una conseguenza locale; la forma, una decisione globale del sistema.

Stessa architettura, mille usi: quando la forma non detta il destino.

Se la forma precede la funzione, come suggerisce il ribaltamento concettuale di questo capitolo, allora bisogna spiegare un fatto solo apparentemente paradossale: forme biologiche straordinariamente stabili possono sostenere funzioni estremamente variabili. È qui che la biologia smette di assomigliare a un manuale di ingegneria e comincia a raccontare una storia più sottile, fatta di riusi, deviazioni, improvvisazioni controllate.

La neurobiologia offre esempi difficili da ignorare. Negli anni Sessanta, al MIT, Paul Bach-y-Rita osservò che pazienti ciechi potevano “vedere” attraverso stimolazioni tattili sulla schiena o sulla lingua. La corteccia visiva, privata degli input oculari, non perdeva la sua forma né la sua organizzazione, ma cambiava funzione: elaborava informazioni provenienti da altri canali sensoriali. Non era la funzione a definire l'area cerebrale, bensì la sua architettura interna, capace di accogliere contenuti diversi mantenendo una coerenza strutturale.

Un fenomeno analogo si ritrova nella fisiologia comparata. Il polmone dei vertebrati terrestri e la vescica natatoria dei pesci ossei condividono una parentela morfologica evidente. Eppure, una stessa forma di base si presta a funzioni radicalmente diverse: respirazione aerea, controllo dell'assetto idrostatico, produzione di suoni. Come notava il fisiologo svedese Per Scholander durante una spedizione artica negli anni Cinquanta, la forma non è un destino funzionale, ma una risorsa aperta.

Ancora più istruttivo è il caso del cuore. Nei manuali scolastici è una pompa; nei mammiferi marini, come le foche di Weddell studiate in Antartide a partire dagli anni Settanta, diventa anche un raffinato modulatore metabolico, capace di rallentare drasticamente il battito durante le immersioni profonde senza cambiare la propria struttura fondamentale. La forma cardiaca resta riconoscibile, quasi conservativa; la funzione, invece, si adatta a contesti fisiologici estremi.

Questi esempi mostrano che la stabilità della forma non coincide con rigidità funzionale. Al contrario, è proprio la stabilità a rendere possibile la plasticità. Una forma coerente agisce come un campo di possibilità: non prescrive un solo uso, ma ne rende praticabili molti. Il biologo francese Alain Prochiantz, parlando a un convegno parigino nei primi anni Duemila, osservò che il cervello "non è plastico perché è indeterminato, ma perché è profondamente strutturato".

Qui la selezione naturale appare sotto una luce diversa. Non seleziona funzioni isolate, ma forme capaci di sopportare variazioni funzionali senza collassare. La sopravvivenza non premia l'organo più specializzato, bensì quello più riutilizzabile. È una logica più vicina al linguaggio che alla macchina: una grammatica stabile permette frasi sempre nuove.

Un aneddoto raccontato da un fisiologo italiano riguarda un laboratorio di Napoli negli anni Novanta, dove si studiavano animali cavernicoli. Alcuni pesci, privi di occhi funzionanti, mantenevano comunque le strutture orbitali. Non servivano più a vedere, ma a organizzare circuiti sensoriali alternativi. La forma rimaneva come memoria di possibilità, non come residuo inutile.

La plasticità funzionale delle forme stabili suggerisce, in filigrana, un'idea potente: la vita non risolve problemi una volta per tutte, ma costruisce strutture che restano aperte all'interpretazione. La funzione è una risposta contingente; la forma, un contesto duraturo. Ed è proprio questa asimmetria a rendere gli organismi resilienti, creativi, storici.

Perché la natura ci appare bella prima di essere utile.

C'è un momento, davanti a un organismo vivente, in cui la mente tace e resta solo lo sguardo. Accade osservando la spirale di una conchiglia, la simmetria inquietante di una medusa, o il profilo netto di una foglia di ginkgo, rimasta pressoché invariata da oltre duecento milioni di anni. In quell'istante non stiamo interpretando, né decifrando simboli: stiamo riconoscendo una forma. Ed è proprio questo riconoscimento immediato che mette in crisi l'idea che la forma sia un semplice sottoprodotto funzionale della selezione naturale.

La biologia evolutiva spiega bene perché una struttura funzioni, ma dice meno sul perché una forma appaia necessaria, evidente, quasi inevitabile. Il naturalista svizzero Adolf Portmann, scrivendo negli anni Cinquanta dopo lunghe osservazioni sul campo lungo le coste dell'Adriatico, notava che molti animali presentano caratteri visibili che non sembrano riducibili né alla sopravvivenza né alla riproduzione. La sua domanda, allora come oggi, restava sospesa: a chi si mostrano le forme della vita?

Questa domanda non è lontana da quella che si pongono gli artisti. Paul Cézanne, lavorando ossessivamente sulla Montagna

Sainte-Victoire tra il 1882 e il 1906, diceva di voler "rendere visibile la struttura". Non il significato, non l'emozione, ma la forma come tensione interna, come ordine che si manifesta. Cézanne non dipingeva simboli della natura: cercava la sua coerenza formale, qualcosa che precede ogni interpretazione. È sorprendente quanto questa ricerca risuoni con l'idea biologica di forma come principio organizzativo autonomo.

Anche la filosofia della forma, quando è più sobria, evita il simbolismo. Maurice Merleau-Ponty, nelle sue lezioni al Collège de France, insisteva sul fatto che la percezione non è una lettura del mondo, ma una partecipazione alla sua struttura. Vediamo forme perché siamo, noi stessi, forme viventi. La stabilità di una morfologia biologica non ci colpisce perché "significa" qualcosa, ma perché entra in risonanza con il nostro stesso modo di essere organizzati.

La forma, in questo senso, non è un messaggio da decifrare, ma un evento percettivo. Non rimanda ad altro: sta. Ed è forse per questo che le forme biologiche hanno da sempre attratto architetti, designer, scultori. Quando Frei Otto studiava le strutture leggere negli anni Settanta a Stoccarda, guardava bolle di sapone e reti cellulari non per copiarle simbolicamente, ma per comprendere come la materia, lasciata a se stessa, trovi configurazioni stabili. La forma vivente diventa così una lezione di coerenza, non un repertorio di metafore.

In questa prospettiva, la priorità della forma sulla funzione acquista anche un valore conoscitivo. Riconosciamo la vita perché riconosciamo le sue forme, prima ancora di sapere cosa fanno. Un embrione, una cellula, un organismo sconosciuto: li identifichiamo come viventi per il loro modo di occupare lo spazio, per la loro organizzazione interna percepibile. L'estetica, qui, non è un lusso culturale, ma una modalità primaria di accesso al reale.

La selezione naturale, allora, appare davvero come "il cieco e l'orchestra": può affinare, eliminare, adattare, ma non spiega perché certe forme risuonino, persistano, si impongano allo sguardo umano attraverso epoche e culture diverse. La forma non è un ornamento della vita; è il suo modo di apparire al mondo.

Vetrine della forma: quando i musei insegnarono alla biologia a guardare.

Entrare in una grande collezione naturalistica dell'Ottocento non era solo un'esperienza scientifica. Era, prima ancora, un esercizio dello sguardo. Le sale del "*Muséum national d'Histoire naturelle*" di Parigi, riordinate dopo la Rivoluzione, o quelle del "*Kaiserlich-Königliches Naturhistorisches Hofmuseum*" di Vienna, inaugurato nel 1889, non si limitavano a conservare esemplari: mettevano in scena la forma. File di scheletri, serie di conchiglie, uccelli tassidermizzati in pose quasi teatrali componevano una sorta di grande partitura visiva. Ed è proprio qui che il darwinismo, pur trionfante come teoria dell'adattamento, iniziava a mostrare una zona d'ombra: la forma, stabile, riconoscibile, quasi ostinata, sembrava precedere la funzione.

I naturalisti dell'epoca lo sapevano bene, anche se spesso non lo dicevano apertamente. Georges Cuvier, che a Parigi costruì una delle più influenti collezioni comparative d'Europa, era convinto che ogni organismo fosse un tutto coerente, regolato da una "correlazione delle parti". Celebre l'aneddoto — riportato da più allievi — secondo cui Cuvier, osservando un singolo osso, si diceva capace di ricostruire l'intero animale. Al di là dell'iperbole, il punto era chiaro: la forma non era un effetto collaterale dell'adattamento, ma un principio organizzativo. Darwin, che pure ammirava Cuvier, non riuscì mai del tutto a integrare questa intuizione nel meccanismo della selezione naturale.

Le collezioni ottocentesche funzionavano come enormi dispositivi cognitivi. Ordinare, affiancare, confrontare significava educare l'occhio a cogliere pattern, ricorrenze, variazioni su uno stesso tema. A Vienna, nelle sale dedicate ai vertebrati, le sequenze di crani mostravano una continuità formale che attraversava specie diverse. Non era difficile, per un visitatore attento, percepire che la variazione non coincide con l'organizzazione. Si può cambiare molto senza perdere una forma; e si può perdere una forma senza cambiare molto. È una distinzione sottile, ma decisiva.

Charles Darwin visitò più volte musei e collezioni durante i suoi viaggi europei, e nelle sue lettere — ad esempio a Joseph Dalton Hooker negli anni Sessanta dell'Ottocento — traspare un certo disagio davanti alla "tirannia delle forme". La selezione naturale spiegava perché una struttura fosse vantaggiosa, ma non perché emergesse proprio quella struttura e non un'altra. Le vetrine, mute ma insistenti, sembravano suggerire che la vita seguisse spartiti più profondi, come un'orchestra che suona anche senza vedere il direttore.

In questo senso, le collezioni erano scuole di estetica oltre che di scienza. Ernst Haeckel, zoologo tedesco e instancabile frequentatore di musei, trasformò quell'esperienza visiva in arte con le sue "*Kunstformen der Natur*" (1899–1904). Le tavole dedicate ai radiolari o alle meduse non erano semplici illustrazioni: erano dichiarazioni filosofiche. La forma, per Haeckel, aveva una dignità ontologica. Non era un epifenomeno, ma l'espressione visibile di un ordine interno. Che poi Haeckel forzasse spesso i dati per adattarli alle sue teorie è un altro discorso; resta il fatto che il suo sguardo era stato formato nelle sale dei musei.

A Parigi, Étienne Geoffroy Saint-Hilaire — rivale storico di Cuvier — sosteneva l'idea di un "piano di organizzazione" comune agli animali. Nel famoso dibattito del 1830 all'*Académie des Sciences*, la questione non era solo evolutiva, ma formale: esiste una struttura che precede le funzioni? Le collezioni, con le loro serie ordinate, sembravano dare ragione a Geoffroy almeno quanto a Cuvier. Camminando tra le teche, il visitatore non vedeva adattamenti isolati, ma famiglie di forme, variazioni su un tema morfologico che resisteva al tempo e all'ambiente.

Non è un caso che molti biologi dell'Ottocento fossero anche eccellenti disegnatori. Prima della fotografia scientifica, la mano e l'occhio lavoravano insieme. A Vienna, Carl Gegenbaur insegnava anatomia comparata facendo disegnare ossessivamente le stesse strutture in specie diverse. L'esercizio non serviva solo a memorizzare, ma a "sentire" la forma. Un suo allievo, in un diario oggi conservato in archivio, racconta la frustrazione iniziale e poi la sorpresa: "*A un certo punto* — scrive — *non vedevo più ossa, ma relazioni*".

Questa educazione dello sguardo aveva conseguenze teoriche. Se la forma è prioritaria, allora la funzione diventa una modulazione locale, non il principio generativo. La selezione naturale agisce, sì, ma come un filtro, non come un architetto. Le collezioni ottocentesche, senza proclami, insinuavano questa idea. Mostravano che la vita non procede per aggiunte casuali, ma per stabilizzazione di configurazioni. In termini contemporanei, potremmo dire: strutture informative che si mantengono coerenti nel flusso del cambiamento.

Oggi, abituati a pensare in termini di geni, le collezioni ottocentesche continuano a parlarci. Non come reliquie di un sapere superato, ma come archivi di una domanda ancora aperta: da dove viene la forma? Il darwinismo risponde al perché dell'adattamento; le teche dei musei, silenziosamente, ci ricordano che la forma è un problema autonomo, un evento di ordine prima che di utilità.

La fotografia scientifica e la riscoperta della forma vivente.

C'è stato un momento, nel Novecento, in cui la biologia ha smesso di disegnare e ha iniziato a fotografare. Non è stato un semplice cambio di tecnica, ma un vero mutamento dello sguardo. La fotografia scientifica — dalla microscopia ottica a quella elettronica, fino all'imaging cellulare avanzato — ha trasformato radicalmente il modo in cui percepiamo la forma vivente. Senza ricorrere a simboli, metafore o schemi interpretativi imposti dall'esterno, le immagini hanno iniziato a mostrare la vita mentre accade, rivelando strutture che non si lasciano ridurre né alla funzione né al gene.

All'inizio del secolo, nei laboratori di Berlino e Jena, le prime microfotografie cellulari produssero un effetto quasi perturbante. Le cellule non apparivano come sacche informi di reazioni chimiche, ma come spazi organizzati, attraversati da tensioni, confini, simmetrie. Walther Flemming, che già alla fine dell'Ottocento aveva descritto la mitosi, si rese conto — osservando preparati sempre più nitidi — che la divisione cellulare non era un evento casuale guidato da singole molecole, ma una sequenza altamente orchestrata di trasformazioni della forma. La fotografia rendeva evidente ciò che la teoria faticava ancora a dire: la variazione non è organizzazione.

Con l'avvento della microscopia elettronica negli anni Trenta e Quaranta, soprattutto nei laboratori di Toronto e Cambridge, la cellula perse definitivamente l'aspetto di "scatola nera". Le immagini di mitocondri, reticoli endoplasmatici, membrane stratificate mostrarono che la funzione nasce da una disposizione spaziale precisa e stabile. Albert Claude, premiato con il Nobel nel 1974, raccontò in un'intervista di aver provato una sorta di vertigine la prima volta che vide l'interno di una cellula al microscopio elettronico: «*Non cercavo macchine* — disse — *ma architetture*». Una frase semplice, ma rivelatrice.

È qui che il darwinismo, inteso in senso strettamente adattativo, incontra un limite concettuale. La selezione naturale può spiegare perché una struttura venga conservata, ma la fotografia scientifica mostra quanto quella struttura sia già coerente prima di ogni vantaggio funzionale misurabile. Le immagini non "dimostrano" una teoria, ma educano la percezione: la forma appare come un dato primario, non come un sottoprodotto. Il cieco — per riprendere la metafora del capitolo — può ancora parlare di selezione; ma l'orchestra, finalmente visibile, rivela una partitura.

Negli anni Cinquanta e Sessanta, la fotografia time-lapse introdotta da Jean Comandon in Francia e poi perfezionata nei laboratori americani permise di osservare cellule vive nel tempo. Non più istantanee immobili, ma processi continui: migrazioni cellulari, auto-organizzazione di tessuti, cicli di sviluppo embrionale. Guardando questi filmati, molti biologi si resero conto che il cambiamento non distrugge la forma, ma la conserva attraverso trasformazioni controllate. La struttura non è rigida, ma persistente. Un concetto difficile da catturare con il linguaggio genetico, ma immediatamente evidente all'occhio.

Negli anni Ottanta e Novanta, con la fluorescenza e l'"*imaging confocale*" la forma smise di essere solo visibile e divenne leggibile come informazione spaziale. Le proteine marcate non apparivano distribuite a caso, ma seguivano pattern ricorrenti, campi di concentrazione, gradienti stabili.

Queste immagini hanno avuto anche un impatto culturale più ampio. Artisti come Hiroshi Sugimoto o, in ambito scientifico, Lennart Nilsson — celebre per le sue fotografie embrionali pubblicate su Life nel 1965 — mostrarono al grande pubblico che la vita non è una sequenza di pezzi, ma un continuum di forme che si stabilizzano nel tempo. Nilsson, pur lavorando in contesti divulgativi, insisteva sul fatto che le sue immagini non erano "interpretazioni", ma rivelazioni tecniche. La forma parlava da sé.

La fotografia scientifica del Novecento, dunque, non ha semplicemente aggiunto dettagli al quadro biologico: ha messo in crisi il gene-centrismo mostrando che il DNA, pur fondamentale, non basta a spiegare l'ordine visibile della vita. Le immagini suggeriscono che l'informazione biologica non è solo scritta, ma distribuita nello spazio e nel tempo. La forma, lungi dall'essere un ornamento, appare come il vero luogo in cui l'informazione si stabilizza.

In questo senso, la fotografia ha restituito alla biologia qualcosa che rischiava di perdere: il contatto diretto con il fenomeno. Senza simboli, senza allegorie, senza riduzioni premature. Solo luce, materia e organizzazione. E forse è proprio da qui che può ripartire una riflessione più ampia sulla vita come campo: non come somma di elementi, ma come evento coerente che si lascia vedere prima ancora di essere spiegato.

L'estetica naturale come alfabetizzazione della vita.

C'è un momento, nello studio della vita, in cui la spiegazione arriva troppo presto. Prima ancora di chiedersi a cosa serve una forma, bisognerebbe imparare a vederla. È un passaggio spesso trascurato nella formazione scientifica moderna, ma decisivo per comprendere ciò che la selezione naturale, da sola, non riesce a spiegare: la comparsa, la coerenza e la stabilità delle forme biologiche. L'estetica naturale, in questo senso, non è un ornamento culturale, ma una vera e propria educazione percettiva.

Nel suo "*Viaggio in Italia*", Goethe racconta di come lo studio diretto delle piante mediterranee, a Palermo nel 1787, gli avesse insegnato più sulla forma vivente di quanto avesse appreso sui libri. Non cercava funzioni o vantaggi adattativi, ma relazioni: variazioni di una stessa struttura, metamorfosi riconoscibili, un ordine che si manifesta attraverso le differenze. La sua Morfologia nasce proprio da questa disciplina dello sguardo, da un'attenzione paziente alla forma come fenomeno primario.

Questo tipo di educazione visiva non è immediata. Alexander von Humboldt, nei suoi appunti sudamericani tra il 1799 e il 1804, osservava che il naturalista inesperto vede solo "una confusione di verde", mentre chi ha allenato l'occhio distingue ritmi, simmetrie, ricorrenze. Non è ancora scienza sperimentale, ma non è nemmeno impressione soggettiva: è un apprendimento della forma come realtà oggettiva, condivisibile, riconoscibile.

Qui si inserisce il problema darwiniano della forma. La selezione naturale spiega perché una struttura venga mantenuta o scartata, ma non insegna a riconoscerla. Senza una percezione educata delle configurazioni viventi, la biologia rischia di ridursi a un elenco di funzioni e di vantaggi, perdendo di vista ciò che viene selezionato: una forma già organizzata. È come voler spiegare il successo di un edificio parlando solo dei materiali, senza mai considerare l’architettura.

Nel XIX secolo, prima che la biologia diventasse prevalentemente sperimentale, l’osservazione estetica era parte integrante del metodo. John Ruskin, che oggi ricordiamo soprattutto come critico d’arte, teneva corsi di disegno botanico a Oxford negli anni Settanta dell’Ottocento. Non per formare artisti, ma per insegnare a vedere. Sosteneva che disegnare una foglia costringesse a coglierne la struttura, non l’utilità. Un’idea condivisa, in quegli stessi anni, da alcuni anatomisti comparati che vedevano nel disegno un mezzo di conoscenza, non di abbellimento.

Questo sguardo educato alla forma è ciò che manca quando si riduce la vita a informazione genetica o a funzione adattativa. La forma non è un sottoprodotto, ma un principio organizzativo che chiede di essere riconosciuto prima di essere spiegato. La biologia dei campi insiste su questo punto: l’organismo è una struttura informativa stabilizzata, e la stabilità si manifesta innanzitutto come configurazione percepibile.

Un aneddoto raccontato da un vecchio docente di zoologia dell’Università di Padova rende bene l’idea. Durante un esame, mostrava agli studenti una serie di organismi marini senza chiedere nomi o funzioni. La domanda era sempre la stessa: «Che cosa vedete che ritorna?». Chi rispondeva parlando di simmetrie, di proporzioni, di continuità formali passava l’esame. Chi parlava solo di adattamenti, no. «*Prima la forma, poi la spiegazione*», diceva.

In questa prospettiva, l’estetica naturale non è un lusso umanistico, ma una competenza cognitiva. È la capacità di cogliere l’ordine prima del significato, la struttura prima della funzione. Proprio come accade nell'apprendimento di una lingua: prima si riconoscono i suoni e le cadenze, solo dopo si comprende il senso delle parole. La vita, come linguaggio della natura, chiede lo stesso tipo di attenzione.

La stabilità del vivente: perché la forma chiede una teoria più profonda.

C'è un punto, nel ragionamento biologico, in cui la forma smette di essere un problema descrittivo e diventa una domanda teorica. Finché ci limitiamo a dire che una struttura "funziona", restiamo nel territorio rassicurante dell'adattamento. Ma quando ci chiediamo perché quella struttura tenga, perché persista nel tempo nonostante il ricambio molecolare continuo, allora il darwinismo mostra il suo limite più sottile. Non perché sia falso, ma perché non basta.

La priorità della forma, al centro di questo capitolo, apre naturalmente la strada ai capitoli successivi. Se la forma non è riducibile né al gene né alla funzione, allora deve esistere un principio che la mantenga, la renda riconoscibile, la protegga dalla dissoluzione nel flusso delle variazioni. Quel principio, che nei capitoli seguenti prenderà il nome di coerenza, qui appare ancora come un'intuizione necessaria.

Un esempio classico, spesso citato nei corsi di embriologia del primo Novecento, è quello degli esperimenti di Hans Spemann a Friburgo, culminati nel 1924 con la scoperta dell'"organizzatore". Trapiantando una piccola regione embrionale in un altro embrione di tritone, Spemann osservò la formazione di un asse corporeo completo. Non una semplice somma di cellule, ma un organismo coerente. La forma emergeva come un tutto ordinato, capace di riorganizzarsi. La selezione naturale può spiegare perché un organismo così organizzato abbia successo; non spiega perché l'organizzazione compaia e si mantenga con tale robustezza.

È qui che il problema della forma diventa un ponte concettuale. La stabilità delle strutture biologiche non è statica, ma dinamica. Le cellule cambiano, le molecole si rinnovano, e tuttavia l'organismo resta se stesso. La forma, allora, non è un disegno congelato, ma una configurazione che persiste perché le sue parti stanno insieme secondo regole interne. È la stessa intuizione che portò il fisiologo Walter Cannon, ad Harvard negli anni Trenta, a introdurre il concetto di omeostasi: non come immobilità, ma come capacità di mantenere una configurazione globale. Ancora una volta, la funzione spiega come si risponde a una perturbazione; la forma suggerisce che esiste un livello superiore di integrazione.

Il cieco e l'orchestra tornano utili anche qui. La selezione naturale ascolta il risultato finale — la sopravvivenza — ma non "vede" la partitura che tiene insieme i musicisti. Riconoscere la priorità della forma significa ammettere che, prima dell'adattamento, esiste una coerenza che rende possibile qualsiasi adattamento. Non è un'entità misteriosa, ma una proprietà emergente dell'organizzazione vivente.

Così, il capitolo sulla forma non si chiude su se stesso. Al contrario, prepara il terreno. Se la vita mostra una sorprendente fedeltà a se stessa nel cambiamento, allora dobbiamo spostare lo sguardo: dalle cause locali alle proprietà globali, dai meccanismi isolati alle relazioni che li coordinano. È questo passaggio che conduce naturalmente all'idea di coerenza come proprietà fondamentale del vivente, tema centrale della parte successiva del libro. La forma, in definitiva, è il primo indizio visibile di una coerenza invisibile ma operante. Capirla non significa ancora spiegarla fino in fondo, ma riconoscere che la vita non è solo ciò che reagisce, bensì ciò che resta insieme.

PARTE SECONDA. Il filo invisibile del vivente.

Dal pensiero di Erwin Schrödinger.
La vita non si definisce per ciò di cui è fatta, ma per la capacità di mantenere un ordine improbabile nel tempo.

Dal pensiero di Ludwig von Bertalanffy.
Un organismo non è la somma delle sue parti, ma un sistema le cui proprietà emergono dall'insieme delle relazioni.

Dal pensiero di Ilya Prigogine.
L'ordine vivente non è statico: esiste solo come processo che si rinnova continuamente lontano dall'equilibrio.

Dal pensiero di Francisco Varela.
Comprendere la vita significa comprendere come un sistema produce e mantiene la propria unità.

Dopo aver messo in crisi il paradigma biologico classico, questa seconda parte del libro compie un passo decisivo: sposta la domanda fondamentale dalla composizione alla tenuta. Se nella prima parte è emerso con chiarezza che la vita non può essere spiegata come una semplice catena di reazioni né come il risultato cieco della selezione, qui il problema diventa più radicale e, al tempo stesso, più concreto: che cosa permette a un organismo di restare se stesso nel cambiamento continuo?

La risposta proposta non è un nuovo meccanismo, né una forza aggiuntiva da affiancare a quelle già note. È un cambio di prospettiva. La coerenza viene introdotta come la proprietà fondamentale del vivente: non un dettaglio tecnico mutuato dalla fisica, ma il principio che rende possibile l'unità dinamica degli organismi. Vivere, in questa prospettiva, significa mantenere una forma globale riconoscibile mentre tutto, al livello delle parti, fluisce e si trasforma.

Il terzo capitolo chiarisce il senso rigoroso di questa affermazione. La coerenza non è una metafora suggestiva, né un concetto vago: indica una condizione fisica precisa, già nota in altri ambiti scientifici, che in biologia assume un significato decisivo. La vita appare così come un processo attivo di resistenza alla frammentazione, una continua negoziazione con la tendenza naturale alla dispersione. Non c'è nulla di misterioso in questa emergenza: c'è, piuttosto, un livello di organizzazione che richiede strumenti concettuali adeguati a essere descritto.

Il quarto capitolo estende questa intuizione alle conseguenze più profonde. Se la coerenza è una proprietà globale, allora l'organismo non può essere pensato come una macchina assemblata pezzo per pezzo. La causalità biologica non è lineare né localizzata: le parti non "decidono" da sole, ma si comportano in funzione dello stato complessivo del sistema. L'intero, in altre parole, non è il risultato finale del funzionamento delle parti; ne è la condizione.

Questa parte del libro occupa quindi una posizione centrale nel percorso logico complessivo. Colma il vuoto lasciato dalla critica al riduzionismo e prepara il terreno per l'introduzione dei campi biologici, che verranno affrontati nella parte successiva. Senza il concetto di coerenza, l'idea di campo resterebbe astratta; senza il primato dell'organismo, l'informazione resterebbe disincarnata.

Qui la biologia comincia a parlare un linguaggio diverso: non più quello dell'accumulo di cause locali, ma quello delle relazioni che tengono insieme il vivente. È un passaggio teorico, ma anche culturale. Perché riconoscere la coerenza come il vero nome della vita significa accettare che l'unità non è un'illusione da smontare, bensì un fenomeno reale da comprendere.

III°. Coerenza: il vero nome della vita.

C'è un punto, spesso trascurato, in cui la biologia smette di essere un catalogo di molecole e diventa una riflessione sulla forma, sul senso e sulla tenuta del vivente nel tempo. È qui che entra in gioco la coerenza. Non come parola evocativa o metafora poetica, ma come principio operativo, misurabile, capace di attraversare la fisica e approdare nella biologia senza perdere rigore.

Questo capitolo nasce da una constatazione semplice e al tempo stesso destabilizzante: la vita non è spiegabile come semplice somma di processi locali, perché ciò che la definisce è la capacità di mantenere un'unità dinamica in condizioni che, per qualsiasi sistema inerte, porterebbero rapidamente alla disgregazione. Vivere significa stare insieme, rimanere accordati, continuare a "fare uno" mentre tutto spinge verso la dispersione.

In fisica, la coerenza indica una condizione ben precisa: la correlazione stabile tra le parti di un sistema, tale per cui il comportamento del tutto non è riducibile al comportamento delle singole componenti isolate. Non è un'idea vaga. È il cuore di fenomeni sperimentali solidissimi, dalla sovrapposizione quantistica alla coerenza di fase, e rappresenta una delle conquiste concettuali più profonde della scienza del Novecento. Quando questo concetto viene portato in biologia, non lo fa come un ospite esotico, ma come una chiave interpretativa sorprendentemente adeguata.

La tesi che attraversa il capitolo è netta: la vita è un processo di mantenimento attivo della coerenza. Un organismo vive finché riesce a preservare una correlazione funzionale tra le sue parti, tra i suoi livelli, tra ciò che accade localmente e l'ordine globale che ne emerge. In questo senso, vivere è resistere alla decoerenza, cioè alla perdita di legame, alla frammentazione informativa, alla rottura dell'unità dinamica.

Questa idea non introduce alcun mistero aggiuntivo nella scienza. Al contrario, restituisce intelligibilità a fenomeni che il riduzionismo fatica a spiegare: la stabilità delle forme biologiche, la rapidità delle risposte integrate, la sorprendente robustezza degli organismi di fronte a perturbazioni continue. La coerenza non è un'entità nascosta, ma una proprietà emergente reale, osservabile nei suoi effetti e descrivibile con strumenti teorici consolidati.

Non è un caso che alcuni dei più grandi pensatori della scienza abbiano indicato, con parole diverse, questa stessa direzione. Erwin Schrödinger, nel suo celebre saggio "*What Is Life?*", scriveva che «*l'organismo vivente si nutre di ordine*», anticipando l'idea che la vita non si limiti a dissipare energia, ma la utilizzi per mantenere una struttura coerente nel tempo. Anni dopo, Ilya Prigogine avrebbe chiarito che «*la vita è possibile solo lontano dall'equilibrio*», indicando proprio in questa distanza mantenuta – e governata – la condizione della coerenza dinamica. E David Bohm, riflettendo sul rapporto tra fisica e totalità, osservava che «*in un universo fondato sulla frammentazione non può emergere alcun significato duraturo*», una frase che, letta in chiave biologica, suona come una dichiarazione programmatica.

All'interno dell'economia generale del libro, questo capitolo svolge una funzione cruciale. È il ponte concettuale tra la crisi del paradigma biologico classico, analizzata nella prima parte, e l'introduzione dei campi biologici come strutture informative stabilizzate, che verrà sviluppata nei capitoli successivi. Senza una chiara comprensione della coerenza, il concetto di campo resterebbe una suggestione; con essa, diventa una necessità teorica.

Qui si chiarisce che parlare di coerenza non significa negare la biochimica o la genetica, ma collocarle in un quadro più ampio, in cui le molecole contano perché sono coordinate, non semplicemente presenti. La coerenza è ciò che permette al tutto di precedere le parti non in senso cronologico, ma logico e funzionale. Prima c'è l'unità dinamica dell'organismo, poi il dettaglio dei suoi meccanismi.

In questo senso, il capitolo prepara il lettore a un cambio di sguardo: dalla vita come macchina alla vita come processo integrato di senso fisico. Non si tratta di abbandonare la scienza, ma di seguirla fino alle sue conseguenze più radicali.

Il tempo che vive: come la coerenza crea l'orologio interno degli organismi.

Uno degli aspetti più affascinanti della coerenza biologica emerge quando la si osserva dal punto di vista del tempo. La vita, infatti, non abita semplicemente il tempo fisico misurato dagli orologi, ma produce una propria temporalità interna, qualitativamente diversa dalla successione uniforme di istanti che governa i sistemi inanimati. Un organismo coerente non "subisce" il tempo: lo struttura, lo modula, lo rende funzionale alla propria organizzazione.

In fisica classica il tempo è una variabile esterna, identica per tutti i processi. In biologia, invece, il tempo diventa una proprietà emergente del sistema vivente. Ogni organismo mantiene una pluralità di ritmi coordinati – metabolici, cellulari, fisiologici – che non coincidono necessariamente con il tempo ambientale, ma devono restare mutuamente coerenti per garantire la stabilità dell'insieme. Quando questa coerenza temporale si rompe, l'organismo non "invecchia" semplicemente: perde integrazione.

Non è un caso che già Jakob von Uexküll, nei primi decenni del Novecento, parlasse del tempo proprio degli organismi, osservando come ogni forma di vita costruisca una relazione specifica con la durata, l'attesa, la simultaneità. Più tardi, il biologo teorico Francisco Varela avrebbe chiarito che «*il tempo biologico non è una cornice, ma un risultato dell'organizzazione vivente*», una formulazione che si inserisce perfettamente nel discorso sulla coerenza. Un sistema vivente esiste finché riesce a mantenere sincronizzati i suoi processi interni, creando una continuità operativa che non coincide con la mera persistenza materiale.

Un esempio eloquente viene dalla cronobiologia: i ritmi circadiani non sono semplici risposte passive alla luce solare, ma oscillazioni endogene, mantenute anche in assenza di stimoli esterni. Questo significa che l'organismo possiede un tempo interno che deve restare accordato, ma non identico, al tempo dell'ambiente. La coerenza, qui, si manifesta come capacità di tenere insieme passato biologico (memoria delle condizioni precedenti), presente operativo e anticipazione del futuro immediato. Vivere, da questo punto di vista, è un continuo atto di sincronizzazione.

Henri Bergson, pur muovendosi in un ambito filosofico, aveva colto con grande lucidità questa differenza quando distingueva il tempo spazializzato della scienza dalla "*durée*" vissuta. Oggi quella intuizione trova una risonanza scientifica: la durata biologica non è misurabile solo in unità quantitative, perché è qualitativamente strutturata dalla coerenza del sistema. Un organismo sano non è quello che "dura di più", ma quello che mantiene una continuità interna di senso tra i suoi processi.

In questa prospettiva, la coerenza non garantisce solo l'ordine spaziale dell'organismo, ma anche la sua tenuta temporale. La vita accade finché il sistema riesce a rinnovarsi restando se stesso, cioè finché il flusso del cambiamento non spezza il filo che collega le sue trasformazioni. Il tempo biologico non è una linea retta: è un tessuto di ritmi intrecciati, continuamente ricostruiti.

L'ordine imperfetto: perché la vita ha bisogno del rumore.

C'è un equivoco persistente quando si parla di coerenza biologica: l'idea che essa coincida con un ordine rigido, silenzioso, privo di disturbo. Nulla di più lontano dalla realtà del vivente. Gli organismi non eliminano il rumore, lo abitano. La vita non è un cristallo perfetto, ma un sistema che resta coerente pur essendo attraversato da fluttuazioni continue, microscopiche incertezze, variazioni spontanee. È proprio questa capacità di integrare il disordine entro limiti funzionali a rendere la coerenza vitale diversa da qualsiasi ordine meccanico.

In fisica e in ingegneria, il rumore è tradizionalmente considerato un problema: qualcosa da filtrare, attenuare, sopprimere. In biologia, invece, il rumore è inevitabile e, in molti casi, necessario. A livello molecolare, l'espressione genica è intrinsecamente rumorosa: le stesse cellule, con lo stesso patrimonio genetico e nello stesso ambiente, producono quantità diverse di proteine. Per decenni questo fenomeno è stato visto come un difetto del sistema. Oggi sappiamo che quella variabilità è una risorsa: consente flessibilità, adattamento, esplorazione di stati possibili senza perdere l'identità complessiva dell'organismo.

Un episodio spesso raccontato nei laboratori di biologia dei sistemi riguarda gli esperimenti condotti a Stanford all'inizio degli anni Duemila, quando si iniziò a misurare in tempo reale la variabilità dell'espressione genica in singole cellule. I ricercatori rimasero sorpresi non tanto dall'esistenza del rumore, quanto dal fatto che non degenerasse mai in caos. Le fluttuazioni erano reali, ma restavano confinate entro margini precisi, come se il sistema sapesse fin dove poteva permettersi di oscillare. La coerenza, qui, non è assenza di rumore, ma governo del rumore.

Questo principio trova un parallelo elegante nella teoria della risonanza stocastica, sviluppata negli anni Ottanta da Roberto Benzi e colleghi studiando sistemi fisici e climatici. In certi contesti, una quantità moderata di rumore non disturba il segnale: lo amplifica. In biologia accade qualcosa di analogo. Le fluttuazioni permettono al sistema vivente di rispondere a stimoli deboli, di evitare l'intrappolamento in stati troppo rigidi, di restare sensibile senza perdere stabilità. La coerenza vitale è, in questo senso, una coerenza elastica.

Hermann Haken, fisico tedesco e fondatore della sinergetica, amava dire che «*l'ordine nasce dal disordine, ma non tutto il disordine genera ordine*». Gli organismi sembrano aver risolto proprio questo problema: selezionano, assorbono e redistribuiscono le fluttuazioni in modo da sostenere la forma globale. Non combattono l'instabilità; la usano come combustibile informativo. Un organismo completamente privo di rumore sarebbe incapace di adattarsi, di apprendere, persino di svilupparsi.

Un esempio suggestivo viene dallo sviluppo embrionale. Durante le prime fasi, le cellule mostrano comportamenti altamente variabili, eppure il risultato finale è sorprendentemente robusto: organi correttamente formati, proporzioni affidabili, architetture coerenti. Come notava il biologo Lewis Wolpert nei suoi studi sulla morfogenesi, la precisione finale emerge da processi locali imprecisi, coordinati da vincoli globali. Ancora una volta, la coerenza non elimina l'errore: lo incanala.

Questa capacità di integrare il rumore distingue profondamente i sistemi viventi dalle macchine. Una macchina funziona bene solo finché le perturbazioni sono minime. Un organismo, invece, funziona perché è continuamente perturbato. La coerenza biologica non è fragile; è resiliente. Non coincide con il controllo totale, ma con una regolazione distribuita che tollera l'incertezza senza perdere direzione.

In questa luce, la vita appare come una forma singolare di ordine dinamico: un ordine che respira, oscilla, sbaglia leggermente, ma non si disgrega. Il rumore non è il nemico della coerenza; è il suo banco di prova permanente. E finché l'organismo riesce a trasformare fluttuazioni in variazioni significative senza perdere unità, la vita continua.

Chi governa chi? La differenza decisiva tra automazione e organizzazione vivente.

Quando si parla di coerenza biologica, il rischio di scivolare in un fraintendimento meccanicistico è sempre in agguato. L'idea che un organismo "si regoli" viene spesso tradotta, quasi automaticamente, nel linguaggio del controllo: sensori, comandi, risposte. Ma la regolazione vivente non è un controllo dall'alto, né un programma che impartisce ordini a componenti passivi. È un processo distribuito, senza centro di comando, in cui la coerenza emerge dall'interazione continua delle parti.

Il confronto con le macchine è istruttivo proprio per ciò che non torna. Un termostato mantiene la temperatura di una stanza correggendo uno scarto rispetto a un valore prefissato. Funziona bene, ma solo entro condizioni limitate e prevedibili. Un organismo, invece, non ha un set-point fisso: ridefinisce continuamente ciò che conta come equilibrio, in base alla propria storia, allo stato interno, al contesto. Come osservava Walter Bradford Cannon, che negli anni Trenta introdusse il concetto di omeostasi ad Harvard, la stabilità biologica non è immobilità, ma «una stabilità attraverso il cambiamento».

La differenza cruciale sta qui: il controllo meccanico riduce la variabilità, la coerenza vivente la organizza. In un sistema automatico, l'errore è qualcosa da eliminare; in un organismo, lo scarto è informazione. È ciò che permette di apprendere, compensare, riorientare l'azione. Un cuore non "obbedisce" a un comando centrale che gli ordina di accelerare: risponde a una rete di segnali chimici, meccanici e nervosi che non hanno un direttore d'orchestra, ma restano coerenti tra loro.

Negli anni Cinquanta, il medico e matematico britannico W. Ross Ashby formulò la "*legge della varietà necessaria*": solo un sistema con sufficiente varietà interna può regolare efficacemente un ambiente complesso. Applicata alla biologia, questa idea chiarisce perché la vita non possa essere ridotta a un algoritmo di controllo. Un organismo è regolativo perché è ricco di possibilità, non perché è rigidamente programmato. La sua coerenza non deriva dall'imposizione di regole, ma dalla capacità di tenere insieme molteplici gradi di libertà.

Un aneddoto raccontato da un fisiologo italiano che lavorava a Pavia negli anni Settanta, rende bene la differenza. Durante una dimostrazione didattica, mostrò agli studenti un dispositivo automatico che manteneva costante la concentrazione di una soluzione. Poi affiancò l'esperimento a una coltura cellulare sottoposta a variazioni ambientali impreviste. Il dispositivo fallì non appena le condizioni cambiarono troppo; le cellule no. Commentò «*La macchina corregge, la cellula si riorganizza*». È una distinzione sottile, ma decisiva.

Anche Norbert Wiener, padre della cibernetica, era consapevole di questo limite. Pur avendo fornito strumenti fondamentali per comprendere la regolazione, avvertiva che i sistemi viventi non potevano essere assimilati senza residui alle macchine automatiche. La coerenza biologica non è un controllo che blocca, ma una dinamica che mantiene aperto il sistema, capace di rispondere all'imprevisto senza perdere identità.

Chiarire questo confine è essenziale per comprendere la biologia dei campi. Se si confonde la coerenza con il controllo, il campo biologico diventa un software occulto che dirige la materia. Se invece si riconosce che la coerenza è una proprietà emergente della relazione tra le parti, allora il campo appare per ciò che è: una struttura informativa stabilizzata, non un meccanismo di comando. La vita non è telecomandata. Si tiene insieme.

Cosa significa davvero "coerenza",

Nel linguaggio comune la parola coerenza evoca qualcosa di morale o narrativo: essere coerenti significa non contraddirsi, mantenere una linea. Ma in fisica il termine ha un significato molto più preciso, tecnico, e sorprendentemente concreto. Non è una figura retorica, né un vezzo linguistico importato per dare un'aura di profondità alla biologia. La coerenza è una proprietà misurabile dei sistemi fisici, con effetti osservabili e applicazioni quotidiane, dai laser negli ospedali ai chip quantistici nei laboratori.

Per capire di cosa stiamo parlando bisogna fare un passo indietro, a quando la fisica del Novecento ha iniziato a incrinare l'idea classica di un mondo fatto di oggetti separati che interagiscono solo localmente. Nel 1927, al quinto Congresso Solvay di Bruxelles, mentre Einstein, Bohr e Schrödinger discutevano animatamente sul senso della meccanica quantistica, emerse un concetto destinato a diventare centrale: le particelle non sono solo "cose", ma anche onde, e le onde possono essere coerenti o incoerenti.

In termini rigorosi, la coerenza descrive il grado di correlazione di fase tra diverse parti di un sistema ondulatorio. Due onde sono coerenti quando oscillano in modo coordinato, mantenendo una relazione stabile nel tempo. Se questa relazione si perde, si parla di decoerenza. Non è un dettaglio marginale: senza coerenza non esisterebbe il laser. Il raggio laser, così diverso dalla luce di una lampadina, è luce in cui miliardi di fotoni oscillano "all'unisono". È un esempio quasi didattico di ordine collettivo: non più emissioni casuali, ma un comportamento sincronizzato.

Charles Townes, uno dei padri del laser, raccontava che l'idea gli venne nel 1951, seduto su una panchina a Washington alle sei del mattino, mentre cercava un modo per "costringere" gli atomi a emettere luce in modo coordinato. Non stava cercando una metafora: stava inseguendo una condizione fisica precisa. Quando la coerenza emerge, il sistema fa qualcosa di qualitativamente nuovo.

Questo è il punto cruciale: la coerenza non riguarda i singoli elementi presi uno per uno, ma il modo in cui stanno insieme. È una proprietà del sistema nel suo complesso. In fisica della materia, lo stesso principio spiega la superconduttività: sotto una certa temperatura, gli elettroni in un metallo smettono di comportarsi come individui indipendenti e formano uno stato coerente collettivo. Il risultato? Corrente elettrica che scorre senza resistenza. Un fenomeno così controintuitivo che, quando Heike Kamerlingh Onnes lo osservò per la prima volta nel 1911 a Leida, faticò lui stesso a crederci.

Per molto tempo la coerenza è rimasta confinata a questi ambiti "esotici": ottica, fisica quantistica, stati della materia a basse temperature. Ma all'inizio del XXI secolo qualcosa è cambiato. Nel 2007, un gruppo di ricercatori guidati da Graham Fleming all'Università di Berkeley pubblicò su *Nature* un risultato inatteso: in alcuni complessi fotosintetici, a temperatura biologica, l'energia sembra trasferirsi sfruttando stati coerenti. Non era una prova definitiva di "*quantum biology*", ma era abbastanza per costringere molti a rivedere un pregiudizio: la coerenza non è fragile come si pensava, né confinata ai laboratori criogenici.

Qui è importante essere chiari. Parlare di coerenza in biologia non significa dire che le cellule "pensano quantisticamente" o che la vita viola le leggi della fisica classica. Significa riconoscere che la fisica offre concetti per descrivere forme di ordine dinamico che non si riducono alla somma delle parti. La coerenza è uno di questi concetti, ed è scientificamente legittimo perché è definibile, osservabile, soggetto a verifica sperimentale.

Un buon esempio, spesso trascurato, viene dalla fisica dei sistemi complessi. Quando un insieme di oscillatori — come pendoli, neuroni artificiali o molecole — entra in sincronizzazione, stiamo osservando una transizione di fase, simile a quelle che avvengono quando l'acqua congela o un metallo diventa magnetico.

All'inizio, ogni oscillatore segue il proprio ritmo, in modo disordinato. Ma quando l'interazione tra di essi supera una certa soglia — ad esempio aumentando l'intensità del collegamento o riducendo il rumore — il sistema cambia comportamento collettivo. Improvvisamente emerge un ordine globale: gli oscillatori cominciano a muoversi in modo coordinato, condividendo una fase comune.

Questo passaggio non dipende dai dettagli dei singoli elementi, ma da proprietà collettive del sistema. È per questo che lo stesso fenomeno di sincronizzazione compare in contesti molto diversi: il linguaggio della transizione di fase ci permette di descriverli tutti con un'unica idea fondamentale, quella dell'ordine che nasce dall'interazione.

In sostanza, quando un insieme di oscillatori entra in sincronizzazione, non stiamo assistendo a un miracolo, ma a una transizione di fase. Il matematico giapponese Yoshiki Kuramoto lo mostrò negli anni Settanta con un modello semplice ed elegante: oltre una certa soglia di accoppiamento, il disordine si trasforma spontaneamente in ordine collettivo. La coerenza, qui, non è imposta dall'esterno: emerge.

Dire che la coerenza è "oltre la metafora" significa dunque sottrarla a due equivoci opposti. Il primo è il riduzionismo ingenuo, che la liquida come linguaggio vago. Il secondo è l'entusiasmo mistico, che la trasforma in una parola passe-partout. In realtà la coerenza è una condizione fisica precisa che descrive come un sistema mantiene relazioni stabili tra le sue parti nel tempo, resistendo al rumore, alle fluttuazioni, alla tendenza naturale al disordine.

Non a caso, uno dei problemi centrali della fisica contemporanea è capire come i sistemi mantengano la coerenza e per quanto tempo. Nei laboratori di Zurigo o di Santa Barbara, dove si costruiscono computer quantistici, la sfida quotidiana è proteggere stati coerenti dalla decoerenza ambientale. Ogni vibrazione, ogni interferenza termica è un nemico. Questo linguaggio — protezione, mantenimento, resistenza — tornerà familiare quando si inizierà a parlare di sistemi viventi. Ma qui basta cogliere il punto essenziale: la coerenza non è un ornamento concettuale, è una lotta fisica contro la dispersione.

In questo senso, la coerenza offre alla biologia qualcosa che la sola biochimica fatica a fornire: un vocabolario per parlare dell'unità dinamica senza ricadere nel vitalismo. Non introduce forze misteriose, ma descrive regimi di organizzazione. Come scriveva il fisico Philip Anderson nel celebre articolo "*More is Different*" «*a ogni livello di complessità emergono leggi nuove*». La coerenza è una di queste leggi emergenti, e ignorarla significa rinunciare a capire come il molteplice diventi uno.

Quando l'ordine diventa fisica: storia culturale di una parola chiave.

Ogni disciplina scientifica importante ha alcune parole-faro, termini che sembrano semplici ma che, a uno sguardo più attento, portano con sé una storia complessa, fatta di slittamenti di senso, equivoci e scoperte. Coerenza è una di queste. Prima ancora di diventare una parola della fisica, è stata un'idea intuitiva: ciò che "tiene insieme". Ma il modo in cui questo "tenere insieme" è stato via via precisato dice molto del cambiamento profondo con cui la scienza ha imparato a pensare l'ordine nel mondo naturale.

Nell'Ottocento la coerenza entra nel lessico scientifico attraverso l'ottica. È l'epoca in cui la luce smette definitivamente di essere solo un flusso misterioso e diventa un fenomeno ondulatorio misurabile. A Cambridge, negli anni Trenta dell'Ottocento, George Biddell Airy studia le frange di interferenza; poco dopo, Augustin-Jean Fresnel a Parigi mostra che le figure luminose osservate negli esperimenti non sono illusioni, ma il risultato di onde che si sovrappongono in modo ordinato. Qui la coerenza indica una proprietà concreta: la capacità di due onde di produrre interferenza stabile. Se le onde "perdono il passo", l'effetto svanisce.

In questo primo significato, la coerenza non ha nulla di filosofico. È quasi artigianale: riguarda sorgenti luminose, fenditure, specchi. Thomas Young, già nel 1801, lo aveva intuito con il celebre esperimento della doppia fenditura, presentato alla *Royal Society* di Londra. Ma è solo nella seconda metà del secolo che la parola coherence comincia a circolare sistematicamente nei trattati di ottica, come termine tecnico. Coerente è una luce capace di produrre figure ordinate; incoerente è quella di una candela o del sole, che "mescola" troppe emissioni indipendenti.

Il salto concettuale avviene nel Novecento, quando la coerenza smette di essere una proprietà marginale delle onde luminose e diventa una chiave interpretativa generale. Con la nascita della meccanica quantistica, tra gli anni Venti e Trenta, la nozione di "fase" — centrale per definire la coerenza — entra nel cuore della descrizione della materia. Erwin Schrödinger, nei suoi lavori del 1926, parla di funzioni d'onda che possono sommarsi o cancellarsi, proprio come le onde luminose di Fresnel. Non è una metafora: è una continuità concettuale.

È in questo periodo che la parola coerenza cambia statuto. Non indica più soltanto un requisito sperimentale, ma una condizione ontologica del sistema. Un sistema quantistico coerente è un sistema che conserva relazioni di fase tra le sue parti. Quando queste relazioni si perdono, si parla di decoerenza, un termine che entrerà stabilmente nel vocabolario scientifico solo decenni più tardi, negli anni Settanta e Ottanta, grazie ai lavori di H. Dieter Zeh e Wojciech Zurek.

Un aneddoto spesso raccontato nei corridoi dell'Università del Texas, dove Zurek ha lavorato a lungo, riguarda una lezione in cui spiegava la decoerenza usando l'immagine di un'orchestra che perde il direttore. Qualcuno obiettò che era una metafora troppo "umanistica". Zurek rispose secco: «*Non è una metafora, è una dinamica*». Ancora una volta, la coerenza resiste al tentativo di essere ridotta a linguaggio figurato.

Il punto decisivo, dal punto di vista semantico, è questo: la coerenza smette di descrivere somiglianze tra elementi e comincia a descrivere relazioni stabili. Non è importante che le parti siano identiche, ma che siano correlate in modo persistente. Questo spiega molti malintesi attuali, soprattutto quando il termine viene importato in biologia o nelle scienze della vita. Parlare di coerenza non significa evocare armonia in senso estetico, né ordine imposto dall'alto. Significa indicare una condizione fisica in cui le parti di un sistema condividono informazione in modo non casuale.

Un passaggio culturale interessante avviene negli anni Cinquanta, con l'invenzione del maser e poi del laser. A New York, nel 1954, Charles Townes presenta i primi risultati sperimentali su emissioni coerenti di microonde. Nei documenti dell'epoca, la parola "*coherent*" compare con una frequenza inedita. È come se la fisica scoprisse improvvisamente che quella proprietà, studiata per decenni in modo quasi marginale, è in realtà capace di produrre tecnologie radicalmente nuove. Da quel momento, la coerenza non è più solo una descrizione: diventa una risorsa.

Questo percorso storico aiuta a capire perché oggi la parola venga spesso fraintesa. Da un lato, c'è chi la usa in modo vago, come sinonimo di "ordine" o "equilibrio". Dall'altro, c'è chi la respinge come se fosse un'intrusione poetica in un linguaggio che dovrebbe restare asciutto. Entrambe le posizioni ignorano la storia concreta del termine. La coerenza nasce come concetto operativo, si raffina come concetto teorico e mantiene sempre un ancoraggio sperimentale.

Rileggere questa storia semantica non è un esercizio erudito. Serve a ricordare che quando oggi parliamo di coerenza — anche fuori dalla fisica — stiamo maneggiando una parola che ha imparato, nel corso di due secoli, a descrivere come l'unità emerga dal molteplice senza bisogno di scorciatoie metafisiche. È una parola che ha attraversato laboratori, congressi, dispute teoriche, e che proprio per questo merita di essere usata con precisione.

Misurare significa intervenire: quando l'osservazione rompe la coerenza.

C'è un momento preciso, nella storia della fisica del Novecento, in cui diventa chiaro che misurare non significa semplicemente "guardare meglio". Significa cambiare lo stato delle cose. Questo passaggio concettuale, che nasce nei laboratori di fisica, ha conseguenze profonde anche per il modo in cui pensiamo la vita come fenomeno coerente. Senza tirare in ballo la coscienza o l'osservatore umano, basta restare fedeli a un dato essenziale: ogni misura è un'interazione fisica, e ogni interazione lascia una traccia.

Negli anni Venti, a Copenaghen, Niels Bohr insiste su un punto che allora sembrava quasi una provocazione: non esistono proprietà fisiche indipendenti dal contesto sperimentale. Un elettrone non "ha" una posizione o una velocità in senso classico; queste grandezze emergono nel momento della misurazione. Werner Heisenberg formalizza questa intuizione nel 1927 con il principio di indeterminazione, ma la questione della coerenza resta sullo sfondo, come una tensione irrisolta.

Per decenni si parla di "collasso della funzione d'onda" come di un evento enigmatico, quasi teatrale. Poi, tra gli anni Settanta e Ottanta, la scena cambia. Nei centri di ricerca di Heidelberg e di Los Alamos, fisici come H. Dieter Zeh e, più tardi, Wojciech Zurek mostrano che non serve alcun salto misterioso: basta l'ambiente. Un sistema perde coerenza quando entra in interazione incontrollata con ciò che lo circonda. La misurazione è un caso particolare (molto raffinato) di questa interazione.

Un aneddoto raccontato da Zeh riguarda una discussione informale avvenuta nel 1970, durante una pausa caffè all'Università di Heidelberg. Un collega gli chiese perché insistesse tanto sull'ambiente, qualcosa che nessuno "vede" direttamente. Zeh rispose indicando la stanza: «*Non vediamo l'aria, ma prova a toglierla*». La decoerenza funziona allo stesso modo: è invisibile, ma onnipresente.

Qui la parola osservazione cambia significato. Non indica più un atto cognitivo, ma un processo fisico di amplificazione: una correlazione microscopica viene impressa in un apparato macroscopico, lasciando una traccia stabile. Nei laboratori di neutronica di Grenoble o negli esperimenti sugli ioni intrappolati a Innsbruck, la perdita di coerenza non è una speculazione filosofica, ma un problema tecnico concreto. Isolare un sistema significa proteggerlo dall'ambiente; misurarlo significa, inevitabilmente, esporlo.

Questo chiarisce un equivoco diffuso: la coerenza non viene "distrutta" perché qualcuno guarda, ma perché qualcosa interagisce. Anche un rivelatore automatico, una lastra fotografica o un sensore criogenico svolgono lo stesso ruolo. Nel 1996, Serge Haroche e il suo gruppo all'"*École Normale Supérieure*" di Parigi mostrano sperimentalmente come stati quantistici coerenti possano essere seguiti passo dopo passo nel loro processo di decoerenza. Non c'è nulla di improvviso: la coerenza si sfalda gradualmente, come un coro che perde sincronia.

Le implicazioni concettuali sono rilevanti. La misurazione non è un'aggiunta esterna alla teoria, ma un momento interno alla dinamica dei sistemi. In questo senso, la coerenza appare come una condizione fragile, che richiede isolamento, protezione, manutenzione. La perdita di coerenza non è un fallimento della teoria, ma il suo completamento: spiega perché il mondo macroscopico appare stabile, localizzato, "classico".

Questo punto ha una risonanza culturale interessante. Negli stessi anni in cui la fisica chiarisce il ruolo della misurazione, filosofi della scienza come Bas van Fraassen e Ian Hacking riflettono sul carattere interventista dell'esperimento. Hacking, in particolare, ama ripetere che «*se puoi spruzzarlo, allora è reale*», riferendosi agli elettroni nei microscopi elettronici. La realtà, insomma, si manifesta attraverso interazioni controllate, non attraverso sguardi disincarnati.

Parlare di coerenza e misurazione, dunque, non significa entrare in territori nebulosi. Significa riconoscere che l'ordine fisico non è dato una volta per tutte, ma dipende dalle condizioni di interazione. La coerenza non scompare perché il mondo è instabile, ma perché il mondo è relazionale. Ed è proprio questa relazionalità, messa a nudo dalla fisica della misurazione, a rendere il concetto di coerenza uno strumento potente anche oltre i confini della fisica stessa.

La prova del tempo: quando la stabilità diventa il vero segno della vita.

Quando pensiamo alla coerenza, l'immaginazione corre subito allo spazio: elementi allineati, parti che "vanno d'accordo", strutture ordinate. È una reazione naturale, ma ingannevole. La coerenza, in fisica, non si gioca principalmente nello spazio. Si gioca nel tempo. È una qualità della durata, non della forma. Ed è proprio per questo che risulta meno intuitiva e, allo stesso tempo, più decisiva.

Un sistema è coerente non perché appare ordinato in un istante, ma perché mantiene relazioni precise tra le sue parti mentre il tempo scorre. La coerenza è una memoria attiva: la capacità di restare se stessi attraverso il cambiamento. In questo senso, una fotografia non basta a descriverla. Serve un film.

Un esempio classico — ma spesso frainteso — viene dalla fisica degli orologi atomici. Nel 1967, al "*Bureau International des Poids et Mesures*" di Sèvres, vicino a Parigi, il secondo viene ridefinito sulla base della frequenza di transizione dell'atomo di cesio-133. Non si sceglie quella frequenza perché è "bella" o semplice, ma perché è estremamente stabile nel tempo. Qui la coerenza non riguarda l'energia in sé, bensì la sua ripetibilità temporale. Se quella oscillazione perdesse fase dopo pochi cicli, l'orologio cesserebbe di essere un riferimento universale.

La stessa logica vale, su scale diverse, per tutti i fenomeni coerenti. Un laser, per esempio, non è tale perché emette luce intensa, ma perché mantiene una relazione di fase costante nel tempo. Se questa relazione fluttua troppo rapidamente, la luce resta, ma la coerenza scompare. È una distinzione sottile, eppure cruciale: l'energia può esserci senza coerenza; la vita, come vedremo, no.

Negli anni Novanta, nei laboratori di Santa Barbara, il fisico Anthony Leggett insiste su un punto che all'epoca sembrava quasi polemico: la vera sfida dei sistemi complessi non è creare stati ordinati, ma farli durare. La natura è piena di configurazioni effimere; ciò che è raro è la stabilità dinamica. La coerenza, in questo senso, non è uno stato, ma un processo che attraversa il tempo senza dissolversi.

Questa prospettiva cambia radicalmente il modo in cui pensiamo i sistemi fisici. Un sistema coerente non è fermo: è affidabile. Non elimina le fluttuazioni, ma le assorbe senza perdere identità. È un tema che ritorna anche fuori dalla fisica. Il compositore György Ligeti raccontava, in un'intervista del 1983, che una musica "tiene" non quando ripete uno schema, ma quando riesce a restare riconoscibile mentre tutto cambia. È una definizione sorprendentemente vicina a quella fisica di coerenza temporale.

Dal punto di vista teorico, la questione del tempo mette in crisi una visione ingenua dell'ordine naturale. L'ordine statico è fragile; basta un urto per distruggerlo. La coerenza temporale, invece, implica una capacità di rinnovamento continuo. I fisici parlano di stabilità dinamica, un'espressione che sembra un ossimoro ma non lo è. Significa che il sistema resta lo stesso proprio perché non smette mai di muoversi.

Un aneddoto raccontato da Ilya Prigogine, durante una conferenza a Bruxelles nei primi anni Duemila, rende bene l'idea. Mostrando un vortice in un fluido, osservò: «*Questo è un ordine che esiste solo finché scorre*». Se il flusso si ferma, il vortice sparisce. La coerenza non è contro il tempo; è un modo particolare di abitarlo.

Ecco perché la stabilità temporale è così decisiva. Non basta che le parti siano correlate; devono esserlo nel modo giusto e per il tempo necessario. La coerenza è una fedeltà operativa: il sistema "ricorda" le proprie relazioni e le rinnova istante dopo istante. Senza questa memoria dinamica, ogni struttura si dissolve in rumore.

In questa luce, la coerenza smette di essere un lusso teorico e diventa una necessità fisica. È ciò che permette a un fenomeno di esistere come entità riconoscibile nel tempo, invece che come semplice coincidenza momentanea. Ed è proprio questa capacità di attraversare il tempo senza perdersi che rende la coerenza una chiave concettuale fondamentale per comprendere i fenomeni vitali, senza ancora dover parlare di cellule, geni o metabolismo.

Coerenza, sincronia, correlazione, organizzazione: quattro parole, quattro mondi diversi.

Nel linguaggio scientifico — e ancor più in quello divulgativo — la parola coerenza è spesso usata come sinonimo elegante di ordine, sincronia o buona organizzazione. È una tentazione comprensibile: tutti questi concetti evocano l'idea di un mondo che "funziona", in cui le parti non si ostacolano a vicenda. Eppure, dal punto di vista fisico e biologico, confondere questi termini significa perdere proprio ciò che rende la coerenza una nozione radicale e feconda.

Per capirlo conviene partire da una scena concreta. Nel 2009, durante un'esercitazione pubblica a Londra, migliaia di pendolari si muovono simultaneamente lungo le scale mobili della metropolitana di Canary Wharf. I flussi si sincronizzano, le direzioni sono chiare, l'organizzazione impeccabile. Eppure, nessuno direbbe che quel sistema è coerente in senso fisico. È ordinato, sì. Sincronizzato, in parte. Ma basta un guasto elettrico perché tutto si arresti. La coerenza, invece, è ciò che consente a un sistema di mantenere la propria identità funzionale anche quando le condizioni cambiano.

La sincronia è forse la più intuitiva di queste nozioni. Eventi sincronizzati avvengono nello stesso momento o con una periodicità comune. I neuroni possono scaricare in sincrono, come mostrato dagli esperimenti di Wolf Singer al "Max Planck Institute" negli anni Novanta; le lucciole possono lampeggiare all'unisono lungo il fiume Chao Phraya, in Thailandia, uno spettacolo naturale documentato già negli anni Cinquanta. Ma la sincronia, di per sé, è fragile. Può emergere per accoppiamenti esterni, per costrizione, o per semplici coincidenze dinamiche. Non dice nulla sulla stabilità interna del sistema, né sulla sua capacità di resistere alle perturbazioni.

La correlazione è ancora più debole. Due variabili possono essere fortemente correlate senza avere alcun legame strutturale profondo. Negli anni Settanta, un celebre esempio usato nei corsi di statistica mostrava una correlazione sorprendente tra il consumo di margarina negli Stati Uniti e il tasso di divorzi nel Maine. La correlazione misura una relazione osservabile, non un'unità reale. In fisica — e ancor più in biologia — scambiare la correlazione per coerenza equivale a scambiare l'ombra per l'oggetto.

L'organizzazione, infine, è forse il termine più ambiguo. Un sistema organizzato presenta una disposizione ordinata delle parti: gerarchie, moduli, funzioni distinte. Una fabbrica fordista degli anni Trenta era altamente organizzata; lo stesso vale per un alveare o per un esercito. Ma l'organizzazione può essere rigida, imposta dall'esterno, incapace di adattarsi. La storia è piena di sistemi perfettamente organizzati che collassano al primo cambiamento imprevisto. La coerenza, al contrario, non si impone: emerge da una rete di relazioni interne che si sostengono reciprocamente.

Ciò che distingue la coerenza da tutti questi concetti è il fatto che essa implica una unità causale distribuita. In un sistema coerente, le parti non sono semplicemente allineate nel tempo, correlate nei dati o disposte in modo ordinato: sono legate da relazioni che fanno sì che il comportamento del tutto non sia riducibile alla somma dei comportamenti locali. È una differenza sottile, ma decisiva.

Un aneddoto raccontato dal biologo teorico Stuart Kauffman durante un seminario a Santa Fe, nei primi anni Duemila, chiarisce bene il punto. Mostrando due simulazioni al computer — una di un sistema altamente organizzato, l'altra di un sistema meno ordinato ma più interconnesso — osservò che solo il secondo continuava a funzionare quando venivano introdotte perturbazioni casuali. Disse: «*L'organizzazione sopravvive finché il mondo resta come previsto. La coerenza sopravvive perché il mondo cambia*».

In questa prospettiva, la coerenza non è una proprietà visibile a colpo d'occhio. Non coincide con l'armonia estetica, né con la regolarità. È una qualità relazionale profonda, che si manifesta nella capacità di un sistema di restare uno mentre le sue parti cambiano. Ed è proprio per questo che, parlando di vita, la coerenza non può essere sostituita da nessuno dei suoi "parenti concettuali" senza perdere il cuore del problema.

Confondere questi termini non è solo un errore linguistico; è un errore teorico. Significa ridurre la vita a un fenomeno di ordine apparente, quando invece essa è un evento di integrazione dinamica. La coerenza non è il grado zero del caos, ma una forma attiva di unità che nessuna sincronia, correlazione o organizzazione, da sola, è in grado di spiegare.

Perché vivere significa tenere insieme ciò che tende a disfarsi.

C'è un punto, spesso trascurato, che separa in modo netto la vita da tutto ciò che vivo non è: la vita non possiede coerenza, la produce. E soprattutto la difende. In un universo che, per usare le parole di Arthur Eddington, "*tende spontaneamente al disordine*", ogni organismo vivente appare come una piccola anomalia temporanea, una parentesi di stabilità aperta controcorrente. Ma questa stabilità non è mai data una volta per tutte: è il risultato di un lavoro continuo, silenzioso, incessante. Vivere, in senso profondo, significa resistere alla decoerenza.

La decoerenza non è solo un concetto della fisica quantistica confinato ai laboratori criogenici. È una tendenza universale: le relazioni si allentano, le fasi si disaccoppiano, i sistemi perdono unità. Un sasso non deve fare nulla per essere ciò che è. Un organismo sì. Ogni cellula, ogni tessuto, ogni corpo spende energia non tanto per funzionare, quanto per non disgregarsi come unità significativa.

Nel 1944, a Dublino, Erwin Schrödinger tenne una serie di conferenza. Lì introdusse un'immagine rimasta famosa: quella dell'organismo che si nutre di "*entropia negativa*". Al di là delle semplificazioni successive, l'intuizione era potente: la vita non sfugge alle leggi fisiche, ma le abita in modo attivo, sottraendosi localmente alla deriva verso la perdita di coerenza. Non viola la seconda legge della termodinamica; la aggira pagando un prezzo.

Quel prezzo è il metabolismo, certo, ma non solo. È anche regolazione, riparazione, sincronizzazione fine, selezione continua di ciò che deve restare in relazione e di ciò che può essere lasciato andare. Un esempio apparentemente banale lo raccontava il fisiologo britannico Denis Noble durante una conferenza a Oxford nei primi anni Duemila: il cuore umano, osservato a livello molecolare, è un sistema intrinsecamente instabile. Eppure, batte con regolarità per decenni. Non perché sia "ben costruito", ma perché è continuamente corretto, modulato, mantenuto entro un regime di coerenza funzionale.

La vita, dunque, non è un equilibrio, ma una lotta per l'equilibrio. Ogni organismo è un sistema aperto che deve costantemente compensare le fluttuazioni interne ed esterne. Basta osservare un corpo febbricitante: la temperatura che sale non è il segno immediato del caos, ma il tentativo, talvolta riuscito talvolta no, di ristabilire una coerenza compromessa. Anche qui, la coerenza non coincide con la quiete, ma con la capacità di attraversare la perturbazione senza perdere identità.

Resistere alla decoerenza significa anche selezionare informazione. Ogni organismo filtra, interpreta, scarta. Non tutto ciò che accade diventa significativo. In questo senso, vivere è un atto cognitivo elementare: mantenere una forma di senso contro il rumore del mondo. Francisco Varela, già ricordato, parlava di *enazione*: il vivente non rappresenta un mondo già dato, ma ne fa emergere uno abitabile. Questa emergenza, però, è fragile. Richiede un lavoro costante di integrazione.

Persino negli ambienti più estremi questa logica vale. Nei primi anni Ottanta, nei pressi delle sorgenti idrotermali delle Galápagos, i biologi scoprirono comunità di organismi che prosperavano senza luce solare. Non erano esempi di vita "più semplice", ma di vita che aveva trovato altri modi per mantenere la propria coerenza in condizioni al limite della disgregazione chimica. Ancora una volta, la lezione era chiara: la vita non è ciò che resiste meglio, ma ciò che lavora di più per resistere.

Se guardata così, la coerenza biologica perde ogni aura mistica e acquista una concretezza quasi drammatica. È un processo, non uno stato. Un verbale continuo scritto contro la tendenza naturale delle cose a separarsi. La vita dura finché questo lavoro riesce. Quando non riesce più, la decoerenza prende il sopravvento. E ciò che resta è materia, non più organismo.

Pagare il prezzo dell'unità: il costo energetico della coerenza biologica.

C'è un dato che sorprende sempre chi lo incontra per la prima volta: la maggior parte dell'energia consumata da un organismo vivente non serve a muoversi, crescere o produrre lavoro visibile. Serve a non cadere a pezzi. A mantenere l'integrazione interna, a tenere allineati processi che, lasciati a se stessi, divergerebbero rapidamente. È il costo energetico della coerenza, una spesa continua che raramente entra nel racconto popolare della biologia, ma che ne costituisce l'ossatura.

I fisiologi lo chiamano metabolismo basale. Il termine è tecnico, quasi dimesso, ma la realtà che descrive è impressionante: in un adulto umano a riposo, in una stanza temperata, circa il 60–70% dell'energia quotidiana viene consumata senza che accada nulla di apparentemente "attivo". Il cuore batte, certo. I polmoni respirano. Ma soprattutto miliardi di cellule lavorano per mantenere gradienti ionici, riparare strutture molecolari, correggere errori, sincronizzare segnali. È un'energia spesa per evitare la decoerenza interna.

Un esempio emblematico viene dal funzionamento delle cellule nervose. Negli anni Cinquanta, al "*Marine Biological Laboratory*" di Woods Hole, nel Massachusetts, Alan Hodgkin e Andrew Huxley studiarono il potenziale d'azione nei neuroni del calamaro gigante. Quello che emerse, e che ancora oggi colpisce, è che una parte enorme dell'energia del cervello serve non a "pensare", ma a ripristinare le condizioni di partenza dopo ogni impulso elettrico. La celebre pompa sodio-potassio, che espelle tre ioni sodio e ne fa entrare due di potassio, consuma

ATP incessantemente. Senza questo lavoro oscuro, l'eccitabilità neuronale collasserebbe in pochi minuti. Il pensiero, letteralmente, si spegnerebbe per mancanza di coerenza elettrica.

Questo vale a ogni scala. Nel 1961, in un laboratorio di Bruxelles, il biochimico Christian de Duve osservava come le cellule investano energia nella compartimentazione interna: membrane, vescicole, lisosomi. Non è un lusso architettonico, ma una necessità funzionale. Separare, mantenere confini, evitare che tutto reagisca con tutto. Ogni confine biologico è una spesa energetica, ma anche una conquista di coerenza.

Persino quando dormiamo, questo lavoro non si interrompe. Anzi, in certi aspetti si intensifica. Studi di calorimetria indiretta condotti a Stanford negli anni Novanta mostrarono che durante il sonno profondo alcune attività di manutenzione cellulare aumentano. Dormire non è "spegnersi", ma ridurre le interferenze esterne per investire energia nella riorganizzazione interna. Una pausa apparente per un compito essenziale: rimettere in fase il sistema.

Un aneddoto raccontato da un ricercatore italiano che lavorava nei primi anni Duemila in un laboratorio di biologia cellulare a Heidelberg, rende bene l'idea. Studiando colture cellulari mantenute vive ma private di stimoli, notò che il consumo energetico restava sorprendentemente alto. "*Sembravano ferme*", raccontava, "*ma stavano spendendo tutto per non diventare altro*". È una frase informale, ma coglie il punto: la vita consuma per restare identica a se stessa, non per trasformarsi.

Questo investimento continuo spiega anche perché la coerenza sia fragile. Basta una riduzione significativa dell'apporto energetico perché l'integrazione cominci a vacillare. Durante la carestia o in condizioni estreme, il corpo non "sceglie" cosa spegnere in modo arbitrario: sacrifica funzioni complesse per preservare un minimo di unità. È una strategia di emergenza contro la frammentazione.

Dal punto di vista culturale, questa idea ribalta una metafora radicata. Siamo abituati a pensare la vita come accumulo, come crescita, come espansione. Ma biologicamente la vita è soprattutto manutenzione. Come un ponte sospeso che richiede interventi continui per restare in piedi, l'organismo vivente investe energia per mantenere relazioni. Non farlo significherebbe lasciare che il tempo, la chimica e il rumore termico abbiano la meglio.

In questo senso, il costo energetico della coerenza non è un dettaglio quantitativo, ma un indizio ontologico. Ci dice che la vita non è una struttura passiva, bensì un processo che paga, istante dopo istante, il prezzo della propria unità. Finché può permetterselo, resta viva. Quando non può più, la coerenza si dissolve, e con essa l'organismo.

Nessuna vita è un'isola: la coerenza nasce dal dialogo con l'ambiente.

C'è un equivoco tenace, quasi istintivo, nel modo in cui pensiamo la stabilità biologica: l'idea che un organismo sia tanto più stabile quanto più riesce a isolarsi dall'ambiente. Come se la vita fosse una fortezza, e la salute dipendesse dalla solidità delle sue mura. Eppure, osservando da vicino i sistemi viventi, accade l'opposto: la coerenza non nasce dall'isolamento, ma da una relazione continua, fine e spesso rischiosa con ciò che sta intorno.

Un organismo vivente è, per definizione, un sistema aperto. Scambia materia, energia, segnali. Ma soprattutto scambia informazione. La sua stabilità non consiste nel difendersi dal mondo, bensì nel saperlo interpretare. È una negoziazione permanente, fatta di aggiustamenti, anticipazioni, compromessi. Quando questo dialogo si interrompe — per eccesso o per difetto — la coerenza vacilla.

Un esempio classico viene dall'ecologia, e ha il sapore di una lezione imparata tardi. Negli anni Cinquanta, negli Stati Uniti, l'uso massiccio di pesticidi come il DDT sembrava una vittoria dell'ingegneria sull'ambiente. Poi ci si accorse che specie considerate "protette" collassavano. Non erano deboli, erano disallineate. La loro coerenza biologica dipendeva da segnali ambientali sottili — cicli, presenze, assenze — improvvisamente cancellati. Rachel Carson, nel 1962, lo raccontò con lucidità in "*Silent Spring*": il silenzio non era pace, ma perdita di relazione.

La stessa logica vale a scale più intime. Pensiamo al sistema immunitario. Per molto tempo è stato descritto come un esercito incaricato di distinguere rigidamente il "sé" dal "non-sé". Oggi sappiamo che questa metafora è insufficiente. Studi condotti tra Parigi e San Diego negli anni Novanta hanno mostrato che il sistema immunitario matura grazie all'esposizione controllata all'ambiente. Bambini cresciuti in contesti eccessivamente sterilizzati mostrano più facilmente disfunzioni immunitarie. La coerenza, ancora una volta, non nasce dalla chiusura, ma da un apprendimento relazionale.

Un aneddoto raccontato da un biologo marino che lavorava in una stazione di ricerca alle isole Lofoten, in Norvegia, rende bene l'idea. Studiando popolazioni di plancton, notò che quelle più stabili non vivevano in acque "costanti", ma in zone soggette a correnti variabili. "Sono sistemi allenati al cambiamento", diceva. La loro coerenza non era rigidità, ma capacità di rimanere riconoscibili attraversando fluttuazioni.

Questa intuizione ha una lunga storia culturale. Già nel 1928, il fisiologo Walter Bradford Cannon, ad Harvard, parlava di omeostasi non come immobilità, ma come equilibrio dinamico. Un concetto che oggi possiamo leggere in chiave informativa: l'organismo resta coerente perché integra continuamente segnali ambientali nel proprio funzionamento interno. Se smette di farlo, perde contatto con il contesto che lo rende possibile.

Anche il comportamento umano offre esempi eloquenti. Durante le missioni di isolamento prolungato — dalle basi antartiche degli anni Settanta agli esperimenti di confinamento come Mars-500, concluso nel 2011 vicino a Mosca — è emerso che la perdita di stimoli ambientali ricchi compromette la coerenza psicofisiologica. Non è il freddo o la fatica il problema principale, ma la povertà relazionale del contesto. Senza un ambiente "rispondente", l'organismo umano fatica a mantenere un senso unitario di sé.

In questa prospettiva, la coerenza biologica appare come una proprietà ecologica prima ancora che interna. Un organismo è stabile perché è situato, perché appartiene a una rete di relazioni che lo informano continuamente. La sua identità non è un nucleo immutabile, ma una forma che si mantiene nel tempo proprio perché dialoga con ciò che la circonda.

Forse è per questo che la vita ci appare così resistente e, allo stesso tempo, così vulnerabile. Resistente, perché sa adattarsi a contesti diversi. Vulnerabile, perché nessuna coerenza può sopravvivere a lungo in un mondo che non parla più la sua lingua. La biologia dei campi suggerisce allora una conclusione controintuitiva ma profonda: vivere non significa difendersi dall'ambiente, ma restare in relazione con esso senza perdersi.

Quando l'unità si spezza: la morte come decoerenza del vivente.

Parlare della morte in un capitolo dedicato alla coerenza della vita può sembrare una deviazione malinconica. In realtà è un passaggio quasi obbligato. Se la vita è mantenimento attivo della coerenza, allora la morte — quella fisica, biologica — può essere descritta con sobrietà come il momento in cui questa coerenza si perde in modo irreversibile. Non un evento improvviso e puntiforme, ma un processo di decoerenza globale che coinvolge l'intero organismo come unità informativa.

Dal punto di vista fisico, un organismo vivente non muore perché "finisce l'energia". L'energia continua a essere presente anche in un corpo privo di vita. Ciò che si perde è la capacità di coordinare flussi, tempi e relazioni. Le parti restano, ma smettono di parlare la stessa lingua. È una dissoluzione dell'unità, non una scomparsa della materia.

Un'immagine efficace viene dalla medicina clinica. Nel 1968, alla *Harvard Medical School*, un comitato guidato da Henry Beecher propose per la prima volta criteri chiari per la definizione di morte cerebrale. Non si trattava di una scelta filosofica, ma di una necessità pratica: distinguere un organismo ancora unitario da uno che aveva perso in modo irreversibile la propria integrazione funzionale. Il cuore poteva battere, i polmoni essere ventilati, ma l'unità informativa centrale — la capacità di coordinare il tutto — era definitivamente compromessa. La morte, in questa prospettiva, non coincide con l'arresto di una funzione isolata, ma con la perdita di coerenza dell'insieme.

Chi ha assistito al momento finale di un paziente in un hospice racconta spesso un dettaglio curioso: non è il silenzio, ma una sorta di disaccordo progressivo. Parametri che fino a poco prima si sostenevano a vicenda iniziano a divergere. Il ritmo respiratorio non "ascolta" più quello cardiaco, la regolazione termica diventa erratica, i segnali biochimici perdono sincronizzazione. È come se l'orchestra continuasse a suonare, ma senza più direttore e senza più partitura condivisa. Gli strumenti ci sono ancora, ma la musica no.

Questa descrizione non ha nulla di metafisico, e proprio per questo è potente. La decoerenza globale non è un concetto evocativo: è osservabile, misurabile, clinicamente riconoscibile. Studi condotti tra gli anni Ottanta e Novanta sull'attività elettrica cerebrale mostrano che, nel morire, non si assiste semplicemente a un "calo" del segnale, ma a una frammentazione dei pattern coerenti. L'EEG non diventa subito piatto: perde prima struttura, poi integrazione. La forma si dissolve prima dell'intensità.

È importante, a questo punto, distinguere con chiarezza il piano scientifico da quello metafisico. Descrivere la morte biologica come decoerenza informativa non dice nulla — né in un senso né nell'altro — su ciò che eventualmente accade a livello di coscienza, significato o trascendenza. Parlare di "transizione di fase" in senso metafisico può avere valore simbolico o filosofico, ma appartiene a un altro registro. La biologia dei campi, se vuole restare scientificamente sobria, si ferma un passo prima: constata che l'organismo, come unità informativa incarnata, cessa di esistere quando non è più in grado di mantenere la propria coerenza globale.

Curiosamente, questa visione riporta la morte dentro il continuum della vita, senza mitizzarla né banalizzarla. Morire non è l'opposto del vivere, ma il punto in cui il processo di mantenimento della coerenza fallisce definitivamente. Ilya Prigogine, parlando dei sistemi lontani dall'equilibrio, osservava che l'ordine vivente è sempre temporaneo, sostenuto a prezzo di un continuo dispendio. Quando il costo supera le possibilità del sistema, l'ordine collassa. Non c'è tragedia cosmica in questo, ma nemmeno riduzione a un semplice guasto meccanico.

Un aneddoto raccontato da un infermiere che lavorava in un reparto di terapia intensiva a Lione negli anni Duemila, è illuminante. Diceva: "*Il momento della morte non è quando il monitor si spegne, ma quando capisci che non puoi più riportare insieme quello che si è separato*". È una frase semplice, quasi artigianale, ma coglie il punto: la morte come perdita irreversibile della possibilità di ricomporre l'unità.

In questa luce, la morte fisica appare come un evento pienamente naturale e, al tempo stesso, radicale. È la fine di una forma informativa unica, irripetibile, che esisteva solo finché riusciva a tenere insieme le proprie relazioni interne ed esterne. Tutto il resto — le domande sul senso, sulla continuità, sull'eventuale "oltre" — resta aperto, ma appartiene a un altro capitolo della nostra esperienza e del nostro pensiero.

Più della somma, meno del mito: la coerenza come fatto scientifico.

Ogni volta che in biologia si pronuncia la parola emergenza, qualcuno storce il naso. Troppo spesso, in passato, è stata usata come una scorciatoia elegante per mascherare ciò che non si sapeva spiegare. Ma l'emergenza di cui parliamo qui — la coerenza come proprietà fondamentale del vivente — non ha nulla di nebuloso o di esoterico. È un'emergenza reale, nel senso più concreto e scientificamente rispettabile del termine.

Per capirlo, basta fare un passo indietro, non verso la metafisica, ma verso la storia recente della scienza. Nel 1977, quando Ilya Prigogine ricevette il Premio Nobel per i suoi studi sulle strutture dissipative, non propose alcuna magia concettuale. Mostrò, dati alla mano, che in sistemi aperti, lontani dall'equilibrio, possono emergere spontaneamente forme di ordine globale che non sono deducibili dalle singole interazioni locali. Le celle di Bénard — quelle eleganti strutture convettive osservabili in un semplice strato di fluido riscaldato — non sono "contenute" nelle molecole d'acqua. Eppure, sono reali, misurabili, riproducibili. Nessuno oggi le definirebbe un'illusione.

La coerenza biologica appartiene a questa stessa famiglia di fenomeni. Non è una forza aggiuntiva, né un'entità nascosta che agisce dietro le quinte. È una proprietà collettiva che nasce quando un numero enorme di processi fisici e chimici si organizza in modo coordinato nel tempo. Il punto decisivo è che questa organizzazione non è arbitraria: ha vincoli, regolarità, soglie critiche. In altre parole, è oggetto legittimo di indagine scientifica.

Un esempio meno noto ma illuminante proviene dal lavoro di Walter Freeman, neurofisiologo dell'Università di Berkeley, negli anni Settanta e Ottanta. Studiando l'attività elettrica del bulbo olfattivo dei conigli, Freeman osservò che gli schemi globali di attività neuronale non potevano essere previsti analizzando il comportamento dei singoli neuroni. L'informazione non stava nei "pezzi", ma nella configurazione coerente dell'insieme. Freeman parlava di pattern emergenti, non per evocare un mistero, ma per descrivere un fatto sperimentale ostinato: il cervello funzionava come un'unità dinamica, non come una collezione di componenti indipendenti.

Qui sta il cuore della legittimità scientifica della coerenza: essa produce effetti causali osservabili. Un organismo coerente reagisce all'ambiente in modo unitario, mantiene la propria forma, prende decisioni biologiche — dal metabolismo alla riproduzione — che non possono essere attribuite a una singola molecola o a una via biochimica isolata. La coerenza fa accadere cose. E ciò che ha effetti causali rientra, per definizione, nel dominio della scienza.

Non è un caso che concetti analoghi siano emersi in campi lontani dalla biologia. Nel 1985, al Santa Fe Institute, fisici, economisti e biologi iniziarono a parlare seriamente di sistemi complessi adattivi. L'idea di fondo era semplice ma radicale: alcuni sistemi non possono essere compresi smontandoli, perché le loro proprietà più importanti nascono dalle interazioni. La vita, in questo senso, non è un'eccezione imbarazzante, ma uno dei casi più raffinati di un principio generale.

Vale la pena sottolinearlo: riconoscere l'emergenza della coerenza non significa rinunciare alla spiegazione. Significa accettare che la spiegazione cambi livello. Come scriveva il biologo teorico Robert Rosen negli anni Novanta, "*un sistema vivente è spiegabile, ma non decomponibile senza perdita*". Non c'è nulla di antiscientifico in questo. È, semmai, una richiesta di maggiore precisione concettuale.

Un piccolo aneddoto, raccontato da una ricercatrice italiana, che lavorava a Heidelberg nei primi anni Duemila, rende bene il clima culturale del laboratorio. Durante una riunione, un giovane dottorando chiese: "*Ma questa proprietà emergente... dove sta esattamente?*". Il responsabile del gruppo rispose, dopo una pausa: "*Sta dove sta la melodia in un quartetto d'archi. Non in un violino, ma nemmeno fuori dagli strumenti*". La battuta fece sorridere, ma chiuse la discussione. Tutti avevano capito.

La coerenza, dunque, non è un nome elegante per l'ignoranza. È il riconoscimento che la vita opera a un livello di organizzazione in cui l'unità viene prima dell'elenco delle parti. Accettarlo non significa abbandonare il rigore, ma estenderlo. Significa prendere sul serio ciò che l'esperienza biologica mostra da sempre: che il vivente è un intero che agisce come intero, e che questa interezza non è un mistero, ma un fenomeno.

La coerenza vista dai modelli matematici.

Se la coerenza biologica fosse solo una suggestione linguistica, difficilmente avrebbe attirato l'attenzione di matematici, fisici teorici e studiosi dei sistemi complessi. E invece, da almeno mezzo secolo, è proprio la matematica — quella più rigorosa e meno incline alle metafore — a fornire uno dei sostegni più solidi all'idea che l'ordine del vivente emerga come proprietà globale, stabile e formalmente descrivibile.

Un punto di svolta spesso dimenticato risale agli anni Sessanta, al MIT di Cambridge, quando Norbert Wiener e i suoi allievi gettarono le basi della cibernetica moderna. L'idea che sistemi complessi potessero mantenere un comportamento coerente grazie a circuiti di retroazione (*feedback)* non era un'intuizione filosofica, ma un risultato matematico. Le equazioni differenziali che descrivevano questi sistemi mostravano come l'insieme potesse stabilizzarsi in configurazioni dinamiche — attrattori — indipendentemente dalle fluttuazioni locali. In altre parole: la coerenza non era imposta dall'esterno, ma generata dall'organizzazione interna.

Negli anni Settanta, questo linguaggio matematico trovò una casa ideale nel lavoro di René Thom, matematico francese e fondatore della teoria delle catastrofi. Thom non si occupava direttamente di biologia molecolare, ma di forme. Mostrò come sistemi continui potessero subire cambiamenti qualitativi improvvisi pur seguendo leggi deterministiche. La sua celebre conferenza del 1972 all'"*Institut des Hautes Études Scientifiques*" di Bures-sur-Yvette fece discutere per mesi: l'idea che la forma di un organismo fosse un effetto stabile di un campo di vincoli matematici — e non un semplice prodotto di istruzioni locali — risultava sorprendentemente compatibile con ciò che gli embriologi osservavano al microscopio.

Più vicino a noi, le reti dinamiche hanno offerto un quadro ancora più convincente. Quando Stuart Kauffman, alla fine degli anni Ottanta, iniziò a studiare le "*random Boolean networks*", cercava una risposta semplice a una domanda enorme: come fa una cellula a mantenere la propria identità genetica nonostante il rumore molecolare? I suoi modelli mostrarono che, oltre una certa soglia di connessioni, le reti tendono spontaneamente verso regimi ordinati ma flessibili, che Kauffman chiamò "il bordo del caos". Non era una metafora poetica: era un risultato matematico. La coerenza emergeva come stato globale del sistema, non come proprietà di un singolo gene.

Un aneddoto raccontato dallo stesso Kauffman durante un seminario a Santa Fe nel 1994 rende bene l'atmosfera di quelle ricerche. Dopo aver mostrato una simulazione in cui una rete complessa si stabilizzava in pochi attrattori robusti, un biologo in sala commentò: "*Sembra quasi che la rete sappia cosa fare*". Kauffman sorrise e rispose: "*No, sembra che l'insieme sappia*". Era una battuta, ma centrava il punto: la matematica stava fornendo un linguaggio per parlare di conoscenza implicita dei sistemi viventi senza ricorrere ad agenti misteriosi.

Anche la teoria dei sistemi dinamici non lineari ha contribuito in modo decisivo. Gli attrattori strani, studiati da Edward Lorenz già nel 1963 a proposito dei modelli climatici, mostrarono che ordine e imprevedibilità possono coesistere. In biologia, questo significa che un organismo può essere altamente coerente pur rimanendo sensibile al contesto. Le equazioni non descrivono una macchina rigida, ma una danza vincolata: una coerenza dinamica, non statica.

Ciò che rende questi modelli particolarmente rilevanti è il fatto che la coerenza diventa misurabile, simulabile, falsificabile. Non è più un concetto evocativo, ma una proprietà matematica: stabilità strutturale, convergenza verso attrattori, sincronizzazione di reti. Quando, nei primi anni Duemila, gruppi di ricerca a Barcellona e a Boston iniziarono a modellizzare reti metaboliche reali, scoprirono che la perdita di coerenza globale precedeva spesso il collasso funzionale del sistema. La matematica arrivava, ancora una volta, prima dell'interpretazione biologica.

In questo senso, i modelli matematici offrono una grammatica per descrivere come l'unità emerga dalla molteplicità senza ridursi ad essa. La coerenza biologica, lungi dall'essere un concetto vago, appare così come una struttura formale ben definita: un evento collettivo che le equazioni, sorprendentemente, sanno raccontare.

Quando matematica e biologia imparano a capirsi.

Per lungo tempo, matematici e biologi si sono osservati con una certa diffidenza, come professionisti di mestieri confinanti ma incompatibili. I primi parlavano di spazi astratti, variabili, stabilità strutturale; i secondi di cellule, tessuti, sviluppo, malattie. Quando si incontravano, spesso non si capivano. Non per mancanza di intelligenza o apertura, ma per una questione più profonda: il linguaggio.

Un episodio raccontato da un biologo teorico olandese durante un workshop a Leiden nei primi anni Novanta è emblematico. Alla fine di una presentazione su modelli dinamici dello sviluppo embrionale, una biologa sperimentale si avvicinò e disse: "*Le sue equazioni sono eleganti, ma dove sta l'organismo?*". La domanda non era polemica, era sincera. Per lei, l'organismo era qualcosa che si poteva sezionare, colorare, osservare al microscopio. Per il matematico, invece, l'organismo era proprio quella struttura di relazioni che l'equazione cercava di catturare.

Questo scarto semantico ha a lungo ostacolato la comprensione della coerenza biologica. In biologia, la parola "coerenza" evocava al massimo una buona integrazione funzionale; in matematica e fisica dei sistemi, indicava una proprietà globale rigorosa, definibile in termini di stabilità, correlazione e comportamento collettivo. Parlare di coerenza senza chiarire il piano del discorso significava spesso parlarsi addosso.

Eppure, a partire dagli anni Duemila, qualcosa è cambiato. Luoghi come il *Santa Fe Institute* nel New Mexico, l'*EMBL* di Heidelberg o il *Max Planck Institute for the Physics of Complex Systems* a Dresda sono diventati spazi di contaminazione linguistica. Qui, biologi, matematici e fisici hanno iniziato a lavorare non tanto per tradurre i propri concetti, quanto per costruire un lessico comune. Non più "applicare la matematica alla biologia", ma co-costruire modelli che nascessero da domande biologiche reali.

Un esempio spesso citato è il lavoro sulle reti di regolazione genica nello sviluppo. Quando, nei primi anni Duemila, gruppi interdisciplinari iniziarono a descrivere questi processi come sistemi dinamici ad alta dimensionalità, molti biologi erano scettici. Poi arrivarono i risultati: i modelli matematici riuscivano a prevedere la robustezza di certi pattern di sviluppo meglio di quanto facessero le descrizioni molecolari isolate. La coerenza dell'organismo non emergeva dai singoli geni, ma dalla struttura complessiva delle interazioni.

Un matematico italiano ricordava in un'intervista del 2011 come il vero salto concettuale fosse avvenuto non davanti a una lavagna, ma durante una cena informale a Trastevere dopo un convegno romano. Raccontava che a un certo punto un embriologo disse: '*Forse quando dite attrattore intendete ciò che noi chiamiamo destino cellulare"*. Fu una rivelazione reciproca. Le parole erano diverse, l'oggetto lo stesso.

Questo dialogo ha arricchito entrambi i campi. La biologia ha guadagnato strumenti formali per pensare l'unità del vivente senza ridurla a un elenco di componenti. La matematica, dal canto suo, è stata costretta a confrontarsi con sistemi storici, contingenti, aperti all'ambiente — molto diversi dagli oggetti ideali dei manuali. La coerenza biologica, in questo incontro, ha smesso di essere un concetto "a metà" tra poesia e scienza ed è diventata una proprietà condivisa, descrivibile da più punti di vista.

Oggi, quando si parla di organismo come struttura informativa stabilizzata, quel dialogo non è più un optional, ma una necessità epistemologica. La coerenza non appartiene a una disciplina: è il fenomeno che costringe le discipline a parlarsi. E forse è proprio questo il suo insegnamento più profondo.

L'ombra del vitalismo: come l'emergenza è uscita dal sospetto scientifico.

All'inizio del Novecento, pronunciare la parola emergenza in un contesto scientifico era rischioso. Suonava come un'ammissione di ignoranza, o peggio come un ritorno mascherato al vitalismo. In un'epoca che aveva appena visto trionfare la chimica organica e la fisiologia sperimentale, l'idea che proprietà nuove potessero "apparire" a livello dell'organismo sembrava una scorciatoia concettuale, un modo elegante per dire: non sappiamo spiegare.

Il sospetto non era infondato. Molti emergentisti della prima ora — basti pensare al filosofo britannico C. D. Broad, che nel 1925 parlava di proprietà non deducibili nemmeno in linea di principio — lasciavano aperta una zona d'ombra. Se una proprietà non è deducibile, è allora fuori dalla causalità fisica? È qualcosa che si aggiunge dall'esterno? In quegli stessi anni, laboratori come quello di Jacques Loeb alla *Rockefeller University* di New York portavano avanti un programma opposto: dimostrare che la vita fosse interamente riconducibile a forze fisico-chimiche. Ogni riferimento a "totalità" o "organismo" veniva guardato con fastidio.

Un aneddoto riportato nelle memorie di un giovane ricercatore tedesco racconta bene il clima dell'epoca. Durante una discussione a Berlino nel 1931, un collega osò parlare di "proprietà emergenti" del metabolismo cellulare. Il silenzio in sala fu seguito da una battuta tagliente: "*Qui facciamo scienza, non metafisica*". L'accusa era chiara: emergenza uguale mistero.

Le critiche principali erano tre. Primo: l'emergentismo sembrava violare il principio di chiusura causale della fisica. Secondo: mancava di modelli formali, affidandosi a descrizioni qualitative. Terzo: rischiava di reintrodurre una finalità implicita nella natura, cosa che la scienza moderna aveva faticosamente espulso. In quel contesto, il riduzionismo appariva non solo più rigoroso, ma anche più onesto.

Ciò che è cambiato non è tanto l'idea di emergenza, quanto il terreno scientifico su cui poggia. Le obiezioni del primo Novecento presupponevano un mondo governato da linearità, causalità semplici e sistemi isolabili. Ma la scienza del secondo dopoguerra — dalla termodinamica dei sistemi aperti alla teoria dei sistemi complessi — ha mostrato che queste presupposizioni erano incomplete. Oggi sappiamo che nuovi regimi di comportamento possono comparire senza violare alcuna legge fondamentale, semplicemente quando il numero e l'intreccio delle interazioni superano una certa soglia.

La svolta decisiva è stata formale. Quando l'emergenza diventa modellizzabile — attraverso dinamiche non lineari, reti interagenti, stabilità collettiva — perde il suo alone misterioso. La coerenza biologica, in questo quadro, non è un evento magico ma una configurazione stabile di relazioni. Non "qualcosa in più", bensì "qualcosa che accade" quando il sistema è sufficientemente organizzato.

Anche la vecchia accusa di finalismo si è rivelata meno solida di quanto sembrasse. Oggi parlare di comportamenti orientati o di mantenimento della coerenza non implica alcun fine esterno, ma descrive un vincolo interno al sistema. Un organismo coerente non vuole restare tale: semplicemente, se non lo fa, cessa di esistere. È una necessità strutturale, non un progetto.

In questo senso, l'emergentismo contemporaneo non chiede indulgenza filosofica, ma attenzione scientifica. Le critiche storiche erano figlie di un'epoca in cui mancavano strumenti concettuali e matematici adeguati. Oggi, quegli strumenti esistono. E con essi, l'idea che la vita sia una proprietà emergente coerente non appare più come una resa della spiegazione, ma come il suo naturale ampliamento.

Ciò che l'addestramento riduzionista ci impedisce di riconoscere.

C'è un gesto che accompagna quasi ogni formazione scientifica: smontare. Si smonta un organismo in organi, un organo in tessuti, un tessuto in cellule, una cellula in molecole. È un gesto potente, che ha prodotto alcune delle conquiste più impressionanti della modernità. Ma come tutti i gesti ripetuti senza riflessione, rischia di trasformarsi in un'abitudine cognitiva. E l'abitudine, si sa, non aiuta a vedere ciò che non rientra nello schema.

Molti scienziati raccontano, con una punta di ironia, lo stesso momento di spaesamento. Accade spesso durante i primi anni di ricerca: si osserva un fenomeno biologico che "funziona" in modo impeccabile — uno sviluppo embrionale robusto, una guarigione coordinata, una risposta immunitaria fine — ma non lo si sa spiegare sommando i singoli passaggi molecolari. "*So descrivere ogni pezzo*," confidava un giovane biologo cellulare a un seminario a Cambridge nel 2014, "*ma il comportamento d'insieme mi sfugge*". Non era un limite di competenza, era un limite di sguardo.

L'educazione scientifica del Novecento, soprattutto nelle scienze della vita, è stata plasmata su un'idea precisa di spiegazione: comprendere significa ridurre. Questo approccio ha radici profonde, che risalgono almeno al successo della meccanica classica e della chimica analitica. Non sorprende che sia stato adottato come modello universale. Il problema nasce quando ciò che è stato un metodo efficace diventa l'unico metodo concepibile.

Un episodio poco noto, ma illuminante, riguarda una visita di Ludwig von Bertalanffy a un'università americana negli anni Cinquanta. Invitato a tenere una lezione sulla teoria dei sistemi, si sentì chiedere da uno studente: "*In quale capitolo del manuale di biochimica trova posto il sistema?*". Bertalanffy rispose con calma: "*In nessuno. Ed è proprio questo il problema*". Non era una provocazione filosofica, ma una constatazione pedagogica: certi concetti non entrano perché non c'è spazio per loro nella formazione standard.

Il riduzionismo educativo tende a produrre un paradosso. Da un lato, fornisce strumenti di analisi sempre più raffinati; dall'altro, rende sospetta ogni proprietà che non sia localizzabile. Se non si può indicare dove sta la coerenza — in quale molecola, in quale gene — allora si è tentati di considerarla un'illusione descrittiva. Ma l'emergenza non si lascia indicare con il dito: si riconosce osservando il comportamento del sistema nel tempo.

Questa difficoltà non nasce da ignoranza, ma da un addestramento che privilegia l'analisi statica rispetto alla dinamica, l'elemento rispetto alla relazione. Riconoscere un fenomeno emergente come la coerenza richiede un cambio di postura intellettuale: non rinunciare allo smontaggio, ma affiancarlo a una capacità di ricomposizione concettuale. Capacità che raramente viene insegnata in modo esplicito.

Non è un caso che molti scienziati abbiano "scoperto" l'emergenza tardi, spesso fuori dall'aula. C'è chi la incontra osservando un ecosistema sul campo, come raccontava la biologa marina Rachel Carson nei suoi diari; chi la intuisce lavorando con modelli computazionali che mostrano comportamenti inattesi; chi, più semplicemente, si accorge che l'organismo continua a fare ciò che fa anche quando alcune parti vengono perturbate. La coerenza si manifesta, ma bisogna essere disposti a vederla.

In questo senso, il problema non è il riduzionismo in sé, ma la sua esclusività educativa. Finché formiamo scienziati eccellenti nello smontare e timorosi nel parlare del tutto, l'emergenza continuerà ad apparire come qualcosa di vago. Quando invece impariamo a considerarla un fenomeno osservabile, stabile e riproducibile — anche se non localizzabile — allora la coerenza smette di essere un concetto sospetto e diventa ciò che è: una proprietà reale della vita.

IV°. L'organismo come sistema non-locale.

C'è un momento, lungo il percorso di questo libro, in cui la critica al riduzionismo non può più limitarsi a mostrare ciò che non funziona. Deve proporre un cambio di prospettiva. Il Capitolo IV° nasce esattamente da questa necessità: introdurre il lettore a un'idea tanto semplice quanto destabilizzante per la biologia classica, e cioè che negli organismi viventi il comportamento delle parti non può essere compreso senza partire dallo stato dell'intero.

Dopo aver mostrato, nei capitoli precedenti, i limiti della spiegazione puramente biochimica e le difficoltà del darwinismo nel rendere conto della forma e dell'organizzazione, qui si compie un passo ulteriore. Non si tratta più solo di dire che le molecole non bastano, ma di riconoscere che la causalità biologica non è né lineare né locale. Negli organismi, ciò che accade in un punto dipende da condizioni che non sono confinabili in quel punto. La vita, in altre parole, funziona come un sistema globale prima ancora che come un assemblaggio di componenti.

Questa intuizione non nasce in biologia, ma trova sorprendenti consonanze con la fisica del Novecento. Quando Albert Einstein parlava, con una certa ironia, di "*spukhafte Fernwirkung*", la famosa "*azione fantasma a distanza*", esprimeva il suo disagio di fronte a una non-località che sembrava violare il buon senso classico. Oggi, senza forzare analogie improprie, molti biologi riconoscono che anche i sistemi viventi mostrano una forma di non-località funzionale: non perché trasmettano segnali istantanei, ma perché l'organizzazione globale vincola il comportamento locale.

Come ha scritto il biologo teorico Robert Rosen, «*un organismo non è una macchina perché in una macchina le parti spiegano il tutto, mentre in un organismo è il tutto a spiegare le parti*». Una frase che riassume perfettamente la finalità di questo capitolo. Non esiste, nel vivente, una "molecola regista", un gene sovrano o una reazione chimica capace, da sola, di spiegare l'ordine biologico. La causalità è distribuita, circolare, spesso retroattiva. Ogni livello dell'organismo esiste in funzione degli altri.

Questa idea del primato dell'organismo ha una lunga storia sotterranea. Kurt Goldstein, neurologo e pensatore della prima metà del Novecento, osservando pazienti con lesioni cerebrali, notò che il comportamento residuo non era la semplice somma di funzioni rimaste intatte. L'intero organismo si riorganizzava, trovando nuovi equilibri. Scriveva: «*La parte lesa può essere compresa solo in riferimento all'organismo nella sua totalità*». Non era una metafora clinica, ma una dichiarazione teorica.

Nel presente capitolo questa prospettiva viene portata alle sue estreme conseguenze: l'organismo non è il risultato finale di processi locali, ma la condizione stessa che rende possibili quei processi. Le cellule, i tessuti, perfino l'espressione genica, rispondono a uno stato globale di coerenza o incoerenza. Come osserva il premio Nobel Ilya Prigogine, «*la causa e l'effetto non sono più separabili nel tempo e nello spazio*». Applicata alla biologia, questa affermazione suggerisce che la vita non segue una catena causale lineare, ma una rete di vincoli reciproci.

Il capitolo ha dunque una funzione strategica nell'architettura del libro. Serve a preparare il terreno concettuale per l'introduzione dei campi biologici, che non possono essere compresi se prima non si accetta l'idea che l'organismo sia un'unità primaria, non derivata. Parlare di campi senza questo passaggio preliminare significherebbe ridurli a semplici metafore. Qui, invece, si chiarisce perché essi siano una necessità teorica.

Località e non-località. Le differenze.

Per secoli la scienza ha guardato alla natura con una convinzione rassicurante: per capire un fenomeno basta individuare dove avviene e che cosa lo provoca. È l'idea di località, secondo cui ogni effetto ha una causa identificabile in un punto preciso dello spazio e del tempo. Questa impostazione ha funzionato egregiamente per la meccanica, per la chimica e per gran parte della fisiologia classica. Ma quando si entra davvero nella complessità degli organismi viventi, comincia a mostrare crepe profonde.

Questo capitolo del libro si colloca proprio in quel punto di frizione. Dopo aver messo in discussione l'idea che la vita sia riducibile a una catena di reazioni biochimiche, qui si affronta una distinzione cruciale: quella tra processi locali e dinamiche non-locali. Non è una sottigliezza teorica, ma una differenza che cambia radicalmente il modo in cui interpretiamo l'organizzazione biologica.

In un sistema locale, il comportamento di una parte dipende essenzialmente da ciò che le sta accanto. Un enzima catalizza una reazione perché incontra un substrato; un recettore si attiva perché una molecola vi si lega. Tutto avviene "qui", e ciò che accade altrove è, in linea di principio, irrilevante. È il modello implicito della biochimica classica, potente e preciso, ma limitato.

La non-località biologica introduce invece un'altra logica. Negli organismi, ciò che accade in un punto dipende spesso dallo stato dell'intero sistema. Non perché esistano misteriose forze a distanza, ma perché il vivente è organizzato come un'unità coerente, in cui il contesto globale vincola il comportamento locale. Un esempio noto agli addetti ai lavori, ma raramente discusso fuori dai circoli specialistici, riguarda il ritmo cardiaco. Denis Noble, fisiologo di Oxford, ha mostrato come il battito non sia "comandato" da una singola cellula pacemaker, ma emerga dall'interazione collettiva di milioni di cellule cardiache, ciascuna sensibile allo stato complessivo del tessuto. Isolare una cellula significa perderne il comportamento reale.

La differenza tra locale e non-locale diventa ancora più evidente nello sviluppo embrionale. Se la località fosse il principio dominante, basterebbe conoscere la posizione e il destino di ogni singola cellula per spiegare la forma finale di un organismo. Eppure, esperimenti classici del Novecento hanno mostrato che embrioni precocemente separati possono riorganizzarsi e dare origine a strutture complete, anche se "mancano" parti che, secondo una logica locale, sarebbero state indispensabili. Lo sviluppo risponde a un campo di relazioni globali, non a una mappa punto per punto.

Walter Freeman, neuroscienziato americano, parlando dell'attività cerebrale, usava un'espressione volutamente provocatoria: «*Il cervello non elabora informazioni come un centralino, ma come una tempesta*». Ciò che intendeva era semplice e radicale: non esiste un luogo preciso in cui "nasce" un pensiero o una percezione. L'attività neuronale assume configurazioni globali che danno senso ai singoli segnali. Ancora una volta, il tutto precede le parti.

La località cerca la causa; la non-località cerca la condizione. Nella prima, si domanda "quale elemento produce questo effetto?". Nella seconda, "in quale stato deve trovarsi il sistema affinché questo effetto sia possibile?". È una differenza sottile, ma decisiva. Claude Bernard, già nell'Ottocento, aveva intuito qualcosa di simile quando affermava che «la stabilità del *milieu intérieur* è la condizione della vita libera». Non parlava di molecole specifiche, ma di uno stato globale che rende possibile ogni funzione locale.

Questa distinzione aiuta anche a capire perché l'idea di una "molecola regista" sia così seducente e al tempo stesso così fuorviante. Attribuire a un gene, a un ormone o a un neurotrasmettitore il ruolo di causa ultima è un riflesso locale applicato a un sistema che non lo è.

Dal corpo alla società: la non-località che ci governa.

C'è un punto, nel confronto tra biologia ed economia, in cui il parallelismo smette di essere una metafora elegante e diventa uno strumento di comprensione. È il punto della non-località. Così come in un organismo vivente il comportamento di una cellula dipende dallo stato complessivo del corpo, allo stesso modo nei sistemi economici e sociali le azioni dei singoli attori sono profondamente condizionate da dinamiche globali che nessuno controlla direttamente. John Maynard Keynes lo intuì con chiarezza negli anni Trenta, parlando di "*animal spirits*": decisioni individuali apparentemente razionali che, prese insieme, producono effetti collettivi imprevedibili. Nessun investitore, preso singolarmente, "decide" una crisi finanziaria, eppure una crisi accade, come una febbre sistemica. L'esempio del crollo di Wall Street del 1929 — studiato ancora oggi non solo dagli economisti ma anche dai teorici dei sistemi complessi — mostra una dinamica sorprendentemente simile a certi fenomeni biologici: piccoli segnali locali diventano rilevanti solo perché il sistema nel suo insieme ha perso coerenza. Karl Polanyi, osservando l'Europa tra le due guerre, parlava di una "disintegrazione del tessuto sociale" prima ancora che economico. Anche qui, come nel vivente, non è la singola parte a spiegare il collasso, ma lo stato globale del campo di relazioni.

Più vicino a noi, il sociologo Mark Granovetter ha mostrato come comportamenti individuali — ad esempio aderire a una protesta o a una moda — dipendano da soglie collettive invisibili: ciò che sembra una scelta personale è in realtà un evento non-locale, reso possibile dalla configurazione complessiva della rete sociale. In biologia come nelle scienze sociali, la non-località non elimina l'individuo, ma lo colloca dentro un contesto che lo precede e lo rende intelligibile. Il tutto, ancora una volta, viene prima delle parti.

Quando il futuro decide il presente.

Se la non-località mette in crisi l'idea che ogni causa stia in un punto preciso dello spazio, il tempo compie un passo ulteriore: mostra che, nei sistemi viventi, la causa non sta neppure in un istante isolabile. Un organismo non vive mai soltanto nel presente. Ogni sua risposta è intrisa di passato e orientata verso un possibile futuro. Il sistema immunitario, per esempio, reagisce in base a una memoria: un'infezione avvenuta anni prima modifica oggi la qualità della risposta cellulare. Nel 1973, durante un congresso a Cold Spring Harbor, Niels Jerne descrisse il sistema immunitario come una rete che "ricorda" e si anticipa, più simile a una conversazione che a una catena di reazioni. Qui il tempo non scorre in linea retta: circola, si ripiega, ritorna. La stessa logica vale per il corpo intero. Un atleta infortunato raccontava che il dolore al ginocchio ricompariva prima ancora dello sforzo, alla sola prospettiva della gara. L'aspettativa futura aveva già modificato il presente fisiologico. Fenomeni analoghi sono ben noti anche nelle società. Le crisi economiche spesso iniziano prima che i numeri lo giustifichino: è sufficiente che si diffonda l'idea di un futuro incerto perché il comportamento collettivo cambi oggi. Nel 1992, alla vigilia della crisi della lira, alcuni osservatori notarono che i mercati reagivano più alle voci che ai dati ufficiali. Come in un organismo sotto stress, l'anticipazione del pericolo riorganizza il sistema nel suo complesso. Il sociologo Robert K. Merton parlava di "profezia che si autoavvera": aspettative future che diventano cause presenti. In entrambi i casi, biologico e sociale, il tempo agisce in modo non-locale: il passato non è davvero passato, il futuro non è ancora accaduto, eppure entrambi partecipano attivamente alla configurazione del qui e ora. La non-località temporale è forse la forma più sottile del primato del tutto: il sistema non risponde a ciò che accade, ma a ciò che significa nel flusso della sua storia.

Quando anche le macchine diventano non-locali.

Negli ultimi decenni, osservando il funzionamento delle grandi reti informatiche, molti ingegneri hanno avuto una sensazione familiare ai biologi: nessun centro di comando, eppure un comportamento globale sorprendentemente coerente. Internet, fin dalla sua architettura originaria progettata negli anni Sessanta da Paul Baran e Donald Davies tra *RAND Corporation* e *National Physical Laboratory* di Teddington, è pensata per funzionare anche se parti rilevanti vengono meno. I pacchetti di dati trovano strade alternative, il traffico si riorganizza, la rete "resiste". In questo senso, la non-località delle reti informatiche ricorda quella degli organismi: ciò che accade in un nodo dipende dallo stato complessivo del sistema. Tuttavia, la somiglianza si arresta qui. Un organismo vivente non si limita a mantenere la funzionalità: interpreta ciò che accade. Quando nel 2012 un blackout colpì un grande data center nella Virginia settentrionale, i sistemi di ridondanza entrarono in funzione secondo protocolli predefiniti. Tutto funzionò, ma nessuna rete "capì" il senso dell'evento. In un organismo, al contrario, una perturbazione non è mai solo tecnica: è significativa. Il biologo canadese Brian Goodwin osservava che le macchine complesse possono simulare l'organizzazione, ma non la formazione del significato. Le reti artificiali sono non-locali nello spazio, ma restano locali nel senso: operano su regole esterne, non su una coerenza vissuta. Anche le più avanzate architetture di intelligenza artificiale, come quelle sviluppate nei laboratori di *DeepMind* a Londra, mostrano adattività e apprendimento, ma sempre entro un campo di scopi assegnati dall'esterno. L'organismo, invece, è insieme rete, regola e finalità: il suo "campo" non è programmato, è continuamente rigenerato. Il confronto con i sistemi artificiali è dunque prezioso non per ridurre la vita a una macchina sofisticata, ma per chiarire ciò che nelle macchine ancora manca: il primato dell'intero come condizione interna, non come progetto imposto.

Quando il tutto dava fastidio alle parti.

Per comprendere perché oggi parlare di organismo come sistema non-locale sembri ancora, a tratti, controcorrente, occorre tornare al clima intellettuale del secondo Novecento. Tra gli anni Cinquanta e Settanta la biologia visse una stagione di successi spettacolari: la scoperta della struttura del DNA nel 1953, il deciframento del codice genetico, l'ascesa della biologia molecolare come linguaggio unificante. In quel contesto, l'idea che il tutto potesse venire prima delle parti appariva non solo superflua, ma sospetta. Francis Crick, in una conferenza a Cambridge nel 1966, affermò senza mezzi termini che l'obiettivo ultimo della biologia fosse spiegare la vita "in termini di fisica e chimica". Non era arroganza, ma fiducia in un paradigma vincente. Chi proponeva visioni olistiche, come il biologo austriaco Ludwig von Bertalanffy con la sua "*Teoria generale dei sistemi*", veniva spesso relegato ai margini: interessante dal punto di vista filosofico, si diceva, ma poco operativo in laboratorio. Negli stessi anni, a Chicago, il neuroembriologo Paul Weiss parlava di campi morfogenetici e di coordinazione globale nello sviluppo, ma le sue idee faticavano a trovare spazio sulle riviste dominanti. Un aneddoto ricorrente nei corridoi universitari racconta di un giovane ricercatore europeo che, negli anni Settanta, si sentì consigliare di "togliere ogni riferimento all'organismo" da un articolo se voleva vederlo pubblicato. Il clima era tale che l'olismo veniva confuso con vaghezza teorica, quando non con derive vitalistiche.

Solo più tardi, con le crisi interne al riduzionismo stesso — l'incapacità di prevedere il comportamento di reti genetiche complesse o di spiegare la robustezza degli organismi — lo sguardo iniziò lentamente a cambiare.

Figure come Ilya Prigogine mostrarono che ordine e coerenza potevano emergere senza un regista centrale. Ma ci volle tempo perché queste idee filtrassero nella biologia del vivente. La resistenza accademica non fu solo scientifica: fu culturale, istituzionale, legata a carriere, finanziamenti, linguaggi condivisi. Capire questa storia significa comprendere perché la biologia dei campi non nasca come una moda recente, ma come il ritorno, finalmente maturo, di domande a lungo accantonate.

Non-località biologica.

Una delle idee più destabilizzanti della biologia contemporanea è anche una delle più semplici da enunciare: negli organismi viventi nessuno comanda davvero. Non esiste una sala di controllo, un direttore generale, una cabina di regia dove si decidono le mosse delle cellule, dei tessuti, degli organi. Eppure, il risultato è sotto i nostri occhi: una coordinazione fine, adattiva, spesso elegante. Questo paradosso — ordine senza ordini — è il cuore della non-località biologica.

Un esempio affascinante viene dal mondo degli insetti sociali. Nel 1991, il biologo svizzero Laurent Keller osservava le colonie di formiche *Leptothorax* nei boschi del Giura. Quando il nido veniva disturbato, nessuna formica "decideva" dove trasferirsi. Eppure, nel giro di poche ore, la colonia convergeva verso una nuova sede, spesso la migliore disponibile. La scelta emergeva da una miriade di micro-interazioni locali, ma il comportamento finale era globale. Keller lo raccontò anni dopo con una battuta diventata celebre nei seminari: "*La colonia è più intelligente di qualsiasi formica, ma non è un cervello*".

Negli organismi pluricellulari accade qualcosa di analogo, anche se meno visibile. Durante la cicatrizzazione di una ferita, per esempio, le cellule non attendono istruzioni dall'alto. Studi condotti a Cambridge nei primi anni Duemila mostrarono che il fronte di guarigione si organizza come una migrazione collettiva: ogni cellula "sente" le altre, risponde a gradienti meccanici e chimici che non appartengono a un punto preciso, ma allo stato complessivo del tessuto. La coordinazione non è impartita, è condivisa.

Questa idea mette in crisi un'abitudine mentale profondamente radicata: pensare che a ogni funzione debba corrispondere un centro. Nel corpo umano siamo tentati di attribuire questo ruolo al cervello. Ma già negli anni Ottanta il fisiologo francese Alain Berthoz ricordava che il sistema nervoso non governa come un generale, bensì come un diplomatico: negozia, integra, armonizza segnali che nascono ovunque. Il cuore, l'intestino, il sistema immunitario producono ritmi e decisioni locali che influenzano l'insieme. Il risultato è una sorta di democrazia biologica, instabile ma efficace.

La non-località biologica non va confusa con l'assenza di struttura. Al contrario, è una struttura diffusa, dove l'informazione circola senza un indirizzo privilegiato. Come scriveva il filosofo della scienza Georges Canguilhem, "*la vita è ciò che è capace di norma*", non ciò che obbedisce a una norma esterna. La coordinazione senza centro è la forma concreta di questa autonomia: l'organismo non esegue un piano, lo produce continuamente.

Per il lettore contemporaneo, abituato a organizzazioni piramidali e algoritmi decisionali, questa idea ha qualcosa di provocatorio. Ma forse è proprio qui la lezione più attuale della biologia dei campi: la coerenza non nasce dal controllo totale, bensì dalla qualità delle relazioni. E la vita, da questo punto di vista, resta ancora il sistema più avanzato che conosciamo.

Tensioni vitali: il linguaggio silenzioso dei tessuti.

C'è un aspetto della vita che per lungo tempo è rimasto sotto il radar della biologia molecolare: il fatto che i corpi sentono le forze. Non in senso metaforico, ma fisico. Tensioni, compressioni, stiramenti ed elasticità dei tessuti costituiscono un vero e proprio linguaggio non-locale, capace di coordinare l'organismo senza bisogno di messaggeri chimici puntuali o di centri decisionali. È una comunicazione che viaggia nella forma stessa del corpo.

Negli anni Novanta, nei laboratori della Harvard Medical School, il medico e bioingegnere Donald Ingber iniziò a parlare di "*tensegrità biologica*": una struttura in cui elementi rigidi e flessibili si sostengono reciprocamente attraverso una rete continua di tensioni. L'idea, ispirata alle sculture di Buckminster Fuller, trovò inizialmente più ascolto tra architetti che tra biologi. Eppure, gli esperimenti erano eloquenti: modificando la tensione meccanica su una singola cellula, Ingber osservava cambiamenti coordinati nell'espressione genica e nel comportamento dell'intero tessuto. Non un segnale locale, ma una risposta globale, distribuita nella struttura.

Un esempio affascinante arriva dall'embriologia. Già negli anni Ottanta, nei laboratori dell'Università di Berkeley, Gerald Oster e colleghi mostrarono che durante lo sviluppo embrionale molte forme emergono non perché "istruite" molecolarmente, ma perché soggette a campi di stress meccanico. Le cellule si allineano, migrano o si differenziano seguendo linee di forza che attraversano l'intero embrione. Come in una cupola gotica, dove ogni pietra "sa" dove stare non perché riceva un ordine, ma perché risponde alle tensioni dell'insieme.

Un chirurgo ortopedico di Lione raccontava che durante alcune ricostruzioni ossee l'esito migliore non dipendeva tanto dalla precisione millimetrica dell'impianto, quanto dal ripristino delle corrette linee di carico. "*Se le forze tornano a scorrere , l'osso fa il resto*". È una constatazione empirica che la biologia dei campi oggi interpreta in modo più ampio: la forma informa, e lo fa ovunque contemporaneamente.

Questa intuizione non è del tutto nuova. Nel 1917, lo zoologo scozzese D'Arcy Wentworth Thompson scriveva in On Growth and Form che "*la forma di un organismo è un diagramma delle forze che hanno agito su di esso*". All'epoca sembrava una riflessione elegante ma marginale. Oggi appare quasi profetica. Le forze meccaniche non sono semplici effetti collaterali della biochimica: sono vettori di informazione che attraversano il corpo come un campo continuo, rendendo possibile una coordinazione senza centro.

In questo senso, i segnali meccanici incarnano perfettamente la non-località biologica. Non partono da un punto, non arrivano a un bersaglio isolato. Modificano lo stato globale del sistema, e ogni parte risponde in quanto parte di quell'insieme. È una biologia che ascolta il corpo nella sua interezza, prima ancora di decifrarne le molecole.

Il pensiero verde: come le piante si coordinano senza cervello.

Per secoli le piante sono state considerate il fondale immobile della vita: esseri passivi, privi di comportamento, certamente privi di mente. Una visione che dice molto più dei nostri pregiudizi che della biologia vegetale. E che ha iniziato a incrinarsi seriamente all'inizio del XXI secolo, quando a Firenze — non in un laboratorio hi-tech della Silicon Valley, ma in una città stratificata di arte e storia — alcuni esperimenti hanno mostrato quanto sia sofisticata la coordinazione delle piante, pur in assenza totale di sistema nervoso.

Nel 2005, presso l'Università di Firenze, Stefano Mancuso e il suo gruppo iniziarono a studiare l'apice radicale come centro sensibile e decisionale diffuso. Charles Darwin, in un testo poco citato del 1880 (*The Power of Movement in Plants*), aveva già intuito qualcosa di simile, paragonando la punta della radice al cervello di un animale inferiore. Per oltre un secolo, però, quell'osservazione era rimasta ai margini. Mancuso la prese sul serio, ma senza metafore: misurando segnali elettrici, gradienti chimici, variazioni di crescita in risposta a stimoli ambientali complessi.

Il risultato è sorprendente: una pianta coordina il proprio comportamento come un sistema non-locale, dove nessun organo decide per tutti e dove l'informazione circola attraverso l'intero organismo. Se una radice incontra un ostacolo, l'intera architettura radicale si riorganizza. Se una foglia subisce un attacco, altre parti della pianta attivano risposte difensive prima ancora di essere toccate. Non è un riflesso meccanico: è una risposta globale, coerente, che coinvolge l'organismo nel suo insieme.

Un aneddoto raccontato da una ricercatrice del LINV — il "*Laboratorio Internazionale di Neurobiologia Vegetale*" fondato a Firenze nel 2007 — rende bene l'idea. Durante un esperimento di competizione tra piante per risorse limitate, una pianta modificò il proprio schema di crescita radicale anticipando le mosse di una vicina. Non reagiva, sembrava prevedere. Nessuna previsione cosciente, ovviamente, ma una capacità di integrare informazioni distribuite nel campo biologico dell'organismo.

Qui la non-località biologica diventa evidente: la pianta non risponde punto per punto, ma stato per stato. Ogni variazione ambientale viene tradotta in un cambiamento del campo informativo complessivo, che orienta la crescita, la fioritura, la difesa. È una coordinazione lenta rispetto ai nostri tempi neurali, ma non meno raffinata. Anzi, forse più robusta, perché non dipende da un centro vulnerabile.

Non a caso, Mancuso ama ricordare che le piante rappresentano oltre il 99% della biomassa del pianeta e hanno superato indisturbate estinzioni di massa che hanno spazzato via organismi "più evoluti". La loro forza non sta nella velocità, ma nella distribuzione dell'intelligenza. Una lezione biologica che risuona anche fuori dai confini della scienza: nel 2018, durante una conferenza a Parigi, un urbanista citò proprio i modelli vegetali per ripensare città meno centralizzate e più resilienti.

Nel quadro della biologia dei campi, le piante diventano così un caso esemplare: organismi che mostrano come la vita possa essere profondamente coordinata senza cervello, senza centro, senza comando. Non per mancanza, ma per scelta evolutiva. E forse è proprio questo che le rende, oggi, così attuali.

Cecità verde: perché l'Occidente ha tardato a capire le piante.

Per gran parte della storia occidentale, le piante sono state vittime di una sorta di pregiudizio ontologico. Vivevano, certo, ma in una zona grigia della gerarchia dell'essere: sotto gli animali, lontane dall'umano, troppo silenziose per essere interessanti. Aristotele le collocava già nel gradino più basso dell'anima, quella "vegetativa", priva di sensazione e desiderio. Una classificazione che, come spesso accade, è diventata destino culturale.

Mentre la scienza moderna si sviluppava inseguendo il movimento, la velocità, il comportamento visibile — tutto ciò che poteva essere misurato, sezionato, isolato — il mondo vegetale restava sullo sfondo. Galileo osservava i cieli, Vesalio apriva corpi animali, Harvey seguiva il flusso del sangue. Le piante, al massimo, venivano catalogate. Linneo, nel Settecento, costruì un sistema impeccabile di classificazione, ma la sua botanica era soprattutto nomenclatura, non comprensione dei processi.

Questo ritardo non era solo scientifico, ma profondamente culturale. L'Occidente ha a lungo pensato la conoscenza come qualcosa che nasce da un centro — il cervello, il soggetto, la mente — e si irradia verso l'esterno. In questo schema, un organismo senza sistema nervoso non poteva che apparire semplice, reattivo, quasi meccanico. Una visione coerente con il riduzionismo cartesiano, ma poco adatta a cogliere forme di organizzazione distribuita e non-locale.

Altrove, lo sguardo era diverso. In Giappone, già nel periodo Edo (XVII–XIX secolo), la relazione con il mondo vegetale non passava dall'idea di dominio o di classificazione, ma da quella di risonanza. L'arte dell'ikebana, codificata secoli prima, non consiste nel "disporre fiori", ma nel rendere visibili le linee di forza tra stelo, spazio e vuoto. Nei giardini zen di Kyoto — si pensi al Ryōan-ji, completato alla fine del XV secolo — la natura non è decorazione, ma sistema di relazioni: ogni elemento ha senso solo nel campo che lo comprende.

Un antropologo britannico raccontava, dopo una lunga permanenza tra i popoli amazzonici, di essere rimasto colpito dal modo in cui alcune comunità parlavano delle piante medicinali: non come risorse, ma come soggetti con cui si intrattiene una relazione. Non era romanticismo né animismo ingenuo, ma una conoscenza pratica raffinata, basata su secoli di osservazione di comportamenti vegetali complessi: tempi di risposta, interazioni invisibili, adattamenti lenti ma coerenti.

L'Occidente, invece, ha impiegato molto più tempo per accettare che la complessità non coincide con la rapidità né con la presenza di un centro di controllo. Solo nella seconda metà del Novecento, con la crisi dei modelli lineari e l'emergere delle scienze dei sistemi complessi, è diventato possibile riconsiderare seriamente organismi che funzionano "per campo", dove il tutto precede e condiziona le parti.

Non è un caso che questa rivalutazione sia avvenuta in parallelo a un più ampio ripensamento culturale: l'ecologia, l'antropologia critica, perfino certe correnti dell'estetica contemporanea hanno iniziato a mettere in discussione l'idea di un soggetto isolato che osserva un oggetto inerte. Le piante, da questo punto di vista, sono diventate un banco di prova concettuale. Accettarne la complessità significa accettare che la vita possa essere organizzata senza un centro, che l'intelligenza possa essere distribuita, che la causalità possa essere non-locale.

Forse il vero ritardo occidentale non è stato scientifico, ma immaginativo. Abbiamo faticato a riconoscere ciò che non ci somigliava. E le piante, proprio perché così radicalmente "altre", ci chiedevano un cambio di paradigma che solo ora stiamo iniziando ad affrontare.

Se le piante "sanno": una nuova ecologia delle relazioni.

Riconoscere alle piante una forma di intelligenza distribuita non è solo un atto scientifico. È un gesto culturale che sposta l’asse del nostro rapporto con l’ambiente. Finché abbiamo pensato il mondo vegetale come un insieme di oggetti inerti — risorse da estrarre, superfici da occupare, biomassa da ottimizzare — l’ecologia è rimasta, nella migliore delle ipotesi, una gestione più prudente dello sfruttamento. Ma se accettiamo che le piante siano organismi capaci di integrare informazioni, coordinarsi e rispondere in modo coerente come sistemi non-locali, allora la domanda cambia: non più “quanto possiamo prendere?”, ma “con chi stiamo interagendo?”.

Questa svolta si avverte già sul campo. Nel 1997, durante un progetto di riforestazione nei pressi di Vancouver, alcuni ecologi notarono che piantagioni realizzate rispettando la diversità vegetale locale mostravano una resilienza nettamente superiore rispetto a quelle monocolturali. Non era solo una questione di suolo o di clima. Era il comportamento dell’insieme a cambiare: una risposta collettiva agli stress ambientali. All’epoca si parlò di “effetti emergenti”. Oggi diremmo: dinamiche di campo.

L’idea che un ecosistema non sia la somma delle sue specie, ma una struttura informativa stabilizzata, ha conseguenze pratiche. In agricoltura, per esempio, sta modificando il modo in cui si concepisce la cura delle colture. In alcune aziende biodinamiche della valle della Loira si è scelto di ridurre drasticamente gli interventi chimici non per ideologia, ma per osservazione: campi meno “controllati” mostravano una capacità di autoregolazione sorprendente. Non perché le piante siano benevole, ma perché un sistema coerente reagisce meglio di uno frammentato.

Sul piano ecologico, riconoscere l’intelligenza distribuita delle piante significa anche rivedere il concetto di danno ambientale. Tagliare una foresta non equivale semplicemente a rimuovere alberi; significa interrompere una rete di relazioni sensibili che si è stabilizzata nel tempo. Nel 2019, durante gli incendi che devastarono ampie aree dell’Australia, alcuni botanici locali sottolinearono come la perdita non fosse solo quantitativa, ma qualitativa: certi ecosistemi, una volta frammentati, non "ritornano", perché il loro campo di coerenza viene spezzato.

Questa consapevolezza sta filtrando anche nel diritto. Nel 2008 l'Ecuador ha inserito nella propria Costituzione il riconoscimento dei diritti della Natura. Un atto spesso liquidato come simbolico, ma che nasce da una visione — condivisa da molte popolazioni indigene andine — in cui il mondo vivente è un insieme di soggetti interdipendenti, non una collezione di oggetti. Non si tratta di attribuire intenzioni umane alle piante, ma di riconoscere che agire su un organismo o su un ecosistema significa intervenire su un campo di relazioni.

Persino il linguaggio ecologico cambia. Parole come "gestione", "controllo", "sfruttamento sostenibile" iniziano a mostrare i loro limiti. Se le piante sono sistemi informativi complessi, allora l'ambiente non è uno scenario passivo, ma un interlocutore. Lo aveva intuito già Aldo Leopold, quando nel 1949 parlava di "etica della terra": un invito a considerare il suolo, le acque, le piante come membri di una comunità biotica. Oggi quella intuizione trova una base biologica più solida.

In questa prospettiva, l'ecologia non è più solo una scienza della conservazione, ma una scienza della convivenza. Riconoscere l'intelligenza distribuita delle piante ci obbliga a pensare in termini di sistemi, di tempi lunghi, di causalità diffuse.

Il mito del comando: cosa le organizzazioni umane non capiscono della vita.

Ogni volta che in una comunità umana si tenta di funzionare senza una catena di comando ben definita, scatta una diffidenza quasi istintiva. "Chi decide?", "Chi è responsabile?", "Chi tiene tutto insieme?". Domande legittime, certo, ma anche rivelatrici.

Perché la biologia ci mostra da tempo che sistemi altamente complessi possono coordinarsi senza un centro direttivo, mentre la nostra immaginazione sociale continua a fare fatica ad accettarlo.

Il confronto con gli organismi non-locali non serve a costruire analogie ingenue — una cooperativa non è un organismo, una cellula non è un’assemblea — ma a mettere a fuoco un limite culturale profondo: la nostra difficoltà a pensare la coordinazione come proprietà del sistema e non come funzione di un vertice.

Nel mondo umano, i tentativi di organizzazione non gerarchica sono stati spesso osservati come esperimenti fragili, destinati al caos o all’inefficienza. Eppure, alcuni casi resistono nel tempo. Il gruppo cooperativo Mondragon, nato nei Paesi Baschi nel 1956, coinvolge oggi decine di migliaia di lavoratori in un sistema dove la proprietà e molte decisioni sono distribuite. Non è un’utopia senza conflitti, ma un esempio concreto di come la coerenza possa emergere da regole condivise e feedback continui, più che da ordini calati dall’alto.

Un caso ancora diverso è quello dei progetti open source. Nel 2001, durante un incontro a San Diego, uno sviluppatore raccontava come il software su cui lavorava migliorasse proprio perché nessuno controllava tutto. Linux, spesso citato a sproposito come modello anarchico, funziona in realtà grazie a una causalità distribuita: contributi locali, valutazioni incrociate, reputazioni che emergono nel tempo. Non c’è una “molecola regista”, ma una struttura che mantiene coerenza pur cambiando continuamente.

Quello che colpisce, osservando questi modelli, è quanto siano culturalmente faticosi. Le assemblee del movimento *Occupy Wall Street*, a New York nel 2011, ne sono state un esempio emblematico. L’assenza di leader visibili non era incapacità organizzativa, ma una scelta deliberata. Tuttavia, molti osservatori — giornalisti, politici, accademici — interpretarono quella mancanza di centro come segno di immaturità. Come se senza un capo non potesse esistere una forma.

La biologia dei campi suggerisce una lettura diversa. Nei sistemi viventi non-locali, la coordinazione non avviene perché qualcuno "sa di più", ma perché lo stato globale del sistema vincola e orienta le parti. Trasportato sul piano umano, questo implica che norme, contesti, valori condivisi e flussi informativi contano più delle figure di comando. Una lezione che l'economista Elinor Ostrom aveva già colto studiando, tra gli anni Settanta e Novanta, comunità capaci di gestire risorse comuni senza autorità centrali, dall'irrigazione in Nepal alle foreste del Giappone.

Il punto critico non è stabilire se questi modelli siano sempre preferibili, ma riconoscere che la nostra idea di coordinazione è storicamente ristretta. Abbiamo interiorizzato l'idea che l'ordine debba essere imposto, non emergere; che la coerenza richieda un centro, non un campo di relazioni. Per questo i modelli non gerarchici ci appaiono instabili, mentre quelli biologici — che funzionano secondo logiche simili — ci sembrano "naturali".

Forse il vero confronto con la non-località biologica non riguarda l'efficienza, ma l'immaginazione. Accettare che il tutto possa venire prima delle parti, anche nelle organizzazioni umane, significa rinunciare a una certa idea di controllo. E questa, più che una difficoltà tecnica, è una soglia culturale che non abbiamo ancora pienamente attraversato.

Quando tutto influisce su tutto: la fine della molecola sovrana.

Ogni epoca scientifica ha il suo feticcio. Per la biologia del Novecento è stata a lungo l'idea della molecola decisiva: il gene chiave, l'ormone maestro, il recettore che "spiega tutto". Una figura rassicurante, quasi narrativa. Se c'è un regista, il film diventa comprensibile. Ma la vita, a ben guardare, non ama le sceneggiature lineari.

L'idea che negli organismi esista una causa centrale, una sorta di burattinaio molecolare, nasce più da un'esigenza culturale che da un'evidenza empirica. È il riflesso di una mentalità che preferisce spiegazioni verticali: qualcosa comanda, qualcos'altro obbedisce. Eppure, più la biologia ha affinato i suoi strumenti, più questa immagine si è incrinata.

Negli anni Ottanta, studiando la regolazione genica nei lieviti, alcuni ricercatori del laboratorio EMBL di Heidelberg notarono un fatto scomodo: gli stessi geni potevano produrre effetti opposti a seconda dello stato complessivo della cellula. Non c'era un "gene leader" che decidesse il destino. Era il contesto globale a dare senso all'azione locale. La causalità, anziché scendere dall'alto, si distribuiva lateralmente.

Un esempio emblematico viene dall'embriologia contemporanea. Nel 2006, al *Karolinska Institutet* di Stoccolma, un gruppo di ricerca osservò che cellule embrionali identiche, poste in ambienti leggermente diversi, prendevano direzioni di sviluppo divergenti pur avendo lo stesso patrimonio genetico. Non era cambiata la sequenza del DNA, ma la rete di relazioni in cui quelle cellule erano immerse. Come scrisse il biologo svizzero Denis Duboule in una conferenza a Ginevra: «*Il genoma non è una partitura che suona da sola; è un sistema che risponde allo stato dell'orchestra*».

Questa immagine coglie un punto essenziale: negli organismi viventi le cause non sono isolate, ma co-dipendenti. Un enzima funziona perché il pH, la temperatura, la struttura cellulare e lo stato metabolico complessivo lo rendono possibile. Cambia il campo, cambia la funzione. Cercare la "molecola regista" equivale a confondere un nodo della rete con l'intera rete.

Il neuroscienziato Karl Friston, parlando a Londra nel 2012 del cervello come sistema predittivo, osservò che «le cause nel vivente non sono eventi puntuali, ma vincoli distribuiti». Una frase che vale ben oltre le neuroscienze. La vita non procede per ordini, ma per condizioni.

Curiosamente, questa idea non è del tutto nuova. Già nel 1934, il fisiologo americano Walter Cannon, studiando l'omeostasi ad Harvard, insisteva sul fatto che l'equilibrio dell'organismo non dipendeva da un singolo centro di controllo, ma da una pluralità di meccanismi interagenti. Il termine "feedback", oggi abusato, nasce proprio per descrivere questa causalità circolare, dove l'effetto modifica la causa.

Più tardi, negli anni Settanta, il biochimico italiano Enrico Bucci raccontava spesso ai suoi studenti che "*la cellula non legge istruzioni, interpreta segnali*". Un verbo rivelatore. Interpretare implica un contesto, non un comando. Anche la medicina clinica offre esempi eloquenti. Alcuni farmaci mostrano effetti diversi, talvolta opposti, a seconda dello stato complessivo del paziente. Non è solo una questione di dosaggio, ma di organizzazione sistemica. Il principio attivo non "decide" nulla da solo. Agisce dentro un campo biologico che ne modula il significato.

Se la molecola regista non esiste, perché continuiamo a cercarla? Perché semplifica. Riduce l'incertezza, promette controllo. Ma il prezzo è alto: perdiamo di vista ciò che davvero mantiene in vita un organismo, cioè la coerenza dinamica dell'insieme. La filosofa della scienza Isabelle Stengers, in un dialogo pubblico a Bruxelles nel 2015, osservava che «*la scienza moderna ha spesso confuso spiegare con dominare*». La causalità distribuita, al contrario, chiede un altro atteggiamento: comprendere senza ridurre, intervenire senza pretendere di comandare.

Accettare che non esista una molecola sovrana non significa rinunciare alla precisione, ma cambiare prospettiva. Significa passare dalla ricerca della causa unica alla lettura delle configurazioni. Ed è proprio questa svolta che prepara il terreno ai capitoli successivi del libro, dove il concetto di campo biologico diventerà inevitabile.

Non nasciamo a pezzi: perché in biologia il tutto viene davvero prima.

C'è un equivoco tenace che attraversa la biologia moderna come una corrente sotterranea: l'idea che per capire un organismo basti smontarlo. Cellula dopo cellula, molecola dopo molecola, gene dopo gene. Un'operazione che ha prodotto risultati straordinari, certo, ma che lascia sul tavolo una domanda imbarazzante: quando esattamente quelle parti diventano un organismo?

Il primato dell'organismo non è uno slogan filosofico, ma una constatazione empirica sempre più difficile da eludere. Nei viventi, le parti non preesistono all'intero come mattoni pronti all'uso. Al contrario, è l'organismo — inteso come unità dinamica, storica, coerente — a rendere possibili e funzionali le sue parti. Senza il tutto, le parti non "significano" nulla.

Negli anni Cinquanta, il neurologo e psichiatra Kurt Goldstein, lavorando con soldati cerebrolesi negli ospedali di Francoforte e poi di New York, osservò un fatto sorprendente: una lesione localizzata non produceva mai un deficit puramente locale. Era l'intero comportamento del paziente a riorganizzarsi. Goldstein arrivò a una conclusione allora scomoda: l'organismo reagisce sempre come un tutto. Non corregge un pezzo rotto, ma ridefinisce la propria norma vitale.

Un esempio affascinante viene dalla biologia cellulare contemporanea. Le cellule staminali, studiate intensamente a partire dagli anni Novanta in laboratori come quello di Cambridge o del Weizmann Institute, non possiedono un destino intrinseco. Diventano neuroni, epatociti o cellule muscolari non perché "portano dentro" una vocazione, ma perché l'organismo — o il tessuto — le colloca in un campo di relazioni che ne orienta l'identità. La stessa cellula, estratta dal suo contesto, perde rapidamente quella competenza. Fu notato già negli anni Settanta da Mina Bissell a Berkeley: cellule mammarie coltivate in vitro smettevano di comportarsi come tali. Non era cambiato il DNA. Era venuto meno l'organismo come condizione di senso. Qui il primato dell'intero diventa evidente: le parti non sono entità assolute, ma funzioni situate. La loro "natura" dipende dal ruolo che svolgono nell'insieme.

Anche il sistema immunitario, spesso descritto come un esercito di cellule specializzate, offre una lezione preziosa. Niels Jerne, immunologo danese e premio Nobel nel 1984, propose l'idea di una rete immunitaria: anticorpi che riconoscono altri anticorpi, in un gioco di equilibri reciproci. Non c'è un centro di controllo che decide cosa è "sé" e cosa è "non-sé". È l'organismo, nella sua storia, a stabilire continuamente questa distinzione. Un aneddoto raccontato da un suo collaboratore a Basilea ricorda come Jerne amasse dire: «*Il sistema immunitario non difende il corpo; è il corpo che, vivendo, dà forma al suo sistema immunitario*». Ancora una volta, l'intero precede e fonda le parti.

Questo rovesciamento ha implicazioni profonde anche sul concetto di forma. Il biologo e matematico D'Arcy Wentworth Thompson, già nel 1917, nel suo "*On Growth and Form*", suggeriva che la forma non è il risultato di istruzioni puntuali, ma di vincoli globali. Oggi sappiamo che quelle intuizioni erano sorprendentemente lungimiranti.

Un organismo non è un progetto assemblato, ma un processo che si mantiene. Le parti emergono, persistono o scompaiono in funzione della stabilità dell'insieme. È per questo che, come osservava Georges Canguilhem nelle sue lezioni alla Sorbona negli anni Sessanta, la normalità biologica non è una media statistica, ma una capacità di istituire norme. Capacità che appartiene solo all'organismo nel suo complesso.

Accettare il primato dell'organismo significa anche cambiare il modo in cui interveniamo sulla vita. In medicina, in ecologia, perfino nelle biotecnologie. Non si tratta di rinunciare all'analisi, ma di riconoscere che l'unità di senso del vivente non è la parte, bensì la relazione organizzata delle parti.

È una rivoluzione silenziosa, senza manifesti, ma con conseguenze radicali. Come scriveva il biologo teorico Robert Rosen poco prima di morire, nel 1998 a Halifax: «*Un organismo non è spiegabile da ciò di cui è fatto, ma da ciò che rende possibile*». Una frase che riassume con precisione il cuore di questo capitolo.

PARTE TERZA. Dove la vita prende campo.

Dal pensiero di Michael Faraday:

Nel piccolo sono sempre presenti i principi del grande. Una frase nata per la fisica, ma che oggi risuona sorprendentemente biologica, quando si tenta di comprendere come l'ordine del vivente emerga senza un regista centrale.

Dal pensiero di James Clerk Maxwell:

A un certo punto non è più la materia a dominare la scena, ma le relazioni che la attraversano. Nei suoi studi sui campi, Maxwell intuì che la realtà non è fatta solo di oggetti, ma di configurazioni dinamiche che li tengono insieme.

Dopo aver mostrato, nelle parti precedenti, i limiti del paradigma riduzionista e aver introdotto la vita come fenomeno di coerenza globale, la Parte terza del libro compie un passo ulteriore e più audace: osa nominare ciò che finora è rimasto sullo sfondo. Qui entra in scena il concetto di campo biologico, non come suggestione poetica o residuo di antiche tradizioni vitalistiche, ma come tentativo rigoroso di dare un linguaggio adeguato all'organizzazione del vivente.

Il Capitolo V° si confronta direttamente con una domanda delicata: che cos'è davvero un campo biologico? Non una metafora comoda per colmare le lacune della spiegazione, ma un'ipotesi concettuale che nasce dall'osservazione di fenomeni difficilmente spiegabili in termini puramente locali. Parlare di campo significa spostare l'attenzione dall'oggetto isolato alla configurazione che lo rende ciò che è, dal "dove" al "come" della forma vivente. È un cambio di prospettiva che avvicina la biologia a quanto la fisica ha già imparato nel Novecento: che l'ordine può emergere senza contatto diretto, che l'azione può essere distribuita, che l'unità non coincide con la somma delle parti.

Nel Capitolo VI° il discorso si approfondisce ulteriormente, mettendo al centro la nozione di informazione incarnata. Qui l'informazione non è un codice astratto che galleggia sopra la materia, né un semplice flusso di segnali misurabili. È qualcosa che prende forma, che si esprime nello spazio e nel tempo, che diventa tessuto, ritmo, orientamento. La vita appare allora come un evento informativo stabilizzato: non un messaggio scritto una volta per tutte, ma un processo che si rinnova continuamente attraverso il campo che lo sostiene. In questo senso, il campo biologico diventa il luogo in cui l'informazione smette di essere un dato e diventa un comportamento.

Il Capitolo VII° affronta infine un termine tanto antico quanto controverso: energia vitale. Non per riesumarlo in chiave nostalgica, ma per rifondarlo criticamente. L'energia, qui, non è un'entità misteriosa contrapposta alla biochimica, ma una modalità organizzata di scambio, di mantenimento della coerenza, di resistenza alla dispersione. Riletta alla luce dei campi, l'energia vitale non è ciò che si aggiunge alla materia, ma ciò che la tiene insieme in una forma vivente riconoscibile.

Nel percorso complessivo del libro, questa Parte terza rappresenta un vero snodo concettuale. Se le sezioni precedenti hanno mostrato perché il riduzionismo non basta e come la vita si manifesti come coerenza globale, qui si tenta di rispondere alla domanda più impegnativa: attraverso quali strutture invisibili questa coerenza si stabilizza e si mantiene? I campi della vita non sono la conclusione del discorso, ma il suo punto di massima densità teorica: il luogo in cui biologia, fisica e riflessione filosofica iniziano a parlare una lingua comune.

Da qui in avanti, parlare di salute, malattia, conoscenza e responsabilità non sarà più possibile senza fare i conti con questa dimensione di campo, che non si vede ma organizza, non si misura direttamente ma orienta, non comanda ma rende possibile. È il passaggio in cui la biologia, finalmente, smette di descrivere soltanto di che cosa è fatta la vita e comincia a interrogarsi seriamente su che cosa la fa essere tale.

V°. Che cos'è un campo biologico.

Arrivati a questo punto del percorso, la domanda non è più se il vivente possa essere spiegato come una semplice somma di componenti, ma con quali strumenti concettuali sia possibile descriverne l'unità. Questo Capitolo V° nasce esattamente da questa esigenza: dare un nome e una consistenza teorica a ciò che, negli organismi, coordina, stabilizza e orienta i processi senza coincidere con una singola molecola, una reazione o un gene.

Il campo biologico viene qui introdotto come una realtà fisica e informativa, non come una metafora suggestiva né come un residuo di vitalismo. È un tentativo di portare nella biologia un concetto già rivelatosi decisivo in altre scienze: l'idea che l'ordine non risieda solo negli oggetti, ma nello spazio di relazioni che li rende possibili. Parlare di campo significa spostare lo sguardo dalla causalità lineare alla configurazione globale, dalla parte al contesto che le dà senso.

Nella storia della scienza, il concetto di campo emerge ogni volta che le spiegazioni basate su entità isolate mostrano i loro limiti. Un campo non è una cosa in più, ma un modo diverso di descrivere la realtà: non ciò che agisce, bensì ciò entro cui l'azione diventa possibile. Applicato alla biologia, questo concetto suggerisce che l'organismo non sia soltanto un insieme di componenti materiali, ma una configurazione dinamica che mantiene la propria identità nel cambiamento.

Come ha scritto Albert Einstein, «*un campo è una parte essenziale della descrizione fisica della realtà, non un semplice artificio matematico*». È un'affermazione nata nel contesto della fisica, ma che acquista una risonanza particolare quando si osserva la capacità degli organismi di conservare forma e funzione pur nel continuo ricambio della materia.

Uno degli obiettivi centrali di questo capitolo è tracciare un confine netto. Il campo biologico non è una forza misteriosa, non è un principio occulto che si aggiunge alla chimica e alla fisica, e non è nemmeno una scorciatoia concettuale per evitare spiegazioni difficili. Al contrario, è una proposta che richiede maggiore rigore, perché obbliga a pensare la causalità in termini distribuiti e non locali.

In questo senso risuona il monito di Richard Lewontin, quando osservava che «*le cause dei fenomeni biologici non risiedono mai in un singolo livello di organizzazione*». Il campo biologico non sostituisce i meccanismi noti, ma li organizza, li vincola, ne delimita lo spazio di espressione.

Il cuore teorico del capitolo sta qui: il campo biologico viene descritto come una struttura di possibilità. Non determina ogni evento, ma rende alcuni eventi più probabili di altri; non impone una forma rigida, ma stabilizza una coerenza. È ciò che consente a un organismo di svilupparsi in modo affidabile senza essere rigidamente programmato, di rispondere all'ambiente senza dissolversi nel caos.

Questa idea trova una formulazione sorprendentemente chiara nelle parole di Kurt Lewin, uno dei primi a usare esplicitamente il concetto di campo nei sistemi viventi: «*Il comportamento è funzione della persona e del suo campo*». Trasposta in biologia, questa affermazione suggerisce che la forma e la funzione non siano proprietà interne isolate, ma emergenze di un'interazione continua tra struttura e contesto.

Nel disegno complessivo del libro, questo capitolo svolge una funzione di passaggio cruciale. Dopo aver mostrato, nelle parti precedenti, la crisi delle spiegazioni riduzioniste e l'importanza della coerenza come firma del vivente, qui si introduce il linguaggio necessario per andare oltre. Il campo biologico diventa il concetto-ponte che permette di parlare, nei capitoli successivi, di informazione incarnata ed energia vitale senza scivolare né nel meccanicismo né nel misticismo.

Campo biologico e ambiente: una distinzione necessaria.

Quando si parla di campo biologico, l'equivoco è sempre in agguato: non sarà forse un modo elegante per indicare l'ambiente? Il suolo, la temperatura, la luce, il contesto chimico e sociale che circondano un organismo? La confusione è comprensibile, ma è proprio qui che si gioca una delle differenze più importanti di questa nuova visione della vita. Il campo biologico non coincide con l'ambiente, così come la musica non coincide con l'aria che la trasporta.

L'ambiente è ciò che circonda un organismo: un insieme di condizioni esterne, variabili, spesso contingenti. Può favorire o ostacolare la vita, nutrirla o minacciarla. Il campo biologico, invece, è intrinseco all'organismo, anche se non confinato rigidamente nei suoi confini materiali. È una realtà organizzativa che precede e coordina le interazioni con l'esterno. L'ambiente propone, il campo dispone.

Un esempio semplice, ma illuminante, viene dalla botanica sperimentale del primo Novecento. A Vienna, negli anni Venti, il fisiologo Gottlieb Haberlandt osservava come cellule vegetali isolate potessero rigenerare interi tessuti se poste nelle condizioni giuste. L'ambiente forniva nutrienti e stimoli, certo. Ma la forma che emergeva — foglia, fusto, radice — non era scritta nel terreno o nella soluzione nutritiva. Era come se la pianta "sapesse" cosa diventare. Oggi diremmo: seguiva una struttura di possibilità interna, non deducibile dall'ambiente stesso.

Il campo biologico è proprio questo: una matrice di organizzazione, una struttura informativa che orienta i processi vitali senza ridursi né alla genetica né al contesto esterno. L'ambiente agisce come un insieme di condizioni al contorno; il campo come principio di integrazione. Confondere i due significa scambiare il palcoscenico per il copione.

Un'analogia spesso usata dagli stessi scienziati dei sistemi complessi — e non da mistici di passaggio — è quella dell'orchestra. La sala da concerto, con la sua acustica, influisce sull'esecuzione: è l'ambiente. Ma la sinfonia non nasce dalla sala. È l'organizzazione interna dell'orchestra, il tempo condiviso, la coerenza tra strumenti a produrre la musica. Il campo biologico è più simile a questa coerenza dinamica che allo spazio fisico che la ospita.

Questa distinzione diventa cruciale quando osserviamo organismi capaci di mantenere una forma e un comportamento stabili in ambienti estremamente diversi. Pensiamo ai tardigradi, studiati a partire dal Settecento e diventati celebri nel XXI secolo per la loro resistenza: sopravvivono al vuoto spaziale, alle radiazioni, al gelo estremo. L'ambiente può variare in modo radicale, ma l'organismo conserva — in forma latente — la propria organizzazione. È difficile spiegare questa continuità appellandosi solo alle condizioni esterne. È molto più plausibile pensare a un campo biologico che può contrarsi, sospendersi, riattivarsi, senza dissolversi.

Dire che il campo non è l'ambiente serve anche a mettere un argine alle derive pseudoscientifiche. Non tutto ciò che "influenza" un organismo ne costituisce il campo. Il traffico cittadino, lo stress sociale, l'inquinamento luminoso hanno effetti biologici reali, documentati. Ma restano fattori ambientali. Il campo biologico non è la somma degli stimoli esterni, né una nube vaga che assorbe tutto ciò che accade intorno a un essere vivente. È una struttura specifica, con una sua coerenza interna, che dialoga con l'ambiente senza dissolversi in esso.

In questo senso, il campo biologico può essere inteso come una memoria attiva della forma, non localizzata in un punto preciso, ma distribuita nell'organismo. L'ambiente può perturbare questa memoria, facilitarla o ostacolarla, ma non la genera. È la differenza tra le condizioni meteorologiche e il clima: le prime cambiano di continuo, il secondo emerge da una coerenza di lungo periodo.

Separare concettualmente campo e ambiente ha anche una conseguenza culturale non banale. Significa riconoscere che la vita non è solo adattamento passivo a ciò che accade fuori, ma anche affermazione di una interiorità organizzata, capace di rispondere senza essere completamente determinata. In un'epoca che tende a spiegare l'umano — e il vivente in generale — come prodotto delle circostanze, questa distinzione riapre uno spazio di autonomia biologica, prima ancora che etica.

Il campo biologico, dunque, non è ciò che ci circonda, ma ciò che ci tiene insieme mentre attraversiamo ciò che ci circonda. L'ambiente cambia, il campo persiste; l'ambiente stimola, il campo organizza. Confonderli significa perdere di vista il cuore stesso del fenomeno vitale.

Abitare il mondo, non subirlo: dal concetto di "Umwelt" al campo biologico.

Per comprendere fino in fondo cosa sia un campo biologico — e cosa non sia — è utile fare un passo laterale, più che indietro, e ascoltare una voce filosofica che la biologia del Novecento ha a lungo frequentato senza mai assorbirla del tutto: quella di Jakob von Uexküll. Biologo e pensatore baltico-tedesco, attivo tra fine Ottocento e anni Trenta del secolo scorso,

Uexküll introdusse un'idea tanto semplice quanto destabilizzante: ogni organismo vive dentro un proprio *Umwelt*, un "*mondo circostante*" selezionato, significativo, ritagliato su misura dei suoi sensi e delle sue capacità d'azione.

Il celebre esempio della zecca, discusso nel suo "*Ambiente e comportamento degli animali*" (1934), è diventato quasi un racconto iniziatico per generazioni di studiosi. La zecca, sospesa su un ramo, risponde solo a tre segnali: l'odore dell'acido butirrico emanato dai mammiferi, il calore del loro corpo, la consistenza della pelle. Tutto il resto — il bosco, i colori, i suoni — semplicemente non esiste. Il suo mondo è poverissimo, ma perfettamente adeguato alla sua vita.

Qui nasce una prima, importante affinità con il concetto di campo biologico: la vita non reagisce a un ambiente oggettivo e neutro, ma a un mondo strutturato dal senso. Tuttavia, fermarsi a questa somiglianza rischia di generare un nuovo equivoco. L'*Umwelt* di Uexküll è soprattutto una costruzione percettiva e funzionale, una bolla di significati che emerge dall'incontro tra organismo e mondo. Il campo biologico, invece, opera a un livello più profondo: non definisce solo ciò che l'organismo percepisce, ma ciò che l'organismo è in grado di diventare.

In altre parole, l'Umwelt descrive il mondo così come appare a un vivente; il campo biologico descrive la coerenza interna che rende possibile quell'apparire. L'uno è fenomenologico, l'altro è organizzativo. L'Umwelt cambia se cambiano i sensi o le funzioni; il campo biologico cambia solo quando si altera la stabilità informativa dell'organismo stesso.

Un aneddoto poco noto, raccontato da un allievo di Uexküll, riguarda una discussione avvenuta ad Amburgo nel 1928, durante un seminario informale. Alla domanda se l'Umwelt fosse una proprietà del mondo o dell'organismo, Jakob von Uexküll rispose con una frase che suonava quasi provocatoria: «*Il mondo è una partitura, ma ogni organismo suona solo la sua melodia*». Una metafora potente, che però lascia aperta una domanda decisiva: chi tiene insieme la melodia nel tempo?

È qui che il concetto di campo biologico entra in gioco senza sovrapporsi. Il campo non è la melodia percepita, ma la struttura che rende possibile l'esecuzione, che mantiene la coerenza anche quando le condizioni cambiano. Due organismi possono condividere un ambiente simile e persino un Umwelt parzialmente sovrapponibile, ma avere campi biologici profondamente diversi — come accade, ad esempio, in specie diverse allevate nello stesso contesto artificiale, o in individui della stessa specie con storie di sviluppo divergenti.

Questa distinzione ha avuto eco anche fuori dalla biologia. Il filosofo Maurice Merleau-Ponty, nei corsi al Collège de France tra il 1956 e il 1959, riprese Uexküll per criticare l'idea di un organismo come macchina reattiva. Ma andò oltre, suggerendo che la forma vivente possiede una "logica interna" non riducibile né allo stimolo né alla percezione. È un passaggio sottile ma decisivo: dall'Umwelt come mondo vissuto al campo come principio di organizzazione del vivente.

Il dialogo implicito tra Uexküll e la biologia dei campi non è dunque un'adesione, ma una linea di continuità critica. Uexküll ci ha insegnato che non esiste un unico mondo per tutti gli esseri viventi. La teoria dei campi biologici aggiunge che non esiste nemmeno una spiegazione puramente esterna della forma e della stabilità della vita. Ogni organismo non solo abita un mondo, ma porta con sé le regole della propria abitabilità.

In questo senso, il campo biologico non sostituisce l'Umwelt, ma lo presuppone e lo supera. Se l'Umwelt è il mondo così come appare a un vivente, il campo è ciò che permette a quel vivente di avere un mondo, di mantenerlo coerente, di riconfigurarlo senza dissolversi. Una differenza sottile, ma decisiva, che segna il passaggio da una biologia della percezione a una biologia del senso.

La forma che si mantiene da sola: sviluppo, stabilità e campi della vita.

Una delle domande più antiche della biologia è anche una delle più disarmanti nella sua semplicità: chi decide la forma di un organismo? Chi "dice" a una cellula di diventare parte di un fegato e a un'altra di trasformarsi in neurone? Per molto tempo la risposta implicita è stata rassicurante: da qualche parte deve esistere un centro di controllo, un programma, una cabina di regia molecolare. Ma più la biologia ha guardato da vicino lo sviluppo, più questo centro ha iniziato a svanire.

L'idea di campo biologico nasce proprio da qui: dal riconoscimento che la stabilità delle forme viventi non richiede un controllo centrale, ma emerge da una regolazione distribuita, coerente, continuamente negoziata tra le parti. Non c'è un direttore, eppure la sinfonia procede.

Un episodio storico spesso ricordato nei corridoi dei dipartimenti di embriologia risale agli anni Venti del Novecento, all'Istituto Kaiser Wilhelm di Berlino. L'embriologo Hans Spemann, futuro premio Nobel (1935), mostrò che un embrione di salamandra, anche se parzialmente danneggiato o riorganizzato, era capace di svilupparsi in modo sorprendentemente ordinato. Tagliando, spostando, perfino ruotando porzioni di tessuto embrionale, la forma finale tendeva comunque a ricomporsi. Non perfetta, certo, ma riconoscibile.

Il punto cruciale non era la "plasticità" in sé — parola oggi inflazionata — bensì il fatto che l'embrione sembrava sapere dove stava andando, anche quando le condizioni iniziali venivano alterate. Spemann parlava di "campi morfogenetici", un'espressione che all'epoca suonava più descrittiva che esplicativa, ma che oggi possiamo rileggere come un'intuizione fondamentale: lo sviluppo non è una catena lineare di istruzioni, bensì un processo regolato da vincoli globali.

Questa regolazione non funziona come un piano urbanistico imposto dall'alto, ma piuttosto come l'autoregolazione di una città storica. Chiunque abbia passeggiato a Venezia lo sa: non c'è una simmetria perfetta, eppure l'insieme tiene. Le calli si adattano, gli spazi si compensano, le funzioni emergono dall'uso. Allo stesso modo, nel campo biologico, ogni cellula risponde a segnali locali, ma lo fa all'interno di una configurazione di possibilità che limita e orienta le scelte.

Negli anni Settanta, il biologo dello sviluppo Lewis Wolpert propose il celebre modello del "gradiente", illustrato con l'immagine della bandiera francese: cellule identiche assumono destini diversi a seconda della loro posizione. L'idea ebbe enorme successo, ma lasciava aperta una questione cruciale: chi mantiene stabile il gradiente? Chi garantisce che, nonostante rumore, errori e fluttuazioni, lo schema complessivo non collassi?

È qui che il concetto di campo biologico mostra la sua forza esplicativa. Il campo non impartisce ordini, stabilisce relazioni. Non dice alla singola cellula cosa fare in modo deterministico, ma definisce lo spazio delle risposte possibili, rendendo alcune traiettorie di sviluppo più probabili e altre praticamente inaccessibili. La forma non è imposta, è attratta.

Un esempio meno noto ma illuminante proviene da studi condotti a Heidelberg nei primi anni Duemila su aggregati cellulari tridimensionali, oggi chiamati organoidi. Quando cellule staminali vengono lasciate interagire senza una guida esterna dettagliata, spesso generano strutture sorprendentemente ordinate: strati, cavità, simmetrie rudimentali. Non perché "sappiano" cosa devono diventare, ma perché il campo di interazioni che si crea tra di loro canalizza lo sviluppo verso configurazioni stabili.

In questo senso, la stabilità della forma non è rigidità. È resilienza. È la capacità di assorbire perturbazioni senza perdere identità. Un campo biologico efficace non elimina l'errore: lo integra

Questa prospettiva ha conseguenze profonde. Se lo sviluppo è regolato da un campo e non da un centro, allora la forma vivente è il risultato di una coerenza dinamica, non di un progetto rigido. L'organismo non esegue un piano: si mantiene in forma mentre cambia. E proprio questa capacità di mantenersi — più che di obbedire — è il segno distintivo della vita.

Le forme che attirano: perché la vita sceglie alcune strade più di altre.

Se osserviamo lo sviluppo di un organismo — da una singola cellula a una forma complessa — la tentazione è sempre la stessa: immaginare una sequenza di istruzioni eseguite passo dopo passo. Eppure, chi ha avuto occasione di lavorare con sistemi viventi reali sa che lo sviluppo somiglia meno a una ricetta e più a una discesa in un paesaggio. Alcuni sentieri sono scivolosi, altri portano naturalmente verso valli profonde. È qui che la biologia matematica ha introdotto una metafora potente e sorprendentemente concreta: quella degli attrattori.

Il termine nasce nel contesto dei sistemi dinamici, tra fisica e matematica, ma trova una casa naturale nella biologia del Novecento. Un attrattore è uno stato verso cui un sistema tende spontaneamente, anche partendo da condizioni iniziali diverse. Negli anni Quaranta, il matematico e biologo Conrad Hal Waddington, lavorando a Cambridge, propose l'immagine oggi celebre del paesaggio epigenetico: una pallina che rotola lungo una superficie ondulata, imboccando valli sempre più definite. Ogni valle rappresenta una forma stabile, un destino possibile dello sviluppo.

Waddington disegnava queste immagini a mano, spesso su lavagne ingrigite dal gesso, durante discussioni animate con colleghi e studenti. Non erano semplici illustrazioni didattiche: erano un modo per dire che la forma non viene costruita pezzo per pezzo, ma emerge perché alcune configurazioni sono intrinsecamente più stabili di altre. In termini moderni, potremmo dire che il campo biologico crea il paesaggio, mentre gli attrattori ne sono le valli.

Questo aiuta a chiarire un punto cruciale del capitolo: non tutte le forme sono ugualmente probabili. In un organismo in sviluppo, alcune architetture sono “facili”, altre quasi irraggiungibili. Non perché proibite da una legge esterna, ma perché il campo di interazioni — genetiche, biofisiche, temporali — rende certe soluzioni estremamente robuste. È lo stesso principio per cui, come osservava il fisico Ilya Prigogine negli anni Sessanta a Bruxelles, i sistemi lontani dall’equilibrio non producono caos indiscriminato, ma ordine preferenziale.

Un aneddoto raccontato da un ricercatore dell’Institut Pasteur nei primi anni Novanta rende bene l’idea. Durante esperimenti su reti genetiche artificialmente perturbate, il sistema “ritornava” sempre a pochi stati ricorrenti, come se ignorasse molte delle possibilità teoriche. «*Era come spingere una biglia fuori da una conca e vederla rotolare ostinatamente nello stesso punto*». Quei punti erano attrattori: stati stabili definiti non da un comando, ma dalla geometria complessiva del sistema.

Nel linguaggio della biologia dei campi, gli attrattori non sono entità astratte: sono forme incarnate, configurazioni verso cui l’organismo tende perché il campo biologico le rende coerenti. Questo spiega un fenomeno noto a chi studia la morfologia comparata: specie diverse, anche lontane filogeneticamente, possono convergere su forme simili. Non è solo selezione naturale a spiegare queste convergenze, ma il fatto che alcune soluzioni morfologiche occupano regioni profonde del paesaggio degli attrattori.

Un parallelo culturale aiuta a fissare l’idea. Lo storico dell’arte Ernst Gombrich osservava che, in epoche e luoghi diversi, certi schemi figurativi tendono a riemergere. Non perché gli artisti si copino, ma perché alcune soluzioni visive “funzionano” meglio di altre. Allo stesso modo, in biologia, il campo non impone una forma, ma favorisce quelle che si mantengono, che resistono alle fluttuazioni, che assorbono l’errore senza perdere identità.

In questa prospettiva, il campo biologico può essere visto come il contesto che definisce il paesaggio degli attrattori. Non un programma, non una forza misteriosa, ma una struttura di possibilità che rende alcune traiettorie di sviluppo più naturali, più accessibili, quasi inevitabili.

Dall'ordine al senso: come il campo trasforma l'informazione in forma vivente.

Arrivati a questo punto del percorso, il campo biologico non può più essere pensato come un semplice sfondo, né come un'idea elegante buona per tenere insieme fenomeni difficili da spiegare. Se il campo è reale, se struttura le possibilità dell'organismo e stabilizza alcune forme rispetto ad altre, allora la domanda diventa inevitabile: che tipo di informazione è quella che il campo veicola?

Non l'informazione passiva di un archivio, fatta di dati in attesa di essere letti, ma qualcosa di più vicino a ciò che il fisico Donald MacKay chiamava, già negli anni Cinquanta a Londra, informazione efficace: informazione che fa differenza, che orienta un processo. In biologia, il campo non "contiene" messaggi come una biblioteca contiene libri; piuttosto, modula il comportamento del sistema nel tempo, rendendo alcune risposte probabili e altre improbabili.

Un episodio raccontato nei corridoi del "*Marine Biological Laboratory*" di Woods Hole, nel Massachusetts, aiuta a chiarire questo passaggio concettuale. Negli anni Ottanta, osservando colture cellulari apparentemente identiche, alcuni ricercatori notarono che la stessa perturbazione produceva esiti sistematicamente diversi a seconda della storia del sistema. Non c'era nuova informazione genetica in gioco, né variazioni ambientali evidenti. A cambiare era lo stato globale di organizzazione: ciò che oggi chiameremmo informazione distribuita, incorporata nel campo di relazioni.

Qui il campo biologico mostra il suo volto più interessante: non istruisce, orienta. Non comanda, predispone. È un'informazione che opera per vincoli e possibilità, non per ordini espliciti. Un po' come accade in musica: la tonalità di un brano non dice al musicista quale nota suonare, ma rende alcune sequenze naturali e altre stridenti. Il compositore György Ligeti, in una conversazione del 1969 a Berlino, parlava di "*campi di tensione sonora*" entro cui la musica prende forma. La metafora non è biologica, ma il meccanismo concettuale è sorprendentemente affine.

Pensare il campo come informazione attiva permette anche di superare un equivoco diffuso: che l'informazione biologica coincida con il DNA. Il genoma fornisce condizioni necessarie, ma non sufficienti. È il campo che trasforma quelle potenzialità in traiettorie concrete, attualizzando l'informazione nel tempo. Come notava il biologo teorico Howard Pattee negli anni Settanta, l'informazione diventa biologicamente rilevante solo quando è inserita in un sistema capace di interpretarla e usarla. Il campo è precisamente questo contesto interpretativo.

In questa luce, l'organismo appare come una struttura informativa stabilizzata, non perché immobile, ma perché capace di mantenere coerenza mentre cambia. L'informazione non è ciò che l'organismo possiede, ma ciò che accade attraverso di esso. Il campo, allora, non è un'entità aggiuntiva, bensì la modalità con cui l'informazione diventa efficace, corporea, situata.

Questo passaggio concettuale prepara naturalmente il terreno al capitolo successivo. Se il campo è informazione che agisce, il passo seguente non può che essere chiedersi come l'informazione prenda forma, come diventi tessuto, gesto, funzione. Non più il che cosa dell'informazione, ma il come della sua incarnazione. È lì che la biologia dei campi incontra, senza forzature, una nuova idea di vita: non come macchina che esegue istruzioni, ma come processo che dà senso alle proprie possibilità.

Dal magnete all'organismo: breve storia di un'idea chiamata campo.

Per capire che cosa si intenda oggi per campo biologico, occorre fare un passo indietro — anzi, più di uno — e tornare al momento in cui la scienza ha iniziato a sospettare che la realtà non fosse fatta solo di oggetti, ma anche di relazioni estese nello spazio e nel tempo. Il concetto di campo nasce proprio da questa intuizione, e non in biologia.

All'inizio dell'Ottocento, nei laboratori improvvisati e spesso freddi dell'Europa industriale, la fisica si scontrava con un problema imbarazzante: come spiegare l'azione a distanza. Quando Michael Faraday, figlio di un fabbro londinese e autodidatta geniale, osservava le linee di limatura di ferro disporsi intorno a un magnete, aveva l'impressione che lo spazio stesso fosse diventato attivo. Non c'era un contatto diretto, non c'erano ingranaggi invisibili: c'era qualcosa che strutturava lo spazio. Faraday parlava di linee di forza, e per molti suoi contemporanei sembrava più un poeta che uno scienziato.

Fu James Clerk Maxwell, qualche decennio dopo, a dare dignità matematica a quell'intuizione. Con le sue equazioni, pubblicate negli anni Sessanta dell'Ottocento, il campo elettromagnetico smette di essere un espediente concettuale e diventa una realtà fisica autonoma. Non è più solo il modo di descrivere l'interazione tra cariche: è qualcosa che esiste, si propaga, trasporta energia. Come scriverà più tardi Einstein, «*il campo è la realtà fisica fondamentale*».

Questo passaggio è cruciale. Con il campo, la scienza inizia a pensare la natura non più come una collezione di oggetti isolati, ma come una trama continua di influenze, in cui ciò che conta non è solo cosa c'è, ma come è distribuito. Nel Novecento, questa idea si radicalizza: la meccanica quantistica introduce campi che non descrivono solo ciò che accade, ma le probabilità di ciò che può accadere. A Göttingen e Copenaghen, tra gli anni Venti e Trenta, il campo diventa una struttura di possibilità prima ancora che di eventi.

Il salto verso i sistemi complessi avviene quando questa logica viene estesa oltre la fisica fondamentale. Nella seconda metà del Novecento, studiosi provenienti da discipline diverse iniziano a usare il concetto di campo per descrivere fenomeni collettivi: dalle dinamiche atmosferiche alle reti ecologiche, fino ai sistemi sociali. Al Santa Fe Institute, fondato nel 1984 nel New Mexico, fisici, biologi ed economisti condividono una convinzione: alcuni comportamenti emergono non dalle parti prese singolarmente, ma dalla configurazione globale del sistema.

Qui il campo smette definitivamente di essere un'entità esotica e diventa un modo rigoroso di pensare l'organizzazione. Un campo non è una cosa, ma una condizione strutturante: definisce vincoli, distribuisce influenze, coordina dinamiche senza bisogno di un centro di comando. È una nozione che prepara il terreno alla biologia dei campi, perché mostra come sia possibile spiegare ordine e stabilità senza ricorrere né a un progettista esterno né a una somma di cause locali.

Un aneddoto raccontato da un ingegnere coinvolto nei primi studi sul traffico urbano a Stoccarda, negli anni Settanta, è illuminante. Modificando leggermente la distribuzione temporale dei semafori — senza toccare il numero di auto né le strade — cambiava l'intero flusso della città. «*Non abbiamo agito sui veicoli ma sul campo delle possibilità*». È lo stesso principio che, trasposto in biologia, permette di pensare l'organismo come immerso in un campo che orienta i processi vitali prima ancora di determinarli.

Quando il concetto di campo entra nelle scienze della vita, porta con sé questa eredità: l'idea che la causalità non sia solo lineare, che lo spazio e il tempo contino, che l'organizzazione abbia una realtà propria. Parlare di campo biologico significa dunque collocarsi in una tradizione scientifica solida, che va da Faraday ai sistemi complessi, e che invita a guardare la vita non come un assemblaggio di parti, ma come una forma di ordine esteso, dinamico, informato.

Esiste davvero un campo? Il realismo scientifico alla prova dell'invisibile.

Quando il concetto di campo entra stabilmente nella scienza, non porta con sé solo nuove equazioni o modelli più eleganti, ma apre una domanda che attraversa tutto il Novecento: il campo esiste davvero o è soltanto un modo utile di parlare del mondo? È una questione meno astratta di quanto sembri, perché tocca il cuore del realismo scientifico, ovvero l'idea che le teorie scientifiche descrivano — almeno in parte — la struttura reale della natura.

Il dibattito si accende soprattutto tra gli anni Trenta e Sessanta, quando la fisica dei campi diventa il linguaggio dominante per descrivere l'elettromagnetismo, la gravità e, più tardi, le interazioni fondamentali. A Vienna, Berlino e Cambridge, filosofi e scienziati si interrogano su che cosa stiano davvero facendo quando parlano di campi. Moritz Schlick, figura centrale del Circolo di Vienna, tendeva a considerarli strumenti concettuali potenti, ma privi di un'autonomia ontologica: ciò che conta, per lui, è la capacità di una teoria di organizzare l'esperienza osservabile.

Di segno opposto è l'atteggiamento di Albert Einstein, che in una lettera del 1952 a Max Born scriveva che il campo non era una finzione matematica, ma «*l'unica realtà fisica degna di questo nome*». Per Einstein, ridurre il campo a un linguaggio conveniente significava perdere ciò che la fisica aveva faticosamente conquistato: l'idea che la realtà non coincida necessariamente con ciò che è direttamente osservabile.

Questa tensione attraversa tutta la filosofia della scienza del Novecento. Karl Popper, pur critico verso ogni metafisica mascherata da scienza, difendeva una forma di realismo "congetturale": i campi non sono osservabili, ma sono ipotesi audaci che resistono ai tentativi di confutazione. Bas van Fraassen, invece, negli anni Ottanta, con il suo empirismo costruttivo, propone una posizione più prudente: non siamo obbligati a credere che i campi esistano, basta che le teorie che li utilizzano siano empiricamente adeguate.

Un aneddoto raccontato da uno studente presente a un seminario a Princeton nel 1967 restituisce bene il clima dell'epoca. Dopo una discussione accesa sull'ontologia dei campi quantistici, un fisico anziano avrebbe chiuso il dibattito dicendo: «*Non so se il campo esiste, ma so che senza di lui non so più lavorare*». È una battuta, ma coglie un punto essenziale: il campo si impone come necessità concettuale, prima ancora che come entità metafisica.

Questo sfondo filosofico è fondamentale per comprendere il passo verso la biologia dei campi. Quando oggi si parla di campo biologico, la domanda non è se stiamo introducendo qualcosa di "misterioso", ma se stiamo riconoscendo una struttura reale dell'organizzazione vivente, analoga — per statuto epistemologico — ai campi della fisica. La lezione del Novecento è chiara: molte entità scientifiche sono state prima strumenti, poi realtà accettate. Gli atomi, i geni, persino i quark hanno attraversato questa soglia.

Il campo, in questa prospettiva, non è né un oggetto materiale né una semplice convenzione linguistica. È una entità teorica con potere esplicativo, la cui realtà si misura dalla capacità di rendere intelligibili fenomeni altrimenti frammentari. Applicato alla biologia, questo atteggiamento invita a una forma di realismo sobrio: il campo biologico non va ipostatizzato, ma nemmeno ridotto a metafora. Come accade spesso nella storia della scienza, la sua "esistenza" coincide con la sua fecondità.

Perché "campo" non passa mai di moda: una parola che pensa la complessità.

Ci sono parole che invecchiano rapidamente, schiacciate dal progresso delle teorie che le hanno generate. E ce ne sono altre che, al contrario, sembrano attraversare i decenni — talvolta i secoli — cambiando contesto senza perdere precisione. "Campo" appartiene decisamente a questa seconda categoria. È una parola che la scienza continua a usare non per nostalgia, ma per necessità. E questo, per chi si occupa di biologia dei campi, non è un dettaglio linguistico: è un indizio epistemologico.

Il termine entra nella scienza moderna con una certa timidezza. Michael Faraday, autodidatta geniale che nel 1831 lavorava nei sotterranei della Royal Institution di Londra, parlava di "*lines of force*" più che di campi nel senso matematico successivo. Disegnava, letteralmente, ciò che non si vedeva: limatura di ferro che si disponeva in forme eleganti attorno a un magnete. Era un linguaggio visivo, quasi artigianale. Ma già lì si intravedeva qualcosa di decisivo: l'idea che lo spazio non fosse un vuoto neutro, bensì una regione strutturata, portatrice di relazioni.

Da allora, campo diventa una parola di confine. Non indica un oggetto, non coincide con una sostanza, non è riducibile a una forza puntuale. È piuttosto una modalità di descrizione della realtà che consente di parlare di continuità, influenza distribuita, organizzazione senza centro. Ed è proprio questa duttilità controllata che ne spiega la straordinaria longevità.

Un episodio raccontato negli anni Settanta nei corridoi del MIT da un giovane ricercatore in teoria dei sistemi è emblematico. Durante una discussione accesa sul lessico da adottare per descrivere certi comportamenti collettivi, qualcuno propose di abbandonare il termine campo perché "troppo vago". La risposta, secca, arrivò da un matematico applicato: «*Non è vago, è generale. E la generalità, quando è ben ancorata, è una virtù*». La parola rimase.

Il punto è che campo funziona bene perché mantiene un equilibrio raro tra immaginabilità e rigore. Evoca uno spazio di possibilità — un campo agricolo, un campo visivo, un campo d'azione — ma allo stesso tempo accetta una formalizzazione precisa quando serve. Non è un caso che la parola attraversi discipline lontane: dalla fisica alla biologia, dalla sociologia di Pierre Bourdieu (che negli anni Novanta parlava di campi sociali con sorprendente accuratezza concettuale) fino alle scienze cognitive. Ogni volta cambia ciò che riempie il campo, ma non cambia la logica che lo sostiene.

Nel contesto biologico, questa persistenza linguistica è tutt'altro che innocente. Parlare di campo biologico significa scegliere una parola che non promette più di quanto possa mantenere, ma che neppure riduce la vita a un elenco di componenti. Campo suggerisce una realtà distribuita, storicamente stabilizzata, capace di guidare processi senza comandarli. È una parola che lascia spazio al tempo, alla forma, alla regolazione, senza cadere nella tentazione di un meccanismo rigido.

Il linguista Émile Benveniste osservava, in un corso al Collège de France nel 1969, che alcune parole scientifiche sopravvivono perché «*organizzano l'esperienza prima ancora di spiegarla*». Campo è una di queste. Non descrive solo ciò che sappiamo, ma anche come siamo disposti a cercare. E forse è per questo che, ogni volta che la scienza si trova di fronte a fenomeni complessi — dallo sviluppo embrionale alle dinamiche collettive — quella parola ritorna, discreta ma indispensabile.

In questo senso, il campo non è soltanto un concetto: è un gesto linguistico che riflette una scelta di metodo. Preferire il termine "campo" significa accettare che la realtà biologica non si lasci catturare tutta in entità isolate, ma richieda un linguaggio capace di tenere insieme relazioni, vincoli e possibilità. Una parola che resiste così a lungo, forse, non lo fa per inerzia, ma perché continua a dire qualcosa di vero.

Perché proprio un campo? La parola giusta per raccontare la vita organizzata.

Quando la biologia si è trovata, nel corso del Novecento, a fare i conti con fenomeni che sfuggivano alla somma delle parti — lo sviluppo di una forma, la stabilità di un organismo, la capacità di rigenerazione — ha spesso cercato nuove metafore. Ma il campo non è una metafora arrivata per caso: è un concetto che la scienza aveva già temprato altrove, e che sembrava fatto apposta per descrivere organizzazioni distribuite, senza un centro di comando, ma tutt'altro che caotiche.

Il campo nasce in fisica per risolvere un problema concreto: spiegare come un corpo possa influenzarne un altro a distanza senza ricorrere a forze misteriose. Ma, nel farlo, introduce un'idea più generale: l'azione non passa più da un oggetto all'altro, bensì attraverso una struttura spaziale continua, che rende certe configurazioni possibili e altre no. È questa logica — più che i dettagli matematici — che rende il concetto sorprendentemente adatto alla biologia.

Un biologo dello sviluppo che osserva un embrione non vede una sequenza di istruzioni eseguite in ordine, ma un processo in cui le cellule "sanno" dove andare e cosa diventare senza che nessuna di esse possieda la mappa completa. È una situazione che ricorda, più di quanto si ammetta, quella descritta da un campo fisico: condizioni locali guidate da una organizzazione globale.

Il punto cruciale è che il campo consente di pensare l'organismo come unità estesa nel tempo e nello spazio. A differenza di concetti come "programma" o "macchina", troppo legati a una logica sequenziale e centralizzata, il campo suggerisce un ordine emergente, capace di mantenersi anche quando alcune parti vengono perturbate. Non a caso, nei primi studi sui sistemi complessi tra Santa Fe e Los Alamos negli anni

Ottanta, il linguaggio dei campi riemerge per descrivere dinamiche collettive robuste, in cui la forma persiste nonostante il ricambio continuo dei componenti.

C'è anche una ragione culturale più sottile. Il concetto di campo è intrinsecamente relazionale: non descrive "cose", ma disposizioni, gradienti, vincoli. Ed è proprio questo che sembra mancare quando si prova a raccontare il vivente solo in termini di molecole. Un organismo non è fatto solo di ciò che contiene, ma di come ciò che contiene è tenuto insieme. Il campo diventa allora il nome di questa tenuta, di questa coerenza dinamica.

Nel 1973, durante una conferenza a Heidelberg sulla morfogenesi, un fisico prestato alla biologia osservò che il campo aveva un vantaggio decisivo: «*Non dice chi comanda, ma che cosa è possibile*». È una frase che chiarisce perché questo concetto, più di altri, si presti a descrivere il vivente. La vita non segue ordini, esplora possibilità stabilizzate.

Parlare di campo biologico, in questa fase preliminare, non significa dunque introdurre un'entità esotica, ma riconoscere che l'organizzazione del vivente assomiglia più a una struttura di possibilità attive che a un meccanismo lineare. Il campo è il concetto che meglio tiene insieme forma, stabilità e adattabilità senza ridurre l'una all'altra. Ed è per questo che, quando la biologia cerca una parola capace di reggere la complessità della vita, finisce — ancora una volta — per tornare lì.

Cosa un campo biologico non è.

Ogni concetto potente corre un rischio: quello di essere usato troppo, e male. È accaduto al termine energia, è accaduto al quantum, e inevitabilmente accade anche al campo. In biologia, dove la complessità del vivente sfida le spiegazioni semplici, il campo biologico può diventare una parola rifugio: evocativa, rassicurante, ma pericolosamente ambigua. Fare chiarezza su ciò che non è un campo biologico non è un esercizio difensivo, bensì un atto di precisione scientifica.

Anzitutto, un campo biologico non è una forza misteriosa che agisce dall'esterno sull'organismo. Non è un'entità che "avvolge" il corpo come un'aura colorata, né una presenza invisibile dotata di intenzioni proprie. L'idea di un principio vitale che aleggia sopra la materia appartiene a una lunga tradizione culturale, rispettabile dal punto di vista storico, ma non confondibile con un concetto scientifico operativo. Come ricordava il fisiologo francese Claude Bernard già nel 1865, «*invocare una forza vitale non spiega i fenomeni, li rinvia soltanto*».

Il campo biologico non è nemmeno una sostanza energetica misurabile come un fluido, accumulabile o trasferibile a piacimento. Qui l'equivoco nasce spesso dal linguaggio quotidiano della scienza. Il fisico Richard Feynman, in una celebre lezione a Caltech nel 1961, ammoniva gli studenti: «*L'energia non è una cosa, è un numero che rimane costante*». Trasportare questa lezione in biologia significa evitare di immaginare il campo come un "qualcosa" che scorre o si consuma. Il campo non è carburante della vita: è una modalità di organizzazione.

Un'altra confusione frequente riguarda il rapporto con la fisica quantistica. Il campo biologico non è un campo quantistico travestito, né richiede di invocare entanglement o collassi d'onda per spiegare ogni proprietà del vivente. Negli anni Settanta, il fisico Wolfgang Pauli — in una lettera privata oggi conservata al CERN — si lamentava dell'uso inflazionato del termine "quantico" fuori dal suo dominio di validità. Aveva ragione: il richiamo al quantistico diventa pseudoscientifico quando sostituisce l'argomentazione con l'allusione.

Questo non significa negare i fondamenti fisici della vita, ma riconoscere che il campo biologico opera a un livello descrittivo diverso, dove contano la stabilità delle forme, la regolazione collettiva, la coerenza funzionale. Confonderlo con un fenomeno quantistico diretto equivale a usare un microscopio per orientarsi in una città: strumento affascinante, ma inadatto allo scopo.

Importante è anche distinguere il campo biologico da una semplice metafora linguistica. Non è un modo elegante per dire "contesto" o "ambiente interno". Se così fosse, non aggiungerebbe nulla alla comprensione dei fenomeni. Il campo, per avere dignità scientifica, deve implicare conseguenze osservabili: stabilità delle forme, capacità di recupero, limiti alle variazioni possibili. Quando resta solo una parola suggestiva, smette di essere un concetto e diventa retorica.

Infine, il campo biologico non è una scorciatoia epistemologica per evitare il lavoro sperimentale. Non serve a colmare buchi di conoscenza con affermazioni vaghe. Al contrario, è un concetto esigente: chiede modelli, predizioni, confronti con i dati. Come osservava il biologo britannico Peter Medawar nel 1967, «*le cattive spiegazioni sono quelle che spiegano tutto e quindi niente*».

Chiarire ciò che un campo biologico non è significa, paradossalmente, rafforzarne la portata. Liberato dalle incrostazioni mistiche e dagli abusi linguistici, il campo può tornare a essere ciò che promette: uno strumento concettuale rigoroso per pensare l'organizzazione del vivente senza tradirne la complessità.

Dall'equilibrio al segno: storie lente di idee difficili.

La storia della biologia non procede solo per scoperte improvvise, ma anche per parole incerte, concetti che restano a lungo sulla soglia tra il dire e il capire. Idee che sembrano vaghe, talvolta sospette, prima di diventare indispensabili. Il campo biologico appartiene a questa genealogia. Per comprenderne il destino possibile, vale la pena guardare a due esempi illustri che hanno attraversato decenni di ambiguità prima di trovare una collocazione rigorosa: l'omeostasi e l'epigenetica.

Quando Walter Bradford Cannon coniò il termine "*homeostasis*" nel 1926, ad Harvard, l'intento era chiaro ma il terreno scivoloso. Descrivere la capacità degli organismi di mantenere condizioni interne relativamente stabili sembrava, a molti fisiologi, un modo elegante per mascherare l'ignoranza sui meccanismi reali. In una recensione apparsa su *Science* nel 1933, un collega osservava con ironia che l'omeostasi «*rischiava di diventare un nome nuovo per un vecchio mistero*». Non aveva tutti i torti: per anni il concetto oscillò tra spiegazione e descrizione, tra principio organizzativo e semplice constatazione empirica.

Eppure, col tempo, l'omeostasi si rivelò feconda proprio perché non riducibile a un singolo meccanismo. Non era una pompa, né un circuito specifico, ma una logica di regolazione distribuita. La sua forza stava nell'unificare fenomeni diversi — dalla glicemia alla temperatura corporea — sotto un principio comune. Solo più tardi, con lo sviluppo della cibernetica e dei sistemi di feedback, quel concetto trovò strumenti adeguati a essere formalizzato senza perdere generalità.

Un destino simile, ma ancora più accidentato, ha avuto l'*epigenetica.* Quando Conrad Hal Waddington parlava di "*epigenetic landscape*" a Cambridge negli anni Quaranta, disegnando colline e vallate per rappresentare lo sviluppo embrionale, molti genetisti lo accusavano di usare metafore al posto di geni. Il suo linguaggio sembrava più vicino all'arte che alla scienza dura. Eppure, quella metafora conteneva un'intuizione decisiva: che tra genotipo e fenotipo esistesse uno spazio di regolazione non riducibile alla sequenza del DNA.

Per decenni l'epigenetica restò una terra di nessuno. Troppo concreta per la filosofia, troppo teorica per la genetica molecolare nascente. Solo alla fine del Novecento, con la scoperta dei meccanismi di metilazione del DNA e delle modifiche istoniche, il termine venne "riabilitato". Ma a un prezzo: restringerne il significato. Molti biologi, oggi, usano epigenetico in senso tecnico, quasi chimico, dimenticando la portata originaria dell'idea di Waddington. Un destino paradossale: per diventare accettabile, il concetto ha dovuto perdere parte della sua ambizione.

Il campo biologico si colloca in una posizione analoga, ma non identica. Come l'omeostasi, riguarda la stabilità globale dell'organismo; come l'epigenetica, tocca il problema della forma e della regolazione senza ridurle a istruzioni locali. Ma, a differenza di entrambe, il campo non nasce per colmare un vuoto meccanicistico specifico. Nasce piuttosto come tentativo di nominare una dimensione organizzativa che emerge quando le spiegazioni lineari mostrano i loro limiti.

La storia suggerisce prudenza e pazienza. Concetti di confine non si chiariscono in fretta. Attraversano fasi di abuso, di rifiuto, di riduzione forzata. Un aneddoto raccontato dallo storico della scienza Evelyn Fox Keller ricorda che, durante un seminario al MIT nei primi anni Ottanta, un ricercatore definì l'epigenetica «*una parola elegante per ciò che non sappiamo ancora misurare*». Oggi, quella stessa parola è al centro della biologia dello sviluppo e della medicina.

La differenza decisiva sta nel modo in cui questi concetti vengono trattati. Quando sono usati come tappabuchi retorici, diventano fragili. Quando invece sono assunti come problemi aperti, capaci di orientare la ricerca senza pretendere di chiuderla, possono maturare. Il campo biologico, come l'omeostasi e l'epigenetica prima di lui, chiede tempo, strumenti adeguati e una disciplina linguistica rigorosa. Non promette soluzioni rapide, ma una nuova grammatica per descrivere il vivente.

Il campo come struttura di possibilità.

C'è un paradosso che accompagna da sempre lo studio degli organismi viventi: la loro affidabile regolarità convive con una sorprendente elasticità. Un embrione segue tappe riconoscibili, eppure sa correggere errori; un tessuto mantiene la propria identità, ma può rimodellarsi; un organismo resiste alle perturbazioni senza irrigidirsi. Parlare di campo biologico come struttura di possibilità nasce proprio da qui: dal tentativo di descrivere come la vita mantenga la forma senza essere prigioniera di uno schema rigido.

L'idea non è che l'organismo "contenga" una forma già scritta in ogni dettaglio, ma che operi entro uno spazio di possibilità strutturato, dove alcune configurazioni sono stabili, altre improbabili, altre ancora semplicemente impossibili. Il campo, in questo senso, non impone risultati puntuali: delimita, orienta, rende plausibile. È una grammatica più che un copione.

Un episodio spesso citato nei seminari di biologia dello sviluppo, e che ebbe una certa eco già negli anni Sessanta, riguarda le salamandre del genere Ambystoma studiate nei laboratori dell'Università dell'Indiana. Quando un arto viene amputato, la rigenerazione non produce una massa cellulare casuale, ma ricostruisce una zampa coerente per dimensioni e proporzioni. Non perché ogni cellula "sappia" cosa fare in isolamento, ma perché l'intero sistema opera entro un campo che stabilizza alcune soluzioni formali e ne esclude altre. Non cresce una mano sul posto di una zampa, né una zampa infinita. La forma emerge come esito probabile, non come comando centrale.

Qui la nozione di stabilità va intesa con cautela. Non è immobilità. È, piuttosto, robustezza dinamica. Un organismo resta se stesso non perché non cambia, ma perché cambia entro limiti che preservano la sua organizzazione. Nel 1975, durante una conferenza a Woods Hole, il biologo cellulare Paul Weiss osservò con una battuta rimasta celebre tra gli addetti ai lavori: «*La vita non difende uno stato, difende una relazione*». È una frase che coglie bene il senso del campo come struttura di possibilità: ciò che resta stabile non è la materia, ma la coerenza delle relazioni.

Anche la regolazione biologica, vista da questa prospettiva, perde il carattere di un controllo "a cascata". Non c'è un direttore d'orchestra nascosto nei geni o nel cervello embrionale. La regolazione avviene perché il campo rende alcune deviazioni autocorrettive. Quando una parte devia troppo, l'organismo non deve "decidere" cosa fare: rientra naturalmente in una configurazione compatibile. È un comportamento che ricorda più l'architettura che l'ingegneria di precisione. Come nelle grandi cattedrali gotiche — Chartres è spesso citata dagli storici dell'arte per questo — la stabilità nasce dalla distribuzione delle forze, non da un singolo pilastro miracoloso.

Parlare di campo come struttura di possibilità aiuta anche a evitare un equivoco frequente: quello di confondere la forma con un risultato estetico o geometrico. In biologia, la forma è sempre funzionale, ma non nel senso utilitaristico immediato. È funzionale perché è sostenibile nel tempo, perché può reggere fluttuazioni energetiche, rumore molecolare, stress ambientali. Il campo seleziona forme che "stanno in piedi" biologicamente, prima ancora che siano vantaggiose in senso evolutivo.

In questo quadro, la stabilità non è un freno all'innovazione, ma la sua condizione. Solo un sistema sufficientemente stabile può permettersi variazioni senza collassare. Il campo non soffoca il possibile: lo organizza, lo rende abitabile. È una visione della vita meno meccanica e meno romantica, ma forse più realistica: la vita come equilibrio aperto tra vincolo e libertà.

VI°. Informazione che prende forma.

Se il capitolo precedente ha introdotto l'idea di campo biologico come realtà organizzante, questo sesto capitolo compie un passo ulteriore e, in un certo senso, più delicato: chiarisce che cosa intendiamo davvero per informazione quando parliamo di vita. Non è un dettaglio terminologico. È il punto in cui molte metafore scientifiche — potenti, ma spesso fuorvianti — mostrano i loro limiti.

Nel linguaggio comune e in molta divulgazione, l'informazione biologica viene ancora raccontata come un insieme di dati, istruzioni o codici: il DNA come software, la cellula come computer, l'organismo come macchina programmata. Questa metafora ha avuto una grande utilità storica, ma oggi mostra crepe evidenti. I dati, da soli, non fanno nulla. Possono essere copiati, trasmessi, archiviati. La vita, invece, si organizza, si mantiene, si trasforma. Questo capitolo nasce per mettere a fuoco questa differenza cruciale.

La tesi di fondo è semplice solo in apparenza: l'informazione biologica non è un oggetto, ma una relazione che prende stabilmente forma nella materia. Non governa la vita dall'esterno, come un codice astratto, ma emerge e opera dall'interno dei processi vitali. È informazione perché fa la differenza; è incarnata perché non esiste mai separata dalla struttura che la realizza.

Nel contesto generale del libro, questo capitolo svolge una funzione di cerniera. Dopo aver mostrato, nelle parti precedenti, i limiti del riduzionismo biochimico e l'importanza della coerenza e dei campi, qui si chiarisce che cosa circola, si stabilizza e si trasforma dentro quei campi. Non energia indistinta, non istruzioni digitali, ma configurazioni informative che sono allo stesso tempo forma, dinamica e significato biologico.

Sulla linea critica nei confronti della metafora informatica si colloca il fisiologo Denis Noble, uno dei protagonisti del dibattito post-genomico, quando afferma senza ambiguità: «*Non esiste alcun programma nel DNA.*» Il genoma, in questa prospettiva, non è un manuale di istruzioni autosufficiente, ma una risorsa che acquista senso solo all'interno di una rete di interazioni cellulari, tissutali e ambientali.

Questo capitolo non anticipa ancora le implicazioni cliniche o cognitive che verranno sviluppate più avanti. Si limita, volutamente, a rimettere ordine in un concetto abusato, mostrando perché parlare di informazione in biologia significa parlare di forme attive, di organizzazioni che si mantengono nel tempo e che, proprio per questo, possono evolvere, apprendere e talvolta disgregarsi.

Crescere senza istruzioni: l'embrione come campo che si organizza.

Se vogliamo capire davvero cosa significhi dire che la vita è informazione incarnata, non c'è terreno più rivelatore dello sviluppo embrionale. È qui, nelle prime ore e nei primi giorni dopo la fecondazione, che la biologia mostra con maggiore evidenza un fatto scomodo per ogni visione meccanicistica: la forma non viene eseguita, ma prende corpo.

L'embrione non segue un progetto dettagliato, come una casa costruita a partire da un disegno tecnico. Piuttosto, assomiglia a un processo che si orienta progressivamente, stabilizzando alcune possibilità e lasciandone decadere altre. Le cellule si dividono, migrano, cambiano funzione, ma lo fanno senza che esista un centro di comando che dica loro "ora diventa fegato" o "ora diventa retina". Eppure, con sorprendente affidabilità, un organismo coerente emerge.

Già negli anni Trenta del Novecento, l'embriologo tedesco Hans Spemann, premio Nobel nel 1935, mostrò che alcune regioni dell'embrione non contengono una forma già pronta, ma attivano processi organizzativi nel tessuto circostante. Non trasmettono istruzioni dettagliate: creano condizioni. È una distinzione sottile ma decisiva. L'informazione non sta nel risultato finale, bensì nella capacità di orientare un processo collettivo.

Da questa prospettiva, l'informazione incarnata non è qualcosa che "sta dentro" una cellula come un messaggio sigillato. È una relazione che si estende nello spazio e nel tempo dell'embrione, coinvolgendo gradienti chimici, tensioni meccaniche, ritmi di divisione, vincoli geometrici. La forma emerge perché il sistema, nel suo insieme, riconosce e stabilizza configurazioni compatibili con la propria coerenza.

Il biologo teorico Stuart Kauffman, riflettendo sulla morfogenesi, ha espresso questo punto con parole che risuonano fortemente con l'idea di campo: «*Gli organismi non sono costruiti secondo un progetto; si auto-organizzano entro spazi di possibilità.*» Lo sviluppo embrionale diventa così il laboratorio naturale in cui osservare l'informazione mentre si fa carne, senza mai separarsi dalla materia che la esprime.

Questa visione aiuta anche a comprendere perché l'embrione possieda una notevole capacità regolativa. Se alcune cellule vengono rimosse o danneggiate, il processo non necessariamente fallisce: spesso si riorganizza. Non perché il "programma" sia ridondante, ma perché l'informazione è distribuita, incarnata nel campo delle relazioni. La forma finale non è un obiettivo prefissato, ma un attrattore dinamico.

In questo senso, lo sviluppo embrionale chiarisce uno dei punti centrali del capitolo: l'informazione biologica non precede la forma come un'idea astratta, né la segue come una semplice descrizione. Coincide con il processo stesso che genera la forma. L'embrione non applica informazione: la vive.

Perché la vita non può essere "riavviata" come un sistema digitale.

illusioni più persistenti della biologia contemporanea nasce dal confronto, spesso implicito, con le tecnologie digitali. Un computer si blocca, lo si riavvia; un file si corrompe, lo si ripristina da una copia precedente. Ma la vita non funziona così, e questo capitolo — nel cuore della riflessione sull'informazione incarnata — trova nel tempo irreversibile la sua prova più convincente.

Un organismo vivente non attraversa il tempo come un supporto neutro su cui scorrono dati. È il tempo stesso a entrare nella sua struttura, a sedimentarsi nella forma, nei tessuti, nelle traiettorie di sviluppo. Ogni istante vissuto modifica il campo informativo dell'organismo, lasciando tracce che non possono essere cancellate senza distruggere il sistema che le porta. L'informazione biologica, proprio perché incarnata, è sempre anche storia.

Questo è il punto in cui la metafora informatica cede definitivamente. Un sistema digitale può tornare a uno stato precedente perché l'informazione è separabile dal supporto. Un organismo, invece, è la propria informazione nel tempo. Non esiste un "prima" conservato altrove da cui ripartire. Anche quando una ferita guarisce, non si torna allo stato iniziale: si va avanti, con una nuova configurazione.

Già nel 1944, Erwin Schrödinger, nel celebre "*What Is Life?*", aveva colto un aspetto essenziale di questa asimmetria temporale, parlando di vita come di un sistema che si nutre di "entropia negativa". Al di là del linguaggio oggi datato, l'intuizione resta potente: «*Un organismo vivente mantiene il suo ordine aumentando il disordine dell'ambiente.*» Questo scambio non è reversibile. Ogni atto di mantenimento della forma ha un costo temporale che non può essere annullato.

L'informazione biologica, dunque, non è solo relazione spaziale, ma processo temporale che lascia segni. Pensiamo alla maturazione di un sistema nervoso, all'imprinting precoce, o anche solo all'invecchiamento cellulare. In tutti questi casi, l'informazione non viene "eseguita" e poi archiviata: si incorpora nella materia, modificandone per sempre le possibilità future. Riavviare significherebbe cancellare la storia, ma cancellare la storia equivale a cancellare l'organismo.

È per questo che la vita non può essere clonata nel senso forte del termine, nemmeno quando il DNA è identico. Come osservava il biologo francese Henri Atlan, riflettendo sui sistemi complessi: «*L'informazione che conta non è quella che si ripete, ma quella che si trasforma.*» E la trasformazione, per definizione, accade una volta sola.

In questa luce, l'irreversibilità temporale non è un limite della vita, ma la sua condizione di possibilità. Senza tempo che scorre in una sola direzione, non ci sarebbe sviluppo, apprendimento, adattamento. L'informazione incarnata è sempre informazione accaduta, non semplicemente conservata. E proprio per questo, ogni organismo è unico: non perché contenga dati speciali, ma perché ha attraversato un tempo che nessun altro potrà mai ripercorrere allo stesso modo.

Dalla fisica alla coscienza: il viaggio concettuale dell'informazione.

Ci sono concetti che non appartengono a una sola disciplina, ma funzionano come ponti epistemologici: permettono il dialogo, riorganizzano i problemi, cambiano il modo stesso di porre le domande. L'informazione, nel contesto della biologia dei campi, è uno di questi. Non perché spieghi tutto — le spiegazioni universali sono sempre sospette — ma perché costringe scienze diverse a confrontarsi su ciò che intendono davvero per "realtà".

In fisica, l'informazione ha iniziato a pesare sul serio quando ci si è accorti che non era solo un modo di descrivere i sistemi, ma qualcosa che ne vincolava il comportamento. Alla fine degli anni Ottanta, nei corridoi del "*Los Alamos National Laboratory*", si discuteva animatamente se l'informazione fosse una grandezza fisica a tutti gli effetti o una comoda astrazione. Il fisico Rolf Landauer, con una battuta rimasta celebre, mise un punto fermo: «*Information is physical.*» Non voleva dire che l'informazione fosse una "cosa", ma che non esiste senza un supporto, senza un processo, senza un costo. Una lezione che la biologia, spesso, ha recepito solo a metà.

Quando ci spostiamo nel vivente, infatti, l'informazione smette di essere neutra. Non descrive semplicemente ciò che accade: partecipa a ciò che accade. Qui entra in gioco l'epistemologia. In biologia, parlare di informazione significa chiedersi chi interpreta, come e in base a quali vincoli. Un segnale chimico, una distribuzione spaziale, una variazione ritmica non sono informazione in sé: lo diventano solo all'interno di un sistema capace di dar loro senso operativo.

Questo è il punto di contatto con la filosofia della mente. Negli anni Novanta, il filosofo americano John Searle amava ricordare che non basta manipolare simboli per ottenere significato. L'informazione, senza un soggetto — o almeno un sistema — che la incarni, resta muta. La biologia dei campi prende sul serio questa osservazione, ma la radicalizza: ogni organismo è già, in forma embrionale, un soggetto di senso, perché è un centro di integrazione informativa.

Un aneddoto spesso raccontato negli ambienti della cibernetica europea riguarda un incontro informale, a Vienna, tra biologi e filosofi nei primi anni Settanta. Durante una pausa caffè, qualcuno chiese se il cervello "immagazzinasse" informazioni come una biblioteca. Il neurobiologo Walter Freeman, noto per i suoi studi sui pattern dinamici cerebrali, rispose sorridendo: "*No, il cervello danza l'informazione*". Una metafora imperfetta, ma illuminante: l'informazione non è un oggetto mentale, è un evento strutturato nel tempo.

In questa prospettiva, l'informazione diventa il luogo di incontro tra tre tradizioni: la fisica, che la vede come vincolo e possibilità; la biologia, che la vive come forma stabilizzata in processi; la filosofia della mente, che la interroga come condizione del significato.

Non è un caso che pensatori diversi come Gilbert Simondon, in Francia, e Thomas Metzinger, in Germania, abbiano insistito — da angolazioni opposte — sul fatto che non possiamo capire la mente senza una teoria dei processi che la generano. L'informazione, intesa non come contenuto ma come relazione operativa, permette di evitare due scogli: il riduzionismo materiale e il mistero immateriale.

Dal punto di vista epistemologico, questo significa anche riconoscere un cambio di statuto della spiegazione scientifica. Non spieghiamo più la vita dicendo "da cosa è fatta", ma come si organizza e mantiene il proprio senso interno. L'informazione non chiude il discorso: lo apre. Funziona come una lingua franca imperfetta, ma indispensabile, tra discipline che altrimenti resterebbero incomunicabili.

In definitiva, la biologia dei campi propone una scommessa culturale prima ancora che scientifica: che l'informazione possa essere il concetto attraverso cui ripensare insieme natura, vita e mente, senza ridurle l'una all'altra. Non un nuovo dogma, ma uno spazio condiviso di interrogazione.

Chi guarda chi? L'osservatore tra laboratorio e vita vissuta.

Ogni biologia inizia con uno sguardo. Un microscopio acceso, un taccuino aperto, una domanda ben formulata. Ma quando l'oggetto di quello sguardo è un organismo vivente, accade qualcosa di singolare: ci troviamo di fronte a sistemi che non solo vengono osservati, ma che, a loro modo, osservano se stessi. È qui che il concetto di informazione incarnata mostra una delle sue tensioni più fertili: quella tra l'osservazione esterna della scienza e l'auto-riferimento interno della vita.

Nel laboratorio, l'osservatore scientifico opera per separazione. Isola variabili, controlla condizioni, traduce processi in misure. È una postura potente, che ha dato risultati straordinari. Ma, come notava già Claude Bernard nella Parigi di metà Ottocento, «*la vita sfugge non appena la si scompone troppo*». Bernard non metteva in discussione l'esperimento, bensì ricordava che l'organismo reagisce all'atto stesso di essere osservato, perché è un sistema regolato dall'interno.

Qui entra in gioco una distinzione cruciale. L'osservazione scientifica è etero-riferita: il criterio di validità sta fuori dal sistema osservato. L'auto-riferimento biologico, invece, è costitutivo: un organismo vive perché mantiene una relazione continua con se stesso, aggiornando le proprie informazioni interne in funzione della sopravvivenza. Non "sa" di essere osservato, ma si osserva continuamente, nel senso operativo del termine.

Negli anni Sessanta, nel Cile attraversato da forti tensioni sociali, i biologi Humberto Maturana e Francisco Varela arrivarono a questa intuizione studiando la percezione nei sistemi nervosi. La loro idea di autopoiesi — presentata ufficialmente nel 1972 — nacque anche da un dato empirico spiazzante: il sistema nervoso non registra il mondo così com'è, ma produce continuamente una coerenza interna. Come disse

Maturana in una conferenza a Santiago, con una frase rimasta celebre: «*Tutto ciò che viene detto, viene detto da un osservatore.*» Ma, nel vivente, quell'osservatore è già parte del sistema.

Questa capacità di auto-riferimento era già stata intuita, in forma sorprendentemente moderna, dal biologo baltico Jakob von Uexküll all'inizio del Novecento. Studiando animali semplici introdusse il concetto di Umwelt: ogni organismo vive in un mondo significativo che non coincide con quello dell'osservatore umano. Non esiste un'unica realtà biologica, ma una molteplicità di mondi centrati sull'organismo.

Dal punto di vista della biologia dei campi, questo implica una conseguenza epistemologica sottile ma decisiva: l'osservatore scientifico descrive campi informativi, mentre l'organismo li abita e li genera. Le due prospettive non sono in conflitto, ma non sono sovrapponibili. Confonderle porta a errori concettuali: o si riduce l'organismo a macchina reattiva, o si attribuisce alla scienza una soggettività che non le compete.

La vita, in quanto informazione incarnata, è sempre auto-centrata, anche nelle sue forme più semplici. Un batterio che regola il proprio metabolismo non "conosce" nel senso umano del termine, ma opera distinzioni che fanno la differenza per lui. Questo è il minimo comune denominatore tra biologia e mente: non la coscienza riflessiva, ma la capacità di riferire informazione a un'identità operativa. In questo senso, l'osservatore non è un intruso nel discorso biologico, ma un termine di confronto. La scienza osserva la vita; la vita si mantiene osservandosi. Tra questi due livelli si gioca gran parte della difficoltà — e del fascino — di una biologia che voglia davvero andare oltre il riduzionismo.

Quando l'informazione cambia il modo di conoscere.

C'è stato un momento, nel secondo Novecento, in cui la scienza ha cominciato a usare una parola apparentemente innocua — informazione — per dire qualcosa di radicalmente nuovo sul mondo. Non si trattava più soltanto di misurare, pesare, quantificare. Si trattava di capire come l'ordine si mantiene, si trasmette e prende forma, anche contro la tendenza naturale al disordine. Da allora, l'epistemologia — il modo stesso in cui la scienza pensa ciò che conosce — non è più stata la stessa.

La storia comincia in un luogo inatteso: la termodinamica. Negli anni Quaranta, mentre l'Europa usciva a fatica dalla guerra, fisici come Leo Szilard e Léon Brillouin iniziarono a interrogarsi su un paradosso antico: come può un sistema produrre ordine senza violare la seconda legge della termodinamica? Il celebre "demone di Maxwell", evocato già nell'Ottocento, tornava ora sotto una nuova luce. Szilard suggerì che l'atto di conoscere — distinguere, misurare, selezionare — ha un costo energetico. L'informazione entrava così nella fisica non come metafora, ma come grandezza epistemica.

Pochi anni dopo, nel 1948, Claude Shannon, lavorando ai Bell Labs nel New Jersey, pubblicò "*A Mathematical Theory of Communication*". Il suo obiettivo era tecnico: migliorare l'efficienza delle telecomunicazioni. Ma le conseguenze furono filosofiche. Definendo l'informazione in termini di riduzione dell'incertezza, Shannon separava nettamente informazione e significato. Una scelta metodologica, non ontologica. Eppure, quella separazione avrebbe influenzato per decenni il modo in cui la scienza parlava di conoscenza, mente e vita.

In quegli stessi anni, a Cambridge, Alan Turing si interrogava su cosa significhi "pensare". Il suo celebre test non definiva l'intelligenza in base all'esperienza soggettiva, ma alla manipolazione coerente di informazione simbolica. Nasceva così una visione computazionale della mente che avrebbe dominato la filosofia e le scienze cognitive per buona parte della seconda metà del secolo. L'epistemologia si spostava: conoscere non era più rispecchiare il mondo, ma trasformare informazione secondo regole. E tuttavia, qualcosa non tornava. Nel 1944, in un piccolo libro scritto a Dublino durante la guerra, Erwin Schrödinger aveva posto una domanda destinata a diventare celebre: Che cos'è la vita? La sua risposta era sorprendente: un organismo è un sistema che si nutre di "entropia negativa". Oggi diremmo: mantiene la propria forma grazie a flussi informativi ordinati. Schrödinger non parlava di geni come codici, ma di stabilità strutturale nel tempo, aprendo una breccia tra fisica, biologia ed epistemologia.

Negli anni Cinquanta e Sessanta, questa breccia si allargò con la cibernetica. A New York, nelle celebri *Macy Conferences*, figure come Norbert Wiener, Gregory Bateson e Margaret Mead discutevano di feedback, regolazione, apprendimento. È qui che l'epistemologia cambia passo. Non basta più chiedersi se una descrizione sia vera o falsa. Bisogna chiedersi: per chi è informativa? In quale contesto? Rispetto a quale organizzazione interna? Queste domande diventeranno centrali anche nella filosofia della mente degli anni Settanta e Ottanta, quando il funzionalismo di Hilary Putnam inizierà a mostrare i suoi limiti, aprendo la strada a concezioni più incarnate e situate della cognizione. Un aneddoto raccontato da un filosofo della scienza olandese, che negli anni Ottanta frequentava sia laboratori di neurobiologia sia seminari di filosofia analitica, rende bene il clima dell'epoca. "Parlavamo tutti di informazione," ricordava, "*ma non parlavamo più della stessa cosa*." Per i fisici era una misura; per i biologi una funzione organizzativa; per i filosofi un problema di senso. Proprio questa ambiguità fece dell'informazione una nozione epistemologicamente feconda.

Nel contesto della biologia dei campi, questa storia suggerisce una conclusione chiara: l'informazione non è un intermediario neutro tra soggetto e oggetto, ma un principio che ridefinisce entrambi. Non conosciamo più un mondo fatto di cose, ma di processi informativi che si stabilizzano in forme. La vita, in questo quadro, non "contiene" informazione: è informazione che ha trovato un modo di durare nella materia.

Perché la vita non funziona come un computer.

C'è un'immagine che ha segnato profondamente la biologia del secondo Novecento: quella dell'organismo come macchina che elabora informazioni, del DNA come un software, delle cellule come hardware sofisticato. Una metafora potente, seducente, estremamente produttiva sul piano tecnico. Ma, come spesso accade, ciò che all'inizio aiuta a capire, col tempo rischia di diventare un filtro che deforma.

La metafora informatica nasce in un contesto storico preciso. Siamo tra gli anni Cinquanta e Sessanta, quando i primi calcolatori occupano intere stanze — come l'IBM 7090 installato al MIT — e la cibernetica promette una lingua comune per macchine, cervelli e società. Parlare di "informazione" in biologia significava allora entrare nel futuro, emanciparsi dal vitalismo e dalla vaghezza filosofica. Ma il prezzo da pagare è stato alto: l'informazione è stata progressivamente ridotta a dato, a sequenza discreta, a istruzione da eseguire.

Il problema è che i dati non vivono. Sono entità astratte, intercambiabili, identiche a sé stesse indipendentemente dal contesto. Un file resta lo stesso su un computer di Tokyo o di Torino. Un organismo, invece, no. La stessa "informazione" produce effetti diversi a seconda dello stato del sistema che la riceve, della sua storia, del suo ambiente. Confondere informazione e dato significa ignorare questa dimensione fondamentale: la dipendenza dal contesto e dalla forma.

Negli anni Novanta, il fisiologo britannico Denis Noble, lavorando a Oxford sui modelli matematici del cuore, raccontava spesso un episodio curioso. Durante una conferenza, un informatico gli chiese: "*Dov'è il programma del battito cardiaco?*". Noble rispose con una pausa imbarazzata, poi disse: "*Non esiste alcun programma. Il cuore batte perché è fatto in un certo modo*". Non per eseguire un codice, ma per una dinamica distribuita che coinvolge cellule, tessuti, campi elettrici, vincoli meccanici. L'informazione, in questo caso, non è scritta da nessuna parte: emerge dall'organizzazione.

La metafora informatica, applicata alla vita, introduce anche un altro equivoco: l'idea che l'informazione preceda la materia e la governi dall'esterno. Come se il DNA fosse un testo da leggere e il corpo una stampante biologica. Ma questa visione non regge alla prova dei fatti. Già negli anni Settanta, studi di embriologia sperimentale — come quelli condotti a Napoli da Giuseppe Levi e dalla sua scuola — mostravano che la forma di un organismo dipende da interazioni spaziali e temporali, non da una semplice esecuzione lineare di istruzioni.

Un dato, per definizione, è passivo. L'informazione biologica, invece, è attiva, performativa. Non descrive ciò che accade: fa accadere. Qui la metafora informatica si inceppa, perché nei computer il significato è irrilevante. Una sequenza di bit funziona indipendentemente da ciò che "vuol dire". Negli organismi no. Come osservava il biologo cileno Humberto Maturana, parlando a Santiago negli anni Ottanta, "*ciò che conta non è il segnale in sé, ma come il sistema risponde*".

Un aneddoto raccolto da una biologa francese che lavorava negli anni Duemila in un laboratorio di genomica a Lione, è illuminante. Racconta di come due cellule con lo stesso patrimonio genetico reagissero in modo opposto allo stesso stimolo chimico. "*All'inizio pensavamo a un errore*", disse, "*poi capimmo che stavamo trattando l'informazione come un dato, e le cellule ci stavano dicendo che non lo era*". Non c'era nessun bug nel sistema: c'era un'organizzazione vivente che interpretava.

Criticare la metafora informatica non significa rifiutare la tecnologia o i modelli computazionali. Significa rimetterli al loro posto. Un modello può simulare, descrivere, approssimare.

Ma la vita non "processa" informazione come fa una macchina: la incarna, la trasforma in struttura, gesto, ritmo. Ridurre tutto a dati significa perdere ciò che rende un organismo vivo: la sua capacità di dare senso, di mantenere coerenza, di rispondere in modo creativo.

In questa prospettiva, la biologia dei campi propone un cambio di sguardo. L'informazione non è una sequenza da decodificare, ma una relazione che prende corpo. Non un messaggio che viaggia, ma un assetto che si stabilizza. Abbandonare la metafora informatica non è un passo indietro, ma un atto di maturità epistemologica: riconoscere che la vita non è un computer mal compreso, ma un fenomeno che chiede concetti nuovi.

Perché un algoritmo non sa di essere vivo.

Ogni epoca pensa la vita con gli strumenti che ha a disposizione. Nel Seicento era l'orologio, nel Novecento la macchina termodinamica, oggi è il computer. Non sorprende quindi che, nell'era dell'intelligenza artificiale, l'organismo venga spesso descritto come un sistema di calcolo particolarmente sofisticato. Ma il paragone, per quanto suggestivo, mostra presto le sue crepe. Perché l'informazione che una macchina computa non è la stessa informazione che un organismo vive.

Nel 1956, durante il celebre "*Dartmouth Summer Research Project on Artificial Intelligence*", John McCarthy e Marvin Minsky immaginavano macchine capaci, in linea di principio, di fare tutto ciò che fa una mente umana. L'ottimismo era contagioso. In quelle stesse decadi, nei laboratori di biologia molecolare, si parlava di "lettura", "trascrizione", "traduzione" del codice genetico. Il mondo vivente sembrava finalmente decifrabile come un linguaggio formale.

Eppure, a distanza di settant'anni, il confronto tra intelligenza artificiale e intelligenza biologica rivela una differenza radicale che va oltre la potenza di calcolo. L'IA manipola simboli, anche quando lo fa in modo sorprendentemente efficace. L'organismo, invece, è coinvolto in ciò che conosce. L'informazione, per un vivente, non è mai neutra: ha un valore vitale, orienta l'azione, modifica la forma.

Un aneddoto raccontato da un ricercatore italiano che ha lavorato a lungo tra Milano e Boston nel campo del "*machine learning*", è emblematico. Durante un test di visione artificiale, un sistema riconosceva perfettamente un volto umano anche quando l'immagine era distorta o incompleta. "*Meglio di noi*", commentò qualcuno. Il ricercatore replicò: "*Sì, ma non sa cosa significhi incontrare quello sguardo*". La macchina classificava; l'essere umano entrava in relazione.

Qui sta il punto. L'informazione computata è esterna al sistema che la elabora: può essere trasferita, copiata, cancellata senza conseguenze ontologiche. Un algoritmo non soffre se perde un dato. L'informazione biologica, invece, è intrinseca: coincide con lo stato stesso dell'organismo. Quando un animale percepisce un pericolo, l'informazione non "arriva" semplicemente: si traduce in postura, tensione muscolare, variazioni ormonali. È informazione che prende corpo.

Già negli anni Ottanta, il neuroscienziato Gerald Edelman, premio Nobel per la medicina nel 1972, insisteva su questo punto durante le sue lezioni a La Jolla: il cervello non funziona come un computer perché non separa mai elaborazione e valore. Ogni atto cognitivo è selettivo, situato, legato alla storia individuale dell'organismo. Un'intelligenza artificiale può ottimizzare una funzione; un essere vivente deve continuare a esistere.

Anche quando l'IA imita comportamenti adattivi — come nei sistemi di "*reinforcement learning*" sviluppati a partire dagli anni 2010 — resta una differenza decisiva. La "ricompensa" di una macchina è un parametro numerico. Per un organismo, la posta in gioco è la continuità della propria forma vivente.

L'informazione, qui, non è un input tra altri: è ciò che mantiene la coerenza del campo biologico.

Un episodio poco noto, ma significativo, risale a un workshop interdisciplinare tenutosi a Santa Fe nei primi anni Duemila. Un biologo evoluzionista osservò che, se un robot cade, si rialza perché è programmato per farlo; se un bambino cade, si rialza perché ha imparato cosa significa cadere. Non è solo una differenza di complessità, ma di natura dell'informazione coinvolta. Nel primo caso è calcolo; nel secondo è esperienza sedimentata nel corpo.

La biologia dei campi offre qui una chiave interpretativa decisiva. L'intelligenza biologica non risiede in un centro di controllo, né in un algoritmo nascosto, ma nella coerenza globale del sistema. L'informazione è il modo in cui il campo si organizza e si mantiene nel tempo. Per questo è inseparabile dalla materia, dall'energia, dalla forma. Una macchina può simulare un comportamento intelligente; un organismo è quel comportamento, nel senso pieno e rischioso del termine.

Riconoscere questa differenza non significa sminuire l'intelligenza artificiale, ma liberarla da aspettative improprie. E, soprattutto, significa restituire alla vita la sua specificità: non come hardware biologico che esegue software evolutivi, ma come processo di informazione vissuta, incarnata, irreversibile. Una differenza sottile, ma decisiva, che segna il confine tra ciò che calcola e ciò che vive.

Dal bug al cambiamento: due destini opposti dell'errore.

Nel linguaggio dell'informatica, l'errore è un intruso. Un bug da individuare, isolare, correggere. Nella biologia, accade esattamente il contrario: l'errore non è un nemico della vita, ma uno dei suoi motori più profondi. Questa differenza, apparentemente sottile, illumina in modo esemplare cosa significhi dire che la vita è informazione incarnata e non semplice elaborazione di dati.

Quando nel 1947 il team di Grace Hopper trovò una falena incastrata in un relè del computer Mark II ad Harvard, l'episodio — oggi conservato allo Smithsonian — divenne l'aneddoto fondativo del termine "*bug*". L'errore era qualcosa di esterno, accidentale, da rimuovere per ripristinare il funzionamento corretto della macchina. Il sistema, una volta eliminata la causa, tornava identico a prima. Nessuna traccia, nessuna memoria, nessuna trasformazione.

Negli organismi viventi accade l'opposto. Un errore genetico, una variazione nello sviluppo, una risposta fisiologica "sbagliata" non vengono semplicemente cancellati: si inscrivono nella storia del sistema. Possono essere riassorbiti, compensati, oppure aprire strade inattese. Nel 1943, Conrad Waddington osservava nei suoi esperimenti a Cambridge come embrioni sottoposti a stress termici sviluppassero configurazioni morfologiche nuove, alcune delle quali si stabilizzavano nel tempo. Non era un guasto da correggere, ma una deviazione che ridefiniva il campo delle possibilità.

Qui emerge una differenza cruciale tra informazione computata e informazione vissuta. In una macchina, l'errore è una discrepanza tra stato previsto e stato reale. Nell'organismo, l'errore è un evento, qualcosa che accade al sistema e nel sistema, modificandone la coerenza interna. La vita non torna mai semplicemente allo stato precedente: incorpora ciò che è successo.

Un medico francese raccontava di come un grave errore di carico durante la riabilitazione di un paziente — un movimento anticipato, teoricamente contro le regole — avesse innescato una riorganizzazione inattesa della postura. Il corpo aveva "sbagliato", ma quello sbaglio aveva costretto il sistema nervoso a trovare una soluzione più stabile. In un algoritmo di controllo, lo stesso errore avrebbe prodotto un allarme; in un organismo, aveva generato apprendimento.

Questo perché, nella biologia dei campi, l'informazione non è un messaggio che passa intatto da un punto all'altro, ma una relazione che si ristruttura. L'errore non interrompe il flusso informativo: lo devia, lo mette alla prova, talvolta lo arricchisce. Come scriveva Georges Canguilhem ne "*Il normale e il patologico*" (1966), la vita non è adattamento passivo a una norma, ma capacità di istituirne di nuove. E spesso è proprio l'errore a rendere necessaria questa invenzione.

Anche nelle tecnologie più avanzate di intelligenza artificiale, l'errore resta qualcosa di fondamentalmente reversibile. Un modello viene riaddestrato, i pesi aggiornati, la funzione di perdita minimizzata. Nulla di ciò che è accaduto "lascia cicatrici". Negli organismi, invece, ogni errore significativo lascia un segno: una traccia epigenetica, una memoria immunitaria, una modifica del comportamento. Il vivente non corregge semplicemente: trasforma sé stesso.

In questo senso, l'errore biologico non è l'opposto dell'informazione, ma una delle sue modalità generative. È il momento in cui il campo perde temporaneamente coerenza e, proprio per questo, è costretto a riorganizzarsi a un livello più complesso. Le macchine cercano la perfezione funzionale; la vita cerca la continuità. E la continuità, paradossalmente, passa spesso attraverso lo sbaglio.

Il codice incompleto: epigenetica, spazio e tempo nella biologia dei campi.

Per oltre mezzo secolo abbiamo raccontato la vita come una storia di lettere: A, T, C, G. Un alfabeto elegante, inciso nella doppia elica del DNA, capace — così si diceva — di spiegare la forma di una foglia, il battito del cuore, persino un tratto del carattere. È una narrazione potente, nata nei laboratori di Cambridge negli anni Cinquanta e diventata rapidamente un mito fondativo della biologia moderna. Ma come spesso accade ai miti di successo, col tempo ha iniziato a mostrare crepe.

Già negli anni Settanta, a Woods Hole, durante le celebri *summer schools* frequentate da biologi, fisici e filosofi della scienza, circolava una battuta attribuita a un anziano ricercatore: "*Il DNA è come una lista degli ingredienti. Ma la ricetta, la cucina e il cuoco dove sono*?". Era una provocazione, certo. Ma anticipava un problema reale: il genoma, da solo, non spiega come l'informazione diventi organismo.

L'idea che il DNA contenga un "programma" completo è oggi difficilmente sostenibile. Non perché i geni non contino — contano eccome — ma perché il loro significato dipende dal contesto. Un gene può essere silenziato, amplificato, modulato. Può agire in un tessuto e restare muto in un altro. La stessa sequenza genetica, in condizioni diverse, produce esiti diversi.

È qui che entra in scena l'epigenetica, termine coniato già nel 1942 da Conrad Waddington a Edimburgo, molto prima che fosse di moda. Esperimenti più recenti hanno reso la sua intuizione quasi banale. Negli anni Duemila, studi su gemelli monozigoti — geneticamente identici — hanno mostrato che, con il passare del tempo, i loro profili epigenetici divergono. Metilazioni del DNA, modifiche degli istoni, microRNA: piccoli segni chimici che non cambiano le lettere del codice, ma ne cambiano la lettura. La vita, potremmo dire, annota il margine del testo genetico.

C'è poi un aspetto ancora più radicale: l'informazione biologica è spaziale. Non vive solo nella sequenza, ma nella disposizione. Un embrione non cresce come una stampante 3D che esegue istruzioni lineari; cresce come un campo di relazioni. Le cellule "sanno" dove sono, chi hanno accanto, che forma sta emergendo.

Negli anni Cinquanta, il biologo britannico Lewis Wolpert propose il concetto di "*informazione posizionale*": le cellule leggono gradienti chimici e, in base alla loro posizione, attivano programmi diversi. Un'idea semplice, nata osservando lo sviluppo degli insetti, che però scardinava l'idea di un controllo centralizzato. La forma non viene imposta dall'alto; emerge da una mappa distribuita.

Un aneddoto raccontato spesso nei corridoi dell'Università di Cambridge riguarda un esperimento didattico: si chiede agli studenti come faccia una cellula della mano a sapere di essere "mano" e non "fegato". La risposta istintiva è: "*Perché lo dice il DNA*". Ma il DNA di una cellula della mano e di una del fegato è lo stesso. La differenza sta nello spazio, nelle interazioni, nella storia locale. L'informazione, qui, è topologica.

A complicare ulteriormente il quadro c'è la dimensione dinamica. L'informazione biologica non è statica: accade nel tempo. Oscillazioni, ritmi, cicli. Dalla pulsazione dei geni dell'orologio circadiano, scoperti negli anni Novanta studiando la Drosophila, fino alle onde di attività elettrica nei tessuti in sviluppo, la vita si organizza come un processo temporale.

Un esempio affascinante viene dalla rigenerazione. Negli anni Sessanta, nei laboratori di Chicago, si osservava come le planarie potessero rigenerare un intero organismo a partire da un frammento. Non basta dire che "il DNA sa cosa fare". La domanda vera è: come fa il frammento a sapere se deve rigenerare una testa o una coda? Studi più recenti suggeriscono che segnali bioelettrici e pattern dinamici di membrana giocano un ruolo cruciale. È un'informazione che scorre, che si stabilizza, che può anche essere perturbata. Qui la biologia dei campi trova uno dei suoi punti di forza: l'organismo come struttura informativa stabilizzata, mantenuta da flussi continui. Non un oggetto, ma un evento che dura.

Dire che la vita va "oltre il DNA" non significa abbandonare la scienza per la metafora. Significa riconoscere che l'informazione biologica è incarnata: prende corpo nello spazio, nel tempo, nella materia organizzata. Non è un file da leggere, ma una relazione da mantenere.

Nel 2001, alla pubblicazione del primo draft del genoma umano, qualcuno parlò di "libro della vita". Anni dopo, uno dei protagonisti del progetto, in un'intervista al New York Times, ammise con una certa ironia: "*Abbiamo il dizionario, ma non la grammatica*". Forse oggi possiamo aggiungere: e nemmeno la prosodia, il ritmo, la disposizione delle frasi sulla pagina.

La biologia dei campi propone proprio questo cambio di sguardo. L'informazione non come comando, ma come configurazione attiva. Non come causa lineare, ma come coerenza che si mantiene. In questa prospettiva, il DNA resta fondamentale, ma smette di essere sovrano assoluto. Diventa uno strumento all'interno di un'orchestra più ampia, dove spazio, tempo e relazione fanno la musica.

La memoria senza archivio: come le cellule ricordano chi sono.

Quando parliamo di memoria, il pensiero corre subito al cervello, ai ricordi d'infanzia, a una fotografia ingiallita. Eppure, la memoria è molto più antica della mente. Esisteva prima dei neuroni, prima dei sistemi nervosi, forse prima ancora che qualcuno potesse chiamarla con questo nome. La biologia dei campi invita a guardare la vita come una struttura informativa stabilizzata nel tempo, e in questo quadro la memoria non genetica appare come uno dei suoi fenomeni più rivelatori.

Le cellule ricordano. Non nel senso metaforico, ma in modo operativo: conservano tracce di stati passati che influenzano il loro comportamento futuro, senza che il DNA venga modificato. È una memoria incarnata, distribuita, spesso silenziosa. Una memoria che non ha bisogno di essere scritta per agire.

Negli anni Ottanta, nei laboratori del Pasteur a Parigi, alcuni ricercatori notarono un fatto curioso studiando colture cellulari: cellule sottoposte a uno stress temporaneo — una variazione di temperatura, una carenza nutrizionale — reagivano in modo diverso a uno stress simile applicato giorni dopo, anche quando le condizioni iniziali erano tornate normali. Non c'era mutazione genetica rilevabile, eppure qualcosa era rimasto. Una sorta di "esperienza" cellulare.

Oggi sappiamo che questa memoria può risiedere in molti luoghi: nella conformazione di proteine che restano attive o inattive, nell'organizzazione del citoscheletro, nella composizione della matrice extracellulare, persino nei pattern biofisici che attraversano i tessuti. La cellula non riparte mai davvero da zero. Ogni stato lascia un'impronta.

Un esempio affascinante viene dalla differenziazione cellulare. Quando una cellula staminale diventa, poniamo, una cellula muscolare, entra in uno stato stabile che tende a persistere. Anche se estratta dal suo contesto originario, spesso "ricorda" di essere muscolo. Questa memoria di identità non è solo genetica: è una configurazione complessiva che coinvolge forma, tensioni meccaniche, reti proteiche. La biologia dei campi direbbe: una coerenza che si è stabilizzata.

C'è un capitolo poco noto ma istruttivo di questa storia che riguarda i *prioni*. Scoperti negli anni Ottanta da Stanley Prusiner, che per questo ricevette il Nobel nel 1997, i prioni sono proteine capaci di esistere in più conformazioni stabili. La cosa sorprendente è che una proteina può "insegnare" la propria forma ad altre proteine identiche, senza passare da un gene.

Nei lieviti, alcune conformazioni prioniche non sono patologiche ma funzionali: agiscono come una memoria molecolare che altera il comportamento cellulare per molte generazioni. È un esempio radicale di informazione senza codice: la forma stessa è memoria.

La memoria non genetica diventa ancora più evidente a livello dei tessuti. Chi lavora in chirurgia ricostruttiva lo sa bene: un tessuto cicatriziale "si comporta" diversamente da uno sano, anche a distanza di anni. Non è solo una questione di cellule diverse, ma di una storia meccanica e strutturale impressa nella materia vivente. Negli anni Novanta, a Boston, alcuni studi sull'ingegneria dei tessuti mostrarono che cellule coltivate su supporti rigidi o elastici sviluppavano destini diversi. Ma la scoperta più interessante venne dopo: anche quando trasferite su un nuovo supporto, le cellule mantenevano per un certo tempo il "ricordo" della rigidità precedente. Come se il passato meccanico continuasse a parlare.

Questo tipo di memoria sfida la metafora informatica. Non c'è un file salvato da qualche parte. C'è piuttosto una storia incorporata, simile a quella che un sentiero lascia nel bosco: più viene percorso, più diventa evidente.

Questa idea di memoria diffusa ha profonde risonanze filosofiche. Henri Bergson, nelle sue lezioni al Collège de France, distingueva tra memoria come "deposito" e memoria come "durata". La vita, per Bergson, non conserva il passato come un archivio, ma lo porta con sé come slancio continuo. In biologia, la memoria non genetica sembra dare corpo a questa intuizione. Anche Paul Ricoeur, molti decenni dopo, parlando di identità personale, sottolineava che ricordare non significa riprodurre il passato, ma mantenerne una traccia operante nel presente. Le cellule, a modo loro, fanno qualcosa di simile: non "ricordano" ciò che è stato, ma lo incorporano in ciò che sono.

In questa prospettiva, l'organismo appare come un campo di memorie stratificate. Ogni livello — molecolare, cellulare, tissutale — conserva tracce che orientano il futuro. La memoria non è un'aggiunta alla vita; è una delle sue condizioni.

Visto così, ricordare non significa restare uguali, ma restare coerenti. La biologia dei campi descrive l'organismo come una struttura informativa stabilizzata, e la memoria non genetica è uno dei meccanismi che rendono possibile questa stabilità nel cambiamento.

Un biologo italiano, parlando informalmente durante un convegno a Padova nei primi anni Duemila, riassunse il concetto con una frase rimasta famosa tra gli studenti: "*Le cellule non sanno da dove vengono, ma non se lo dimenticano*". È una battuta, certo. Ma coglie un punto essenziale: la vita non procede per istanti isolati. Ogni momento è carico di ciò che lo ha preceduto.

L'invecchiamento come accumulo di memorie biologiche.

C'è un'idea rassicurante che accompagna da decenni il nostro modo di pensare la biologia: se il DNA resta intatto, l'identità della cellula è salva. Eppure, l'invecchiamento incrina questa sicurezza. Organismi geneticamente identici — pensiamo ai gemelli monozigoti — possono invecchiare in modo sorprendentemente diverso. La biologia dei campi suggerisce una chiave interpretativa potente: le cellule non invecchiano solo perché si rompono, ma perché ricordano. E non sempre ricordano bene.

In questa prospettiva, l'organismo è una struttura informativa stabilizzata che attraversa il tempo. L'invecchiamento non è soltanto un logoramento, ma l'accumulo di stati passati che restano operativi: memorie funzionali che permettono l'adattamento e memorie disfunzionali che, col tempo, irrigidiscono il sistema fino alla senescenza.

Nel 2013, a un convegno sulla longevità tenuto a Cold Spring Harbor, uno dei luoghi simbolo della biologia molecolare, un ricercatore mostrò una serie di immagini di nuclei cellulari prelevati da tessuti giovani e anziani. Le differenze non stavano nella sequenza del DNA, ma nell'architettura: eterocromatina frammentata, lamina nucleare meno stabile, confini sfumati. Era come osservare una biblioteca dove i libri sono gli stessi, ma gli scaffali si sono deformati.

Questa perdita di ordine strutturale è una forma di memoria. Ogni divisione cellulare, ogni stress infiammatorio, ogni squilibrio metabolico lascia una traccia nell'organizzazione interna della cellula. Col tempo, queste tracce si sommano. La cellula "sa" di essere vecchia perché il suo modo di mantenere la coerenza informativa è diventato più faticoso.

Un esempio emblematico viene dalla lamina nucleare, la rete di proteine che sostiene il nucleo. Nella progeria — una rara malattia dell'invecchiamento precoce descritta per la prima volta nel 1886 da Jonathan Hutchinson a Londra — il DNA è quasi normale, ma la struttura che lo organizza è compromessa. Il risultato è un invecchiamento accelerato: una dimostrazione drammatica che la memoria dell'età può essere architettonica, non genetica.

Molte memorie cellulari nascono come strategie di sopravvivenza. Una cellula che ha affrontato ripetuti stress ossidativi impara a difendersi: attiva programmi di risposta, modifica il metabolismo, rallenta la proliferazione. Nel breve periodo è una scelta saggia. Nel lungo periodo, può diventare una condanna.

È ciò che accade nella senescenza replicativa, osservata già negli anni Sessanta da Leonard Hayflick a Filadelfia. Le cellule smettono di dividersi non perché il DNA sia danneggiato in modo irreparabile, ma perché hanno "deciso" di fermarsi. Questa decisione è una memoria: il ricordo di un rischio passato che continua a influenzare il presente.

Il problema è che le cellule senescenti non tacciono. Secernono segnali infiammatori che alterano il campo biologico del tessuto. È un effetto domino: la memoria di una cellula diventa l'ambiente di molte altre. L'invecchiamento, allora, non è la somma di cellule vecchie, ma la propagazione di memorie disfunzionali in un campo condiviso.

Uno degli esperimenti più discussi degli ultimi vent'anni nasce all'Università della California, a Berkeley. Nel 2005, Irina e Michael Conboy studiarono la parabiosi eterocronica: collegarono il sistema circolatorio di topi giovani e anziani. I tessuti dei topi vecchi mostrarono segni di ringiovanimento. Il DNA non era cambiato. Era cambiato il contesto informativo.

L'interpretazione più interessante, in chiave di biologia dei campi, è che le cellule anziane non avessero "dimenticato" come funzionare, ma fossero intrappolate in un campo impoverito. Inserite in un ambiente ricco di segnali coerenti, alcune memorie dell'età diventavano reversibili. Non tutte, certo. Ma abbastanza da suggerire che l'invecchiamento non sia una linea a senso unico. Un biologo rigenerativo, durante una visita informale al laboratorio di Berkeley, commentò con una frase rimasta negli appunti di molti studenti: «*Non abbiamo cellule vecchie, abbiamo cellule che vivono in un mondo vecchio*». È una provocazione, ma coglie un punto cruciale.

Negli ultimi anni si parla molto di orologi epigenetici, come quello proposto da Steve Horvath nel 2013. Misurano l'età biologica attraverso pattern di metilazione del DNA. Ma più che orologi, sono registratori di memoria: leggono come la storia vissuta dall'organismo si sia impressa nei suoi sistemi di regolazione.

Una persona che ha vissuto a lungo in condizioni di stress cronico può mostrare un'età biologica superiore a quella anagrafica. Non perché i geni siano cambiati, ma perché il campo informativo dell'organismo ha incorporato quell'esperienza. L'età, in questo senso, non è solo il tempo che passa, ma il modo in cui viene trattenuto.

Qui il dialogo con la cultura è inevitabile. Marcel Proust scriveva che il vero tempo perduto è quello che non lascia traccia. In biologia accade il contrario: il tempo che lascia troppe tracce può diventare un peso. L'invecchiamento è una memoria che ha smesso di essere plastica. Se la vita è informazione incarnata, allora l'invecchiamento è una crisi narrativa. L'organismo fatica a integrare il proprio passato in una forma coerente. Le memorie cellulari non vengono più rielaborate, ma si accumulano come capitoli non riscritti.

In questa luce, la senescenza appare meno come un fallimento e più come una rigidità: la difficoltà di aggiornare il proprio racconto biologico. La biologia dei campi non promette l'eterna giovinezza, ma offre un cambio di sguardo: comprendere l'età come una proprietà emergente della memoria distribuita dell'organismo.

Il sistema immunitario non dimentica..

Per molto tempo abbiamo raccontato il sistema immunitario come una biblioteca ben ordinata: scaffali di anticorpi, ciascuno etichettato con il nome di un patogeno incontrato. Una metafora comoda, efficace, ma sempre più insufficiente. Oggi sappiamo che l'immunità non si limita a conservare "copie" molecolari del passato. Piuttosto, ricorda cambiando se stessa.

Nella prospettiva della biologia dei campi, la memoria immunitaria non è un file salvato, ma una riorganizzazione persistente del campo cellulare dell'organismo. Dopo un'infezione, non restano solo anticorpi o linfociti specifici: resta un nuovo modo di essere del sistema immunitario, una configurazione che orienta le risposte future.

Nel 1957, Frank Macfarlane Burnet, lavorando a Melbourne, formulò la teoria della selezione clonale. Fu una svolta: l'immunità non crea anticorpi "su richiesta", ma seleziona cellule già predisposte. Per questo lavoro Burnet ricevette il Nobel nel 1960. Ma, come spesso accade, una teoria brillante finì per diventare una gabbia interpretativa.

La selezione clonale spiega bene la specificità, meno la durata sistemica della memoria. Perché, dopo un'infezione, cambiano anche cellule che non hanno mai incontrato direttamente l'antigene? Perché i tessuti reagiscono in modo diverso, più rapido, più coordinato? La risposta che emerge negli ultimi anni è chiara: la memoria immunitaria è distribuita. Coinvolge il midollo osseo, i linfonodi, i tessuti periferici, ma anche il metabolismo cellulare, l'assetto infiammatorio di base, la comunicazione tra cellule immuni e non immuni. È il campo che si riconfigura.

Per decenni si è ripetuto che solo l'immunità adattativa possiede memoria. Poi, nei primi anni Duemila, questa certezza ha iniziato a incrinarsi. A Nijmegen, nei Paesi Bassi, Mihai Netea e il suo gruppo osservarono che alcune cellule dell'immunità innata — come i monociti — rispondevano in modo potenziato a infezioni successive, anche diverse dalla prima. Nacque così il concetto di "*trained immunity*". Non si trattava di anticorpi né di recettori specifici, ma di un cambiamento stabile nel comportamento cellulare. Metabolismo modificato, cromatina più accessibile, soglie di attivazione diverse. In altre parole: una memoria senza archivio, una competenza incorporata nella forma di funzionamento della cellula.

Un clinico raccontò, durante un seminario a Bonn nel 2016, di pazienti anziani che reagivano meglio alle infezioni dopo un vaccino "non specifico" come il BCG. Non era magia, ma riorganizzazione del campo immunitario. Il sistema, una volta "allenato", restava più vigile.

Un altro tassello fondamentale viene dalla scoperta delle cellule T residenti nei tessuti (Trm). A differenza dei linfociti che circolano nel sangue, queste cellule restano nei luoghi dove è avvenuta l'infezione: pelle, polmoni, intestino. Sono state studiate a fondo dopo le epidemie influenzali dei primi anni Duemila, in particolare nei laboratori di La Jolla, in California.

Le Trm non conservano solo una specificità antigenica: conservano una memoria del luogo. Sono plasmate dal microambiente tissutale, dai segnali locali, dalla storia infiammatoria di quel distretto. Quando il patogeno ritorna, la risposta non è solo più rapida: è più contestuale, più "situata".

Qui la biologia dei campi trova un esempio concreto: la memoria immunitaria non è astratta, ma spaziale. Il corpo ricorda dove è stato ferito.

C'è poi un protagonista silenzioso: il microbiota. Studi condotti a partire dagli anni 2010, tra Harvard e l'INSERM di Parigi, mostrano che l'equilibrio microbico intestinale modella profondamente il sistema immunitario. Non si limita a stimolarlo, lo educa. Un intestino che ha convissuto a lungo con una certa comunità microbica sviluppa una tolleranza attiva, una memoria di convivenza. Quando questa comunità viene alterata — antibiotici, diete estreme, stress prolungato — il campo immunitario perde coerenza. Le reazioni diventano eccessive o inefficaci. Non perché manchi informazione, ma perché la memoria relazionale è stata interrotta. Un gastroenterologo milanese raccontava, in un incontro informale, di pazienti che "non reagivano più come prima" dopo terapie antibiotiche ripetute. Non era una perdita di difese, ma una perdita di storia condivisa.

Anche il successo dei vaccini, riletto in questa chiave, appare sotto una luce diversa. Vaccinare non significa solo indurre anticorpi, ma imprimere una nuova configurazione al sistema immunitario. Alcuni vaccini funzionano meglio di altri non per la quantità di risposta, ma per la qualità della riorganizzazione che inducono. Lo si è visto chiaramente durante la pandemia di COVID-19, quando si è osservato che la protezione non coincideva sempre con il titolo anticorpale. In gioco c'erano memorie tissutali, risposte innate allenate, stati infiammatori di base. Il sistema immunitario, ancora una volta, si mostrava come un campo che conserva forma, non come un hard disk biologico.

Vista così, la memoria immunitaria è un atto di coerenza nel tempo. Il sistema non conserva il passato per nostalgia, ma per restare se stesso di fronte al cambiamento. Quando questa coerenza si irrigidisce, nascono le patologie autoimmuni. Quando si dissolve, aumentano le infezioni. In entrambi i casi, il problema non è la mancanza di informazione, ma la sua cattiva integrazione. Il sistema immunitario, come scriveva Elias Canetti parlando delle masse, è “memoria in movimento”. Non accumula, si trasforma. E in questa trasformazione continua, incarna forse uno degli esempi più chiari di cosa significhi vita come informazione che prende forma.

La memoria dei viventi, dal citoplasma alle foreste.

C’è un’idea, apparentemente semplice, che accomuna una cellula e una foresta: nessuna delle due reagisce al presente come se fosse una tabula rasa. Ogni risposta, ogni adattamento, ogni crisi porta con sé una storia. Nella biologia dei campi, questa storia non è un archivio nascosto, ma una struttura informativa stabilizzata che orienta ciò che è possibile e ciò che non lo è più.

In ecologia si parla sempre più spesso di “*legacy effects*”, effetti di eredità. È il modo con cui il passato — incendi, siccità, coltivazioni, specie scomparse — continua ad agire sul presente. Non come un ricordo cosciente, ma come una configurazione del campo ecologico che rende alcuni esiti probabili e altri quasi irraggiungibili. Esattamente come accade nella memoria cellulare.

Negli anni Ottanta, il biologo canadese C.S. Holling introdusse il concetto di resilienza ecologica studiando le foreste boreali e le popolazioni di insetti defogliatori. La sua intuizione era controcorrente: un ecosistema non è sano perché stabile, ma perché capace di assorbire perturbazioni senza perdere la propria identità funzionale.

Ma Holling osservò qualcosa di più sottile. Due ecosistemi apparentemente simili, colpiti dallo stesso disturbo, reagivano in modo opposto. Uno si rigenerava, l’altro collassava. La differenza non stava nell’evento, ma nella memoria ecologica: nella sequenza di stati precedenti che avevano modellato il sistema.

Un lago che ha già attraversato episodi di eutrofizzazione, per esempio, può "ricadere" più facilmente in uno stato degradato. I sedimenti, carichi di fosforo accumulato negli anni, funzionano come una memoria chimica e biologica che resiste anche quando le condizioni superficiali migliorano. Il lago ricorda.

Negli anni Novanta, studi condotti sul Mar dei Caraibi mostrarono come molte barriere coralline, dopo eventi di sbiancamento e sfruttamento di pesca, non tornassero più allo stato originario. Al posto dei coralli crescevano alghe filamentose. Non era una fase transitoria: era un nuovo regime stabile.

Gli ecologi parlarono di alternative "stable states". In termini di biologia dei campi, potremmo dire che il campo ecosistemico aveva cambiato forma. La memoria delle perturbazioni precedenti — perdita di erbivori, aumento di nutrienti, stress termico — aveva riorganizzato le relazioni fondamentali. Tornare indietro non era impossibile in teoria, ma improbabile nella pratica.

Lo stesso fenomeno si osserva nei deserti che avanzano dopo il pascolo intensivo. Una volta persa la copertura vegetale e la struttura del suolo, l'ecosistema entra in uno stato che "ricorda" l'aridità anche quando le piogge tornano. Il suolo compattato, impoverito di microbi e di semi, è una memoria incarnata del degrado.

Pochi luoghi raccontano questa idea meglio del suolo. Un cucchiaino di terra fertile contiene miliardi di organismi, ma soprattutto contiene storie di uso, di coltivazioni, di concimazioni, di abbandoni. Agronomi e pedologi lo sanno bene: un campo non risponde subito a un cambio di gestione.

Negli anni Duemila, studi condotti nelle campagne della Germania orientale, su terreni ex collettivizzati, mostrarono che anche dopo vent'anni di agricoltura biologica alcuni suoli conservavano le "impronte" della chimica intensiva precedente. Non era solo questione di residui: era cambiata la struttura microbica, la dinamica dell'humus, la capacità di trattenere acqua. Il suolo ricordava il proprio passato industriale.

Qui il parallelo con la memoria cellulare è evidente. Come una cellula che ha attraversato stress ripetuti modifica stabilmente il proprio assetto funzionale, così un ecosistema porta inscritte le esperienze che lo hanno modellato.

Un esempio particolarmente eloquente viene dalle foreste mediterranee e californiane. Per secoli, incendi a bassa intensità hanno fatto parte del loro ciclo vitale. Poi, nel Novecento, la politica di soppressione totale del fuoco ha alterato questa dinamica. Quando gli incendi sono tornati — inevitabilmente — lo hanno fatto in modo devastante. Foreste "che avevano dimenticato il fuoco" hanno bruciato con una violenza inedita. Gli ecologi parlano oggi di "*fire memory*": la frequenza e il tipo di incendi passati determinano la risposta futura dell'ecosistema.

Nel 2018, dopo il Camp Fire in California, un ranger raccontava che alcune aree non mostravano segni di rigenerazione spontanea. Non perché mancassero semi, ma perché il suolo e la composizione vegetale avevano perso la memoria del ciclo naturale del fuoco. Il campo forestale si era disorganizzato.

Non tutta la memoria è un vantaggio. Così come nelle cellule esistono memorie disfunzionali, anche negli ecosistemi il passato può diventare un peso. Sovrasfruttamento, frammentazione, inquinamento lasciano tracce che riducono la capacità di adattamento. Il collasso della pesca del merluzzo a Terranova, nei primi anni Novanta, è spesso citato come esempio. Nonostante il blocco quasi totale della pesca, le popolazioni non sono mai tornate ai livelli precedenti. Il sistema aveva attraversato una soglia: nuove specie avevano occupato le nicchie libere, la rete trofica si era riconfigurata. L'ecosistema ricordava l'assenza del merluzzo. In termini di biologia dei campi, potremmo dire che il sistema aveva perso una parte della propria coerenza storica.

Quello che emerge, guardando agli ecosistemi, è una lezione potente: l'informazione non è contenuta negli elementi, ma nelle relazioni che durano nel tempo. La memoria ecologica non è localizzabile in un singolo organismo, ma nel modo in cui flussi di energia, materia e segnali si sono stabilizzati.

Come nella cellula, anche nell'ecosistema ricordare significa essere orientati. Non verso il passato, ma verso un futuro limitato da ciò che si è stati. La vita, a ogni scala, non reagisce semplicemente: risponde a partire dalla propria storia incarnata.

Le pietre che ricordano: quando la materia conserva la propria storia.

Chiunque abbia accarezzato il marmo di una scultura antica o osservato da vicino un affresco restaurato sa che la materia non è mai neutra. Porta segni, cicatrici, stratificazioni. Non si limita a "stare" nello spazio: racconta una storia. È proprio in questa evidenza, quasi tattile, che l'arte e l'architettura offrono una potente metafora culturale della memoria biologica, intesa non come archivio di dati, ma come informazione che prende forma e persiste nella materia.

Nel linguaggio della biologia dei campi, un organismo è una struttura informativa stabilizzata. Nell'arte, potremmo dire qualcosa di analogo: una forma non è mai il risultato istantaneo di un'idea, ma l'esito di un dialogo lungo e spesso conflittuale tra progetto, materiale, tempo ed eventi.

Michelangelo lo sapeva bene. Quando parlava del "liberare la figura" dal blocco di marmo, non usava una metafora poetica qualsiasi. Il marmo di Carrara, già scavato dai Romani, presentava venature, microfratture, tensioni interne. Non era una materia indifferente. Gli storici dell'arte ricordano come, durante la lavorazione del Mosè (iniziata nel 1513), Michelangelo cambiò più volte il progetto proprio in risposta ai limiti imposti dal blocco. La materia "ricordava" la propria storia geologica e tecnica, e quell'informazione condizionava la forma finale. Non diversamente da quanto accade in un organismo, dove la storia strutturale orienta ciò che può emergere.

Passeggiando per Roma, Istanbul o Gerusalemme, ci si imbatte continuamente in edifici che sono veri palinsesti materiali. Chiese costruite su templi, moschee che incorporano basiliche, mura medievali innestate su fondazioni romane. L'architettura non cancella: stratifica.

Un esempio emblematico è Santa Maria sopra Minerva, a Roma. Il nome stesso è una dichiarazione di memoria: una chiesa gotica che poggia su un antico tempio dedicato alla dea Minerva. Le fondamenta non sono solo un supporto fisico, ma una persistenza informativa che attraversa i secoli.

In biologia diremmo che la forma attuale non può essere compresa senza la configurazione precedente del campo. In architettura accade lo stesso: ogni intervento dialoga con una memoria incorporata che resiste alla pura volontà progettuale.

Nel Novecento, il dibattito sul restauro ha reso questa intuizione esplicita. Cesare Brandi, nella sua "*Teoria del restauro*" (1963), insisteva su un punto cruciale: restaurare non significa riportare un'opera a uno stato originario ipotetico, ma riconoscere e rispettare la sua storia materiale.

Un restauratore raccontava, durante i lavori sugli affreschi di Giotto ad Assisi dopo il terremoto del 1997, che alcune crepe non andavano "corrette", ma comprese. Erano il risultato di secoli di assestamenti, di vibrazioni, di interventi precedenti. Cancellarle avrebbe significato perdere informazione. Il parallelo con la biologia è evidente: intervenire su un organismo senza tener conto della sua memoria strutturale equivale a ignorare il campo che lo tiene insieme.

C'è un termine caro ai restauratori e agli storici dell'arte: patina. Non è sporco, non è degrado. È il segno del tempo che stabilizza una forma, rendendola ciò che è. Walter Benjamin, parlando dell'opera d'arte, ricordava che l'aura nasce anche da questa irripetibilità temporale.

La patina è informazione incarnata: racconta l'esposizione alla luce, all'aria, al contatto umano. Pensiamo ai gradini consunti delle cattedrali medievali, scavati dal passaggio di milioni di piedi. Quella forma non è stata progettata: è emersa. È memoria resa visibile. Allo stesso modo, in biologia dei campi, la forma vivente non è la semplice esecuzione di un codice, ma il risultato di una storia di interazioni che lascia tracce durature.

Un architetto giapponese, Tadao Ando, raccontava in un'intervista degli anni Novanta come il cemento armato, materiale apparentemente anonimo, reagisca in modo diverso a seconda dell'umidità, della temperatura, del tempo di posa. "*Non costruisci solo con il progetto*," diceva, "*costruisci con la memoria del materiale*". Questa resistenza non è un difetto: è una forma di dialogo. Come negli organismi, la materia non è un supporto passivo dell'informazione, ma una parte attiva della sua stabilizzazione.

Arte, architettura e restauro ci insegnano che la memoria non è qualcosa che si aggiunge dopo. È ciò che rende possibile la forma. La materia che ricorda non è nostalgia: è struttura.

In questa prospettiva, la vita appare meno come una macchina che esegue istruzioni e più come un'opera in continua riscrittura, dove ogni stato presente è inseparabile dalla propria storia incorporata. Proprio come una scultura, un edificio, un affresco che continuano a vivere perché non hanno mai dimenticato ciò che sono stati.

Implicazioni filosofiche dello spazio biologico.

Se l'informazione biologica dipende dallo spazio, allora una conseguenza diventa inevitabile: la vita non è mai astratta. Non esiste come formula generale, come algoritmo replicabile ovunque allo stesso modo. La vita accade sempre da qualche parte, e quel "da qualche parte" non è un semplice contenitore neutro, ma una componente attiva del processo vitale. Questa idea, apparentemente semplice, ha implicazioni filosofiche profonde, capaci di incrinare alcune delle abitudini più radicate del pensiero scientifico moderno.

Per secoli, la scienza ha cercato leggi universali separandole dal contesto. Funzionava bene per i pianeti e per i gas ideali. Ma quando si entra nel dominio del vivente, lo spazio smette di essere uno sfondo e diventa co-autore. Già Jakob von Uexküll, biologo e filosofo estone-tedesco, lo aveva intuito nei primi decenni del Novecento parlando di Umwelt: ogni organismo vive in un mondo proprio, strutturato dalle sue possibilità percettive e operative.

Trasportata all'interno dell'organismo, questa intuizione diventa ancora più radicale. Se l'informazione prende forma attraverso relazioni spaziali — tra molecole, strutture, campi di interazione — allora non possiamo più pensare la vita come qualcosa che sta nello spazio, ma come qualcosa che produce spazio. Ogni cellula, ogni tessuto, ogni organismo costruisce il proprio luogo interno, lo mantiene, lo difende, lo riorganizza. La biologia dei campi suggerisce che vivere significa letteralmente tenere insieme uno spazio coerente.

Questa prospettiva avvicina la biologia a una tradizione filosofica spesso tenuta ai margini del discorso scientifico. Maurice Merleau-Ponty parlava del corpo non come oggetto nello spazio, ma come origine dello spazio vissuto. Il corpo, scriveva, non è "in" un luogo: è ciò che rende un luogo possibile. Applicata alla biologia, questa idea rovescia il punto di vista: l'organismo non occupa un ambiente, lo articola.

Le implicazioni non sono solo teoriche. Se la vita non è separabile dal suo luogo, allora anche la sperimentazione scientifica cambia statuto. Un aneddoto raccontato da una biologa cellulare francese durante un seminario a Lione nel 2018 è illuminante. Studiando cellule tumorali coltivate in vitro, notò che alcuni comportamenti "aggressivi" sparivano quando le stesse cellule venivano reinserite in un tessuto tridimensionale più simile a quello originario. «*Non erano cambiate le cellule*», disse, «*era cambiato il loro posto*». Lo spazio, in quel caso, non spiegava la vita: la trasformava.

Da qui nasce una nuova responsabilità concettuale. Separare un organismo dal suo contesto — che sia un ecosistema, un tessuto, o una nicchia microambientale — non è mai un'operazione innocente. Significa modificare l'informazione stessa che quell'organismo incarna. In questo senso, la biologia dei campi dialoga con l'ecologia profonda, ma anche con l'etica della scienza: se il luogo è parte della vita, allora intervenire sul luogo equivale a intervenire sull'identità biologica.

Non è un caso che alcune delle crisi contemporanee — dalla perdita di biodiversità alle malattie croniche legate all'ambiente — possano essere lette come crisi di dislocazione. Organismi strappati ai loro spazi di senso, costretti a funzionare in campi che non riconoscono più. La vita, privata del suo luogo, non smette subito di esistere, ma perde coerenza. E la perdita di coerenza, come vedremo nei capitoli successivi, è spesso il primo passo verso la disarmonia.

Pensare lo spazio biologico in questi termini significa accettare che la vita non è completamente portabile, né totalmente standardizzabile. È un evento situato, un equilibrio locale, una forma che ha bisogno di un dove tanto quanto di un come. In un'epoca che sogna la delocalizzazione totale — dei processi, dei corpi, perfino della coscienza — questa consapevolezza suona quasi come un invito alla prudenza. O, forse, come un ritorno a una saggezza antica: non si può separare ciò che vive dal luogo che lo rende possibile.

Biografia incarnata: abitare un corpo, diventare qualcuno.

C'è un'idea rassicurante, molto moderna, secondo cui l'identità personale risiederebbe "dentro" di noi: nei geni, nel cervello, forse in qualche circuito profondo e stabile. La biologia dei campi incrina questa certezza. Se la vita è informazione che prende forma nello spazio, allora anche l'identità non è un nucleo isolato, ma un processo situato, che si stabilizza nel tempo attraverso ambienti, posture, gesti ripetuti, abitudini. In altre parole: ciascuno di noi è, biologicamente, una "biografia spaziale".

Il corpo non è solo ciò che ci accompagna nella vita; è il luogo in cui la vita lascia tracce. Non in senso metaforico, ma letterale. Le modalità con cui ci sediamo, camminiamo, lavoriamo, dormiamo; gli spazi che frequentiamo ogni giorno; i ritmi che imponiamo al nostro sistema nervoso e ormonale: tutto questo contribuisce a organizzare campi di informazione relativamente stabili, che finiscono per "assomigliarci". L'identità, vista da qui, non è un programma interno, ma una configurazione coerente mantenuta nel tempo.

Il sociologo Pierre Bourdieu parlava di "*habitus*" per descrivere come le strutture sociali diventino disposizioni corporee: il modo di stare in piedi, di occupare una stanza, di usare la voce. Era un'intuizione sociologica, ma oggi possiamo leggerla anche biologicamente. L'habitus non è solo appreso: è incorporato. Diventa tono muscolare, schema posturale, regolazione del respiro. In questo senso, il corpo è un archivio vivente che non conserva dati, ma relazioni spaziali ripetute.

Gli esempi abbondano. Si pensi agli astronauti che rientrano dalla *Stazione Spaziale Internazionale*. Studi condotti dalla NASA e dall'ESA hanno mostrato che, dopo mesi in microgravità, non è solo l'osso o il muscolo a cambiare, ma la percezione di sé nello spazio. Camminare, stare fermi, orientarsi diventano azioni da reimparare. Non perché il cervello "abbia dimenticato", ma perché il campo corporeo di riferimento si è riconfigurato. L'identità motoria — una componente silenziosa ma decisiva di chi siamo — dipende dal luogo in cui il corpo ha abitato.

Questo vale anche in senso più quotidiano e meno estremo. Un'insegnante di danza contemporanea raccontava in un'intervista del 2016 come, dopo vent'anni di pratica, riconoscesse se stessa più dalla qualità del movimento che dalla voce o dai pensieri. «*So chi sono da come entro in una stanza*», diceva. Non è una posa poetica: è la descrizione di un'identità che si è stabilizzata nello spazio corporeo, attraverso migliaia di micro-atti ripetuti.

La biologia dei campi ci invita a prendere sul serio queste osservazioni. Se l'informazione che ci costituisce dipende da configurazioni spaziali, allora cambiare ambiente, postura o ritmo non è mai neutro. Traslocare, cambiare lavoro, vivere in spazi compressi o iper-stimolanti, non significa solo adattarsi psicologicamente: significa riplasmare lentamente il campo informativo che ci tiene insieme. Per questo alcune trasformazioni sembrano "farci diventare altri", anche quando le nostre convinzioni restano le stesse.

In questa prospettiva, l'identità personale non è qualcosa che possediamo, ma qualcosa che manteniamo. È un equilibrio dinamico tra corpo e spazio, tra ripetizione e variazione. E come ogni equilibrio biologico, può rafforzarsi, indebolirsi, o perdere coerenza. Non per un difetto interno, ma perché il luogo in cui viviamo — fisico, sociale, simbolico — non sostiene più la forma che siamo diventati.

Tecnologia e ridefinizione dei luoghi vitali.

Per gran parte della storia umana, i luoghi vitali — quelli in cui la vita si organizza, si sviluppa e si riconosce — sono stati dati prima che scelti. Foreste, pianure, città cresciute lentamente attorno a fiumi e rotte commerciali. Oggi, sempre più spesso, accade il contrario: prima progettiamo il luogo, poi vi inseriamo la vita. E questa inversione silenziosa sta ridefinendo i campi biologici entro cui gli organismi, umani e non, stabilizzano la propria informazione.

Le biotecnologie, gli ambienti artificiali e gli spazi digitalizzati non sono semplici strumenti esterni. Funzionano come nuovi campi di relazione, capaci di influenzare ritmi biologici, percezione, identità e persino traiettorie evolutive. Non siamo di fronte a un'"interferenza" tecnologica nella vita naturale, ma alla nascita di ecosistemi ibridi, in cui l'informazione vitale si ancora a spazi progettati.

Un esempio emblematico è Biosphere 2, costruita nel deserto dell'Arizona e inaugurata nel 1991. Doveva essere una replica autosufficiente della Terra, un laboratorio per immaginare la vita su altri pianeti. Il progetto fallì in parte — livelli di ossigeno instabili, ecosistemi sbilanciati — ma rivelò qualcosa di cruciale: la vita non si lascia trasportare facilmente in un ambiente artificiale senza perdere coerenza. Le piante crescevano, ma gli alberi si spezzavano perché mancava il vento: non avevano "imparato" la resistenza meccanica. Il campo biologico non era completo.

Oggi gli ambienti artificiali sono meno spettacolari, ma infinitamente più pervasivi. Si pensi alle terapie intensive neonatali, dove i prematuri trascorrono settimane in incubatrici altamente tecnologiche. Studi condotti tra Stoccolma e Boston negli anni 2010 hanno mostrato che luce, suoni e persino la regolarità delle procedure mediche contribuiscono a modellare lo sviluppo neurobiologico. In questi contesti, la tecnologia non supporta la vita: la struttura. Diventa lo spazio primario in cui l'organismo organizza la propria informazione.

Ancora più radicale è il caso degli spazi digitali. Qui non si tratta più solo di ambienti fisici modificati, ma di luoghi senza materia, eppure biologicamente attivi. Nel 2018, un gruppo di ricercatori dell'University College London osservò che l'uso prolungato di ambienti virtuali immersivi modificava la percezione corporea e la risposta allo stress, anche al di fuori dell'esperienza digitale. Il corpo, una volta rientrato nel mondo fisico, continuava a "comportarsi" come se una parte del suo campo fosse altrove.

Non è un caso isolato. Un ingegnere informatico raccontava di aver sofferto di una persistente sensazione di disorientamento dopo mesi di lavoro esclusivamente in realtà virtuale per un progetto industriale. «*Era come se il mio corpo avesse cambiato scala*», diceva. Non un disturbo psicologico, ma una riconfigurazione spaziale dell'esperienza corporea. Il campo informativo dell'organismo si era adattato a un luogo che non coincideva più con il corpo fisico.

Le biotecnologie spingono questa trasformazione ancora oltre. Organoidi coltivati in laboratorio, tessuti ingegnerizzati, microbiomi progettati: forme di vita che nascono e si stabilizzano in spazi interamente artificiali. Nel 2013, il biologo sintetico Craig Venter parlò apertamente di "vita progettata" durante una conferenza a San Diego. Non si riferiva solo al genoma, ma al contesto di laboratorio come ambiente primario di esistenza. Qui il campo biologico non emerge: viene deliberatamente costruito.

Questi nuovi luoghi vitali sollevano interrogativi scientifici ed etici inediti. Se l'informazione biologica è inseparabile dallo spazio che la sostiene, cosa accade quando quello spazio è temporaneo, proprietario, aggiornabile come un software? Chi è responsabile della coerenza di un campo vitale artificiale? E soprattutto: che tipo di vita può emergere in ambienti che non hanno storia?

La biologia dei campi suggerisce una risposta cauta: la vita può adattarsi a quasi tutto, ma non senza costo. Ogni campo progettato porta con sé una visione implicita di ciò che la vita dovrebbe essere. Rendere esplicita questa visione — e assumerne la responsabilità — è forse la sfida più urgente del nostro tempo tecnologico.

Lo sguardo che partecipa: perché anche la scienza ha un luogo.

Se la vita è informazione che prende forma in campi di relazione, allora anche la conoscenza della vita è un fenomeno situato. Non esiste uno sguardo "*da nessun luogo*", per usare un'espressione cara alla filosofia della scienza contemporanea. Ogni atto di osservazione biologica nasce dentro un contesto storico, culturale, tecnologico e persino corporeo. Anche lo scienziato, volente o nolente, abita un campo.

L'idea di conoscenza situata non nasce in biologia. È stata formulata con forza negli anni Ottanta, in particolare da Donna Haraway, che nel 1988 scriveva: «*La visione è sempre una visione da qualche parte*». Ma è nella biologia dei campi che questa intuizione assume un peso nuovo. Se l'organismo non è una macchina smontabile, ma una totalità coerente, allora chi lo studia entra in relazione con ciò che osserva, influenzando — almeno in parte — il modo in cui l'informazione biologica si manifesta.

Un vecchio aneddoto raccontato nei corridoi del Laboratorio di Biologia Marina di Woods Hole, nel Massachusetts, rende bene l'idea. Negli anni Sessanta, due gruppi di ricercatori studiavano lo stesso organismo, il riccio di mare, per comprendere i primi stadi dello sviluppo embrionale. Gli strumenti erano simili, le tecniche quasi identiche. Eppure, le interpretazioni divergevano profondamente. Solo più tardi si capì che le domande iniziali — cosa si cercasse di vedere — avevano orientato l'intero campo sperimentale. Non era l'embrione a essere cambiato, ma lo spazio concettuale in cui veniva osservato.

La biologia dei campi costringe a prendere sul serio questo dato: il sapere non è esterno alla vita, ma una sua espressione particolare. Ogni modello teorico, ogni protocollo sperimentale, ogni linguaggio disciplinare crea un ambiente cognitivo che seleziona certe forme di informazione e ne oscura altre. Il laboratorio, come il microscopio o l'algoritmo, non è neutrale: è un luogo vitale, nel senso pieno del termine.

Questa consapevolezza introduce una responsabilità nuova. Se lo sguardo scientifico è situato, allora le sue conseguenze non sono solo epistemologiche, ma etiche. Nel 1972, durante le audizioni del Congresso degli Stati Uniti sullo studio di Tuskegee, emerse con chiarezza quanto una scienza che si crede "oggettiva" possa diventare cieca al proprio campo morale. Non si trattava di cattiva biologia, ma di una conoscenza che aveva smarrito il contesto umano in cui operava.

In una prospettiva di campi, la responsabilità dello scienziato non riguarda soltanto l'uso dei risultati, ma la forma stessa del conoscere. Che tipo di relazione instauriamo con ciò che studiamo? Trattiamo l'organismo come un oggetto isolabile o come un interlocutore biologico? La differenza non è retorica. In molte pratiche di ricerca ecologica contemporanea — si pensi ai lavori di Robin Wall Kimmerer con le comunità indigene nordamericane — il sapere nasce dall'ascolto prolungato di un luogo, non dalla sua astrazione. Qui la scienza non rinuncia al rigore, ma cambia postura.

Una scienza situata, allora, non è una scienza "relativista" o debole. Al contrario, è una scienza più esigente, perché riconosce i propri vincoli. Sa di operare dentro campi biologici, sociali e simbolici che contribuisce a modificare. E accetta che conoscere la vita significhi, in parte, esserne trasformati.

Forse è questa la lezione più profonda della biologia dei campi: non possiamo comprendere la vita senza interrogarci sul luogo da cui la osserviamo. In questo senso, ogni atto di conoscenza è anche un atto di partecipazione. E ogni partecipazione, inevitabilmente, comporta una responsabilità.

Quando l'informazione diventa organismo.

C'è un momento, nello studio della vita, in cui il linguaggio dei codici smette di essere utile. È quando ci si accorge che la forma non è il risultato finale di un processo informativo, ma il processo stesso in azione. La biologia dei campi propone uno spostamento decisivo: l'informazione non descrive l'organismo, lo fa. Non sta dietro le quinte come uno spartito, ma si manifesta direttamente nella struttura che tiene insieme cellule, tessuti, funzioni.

Un esempio classico, che è utile citare ancora, spesso raccontato nei corsi di embriologia a Cambridge o a Heidelberg, riguarda gli esperimenti di Hans Driesch alla fine dell'Ottocento. Separando le cellule di un embrione di riccio di mare allo stadio iniziale, Driesch si aspettava organismi "a metà". Accadde il contrario: ciascuna parte diede origine a un individuo completo, più piccolo ma coerente. Non c'era un piano localizzato da seguire, ma una forma globale che si riorganizzava. L'informazione non era in un punto: era nel campo di relazioni che l'embrione incarnava.

Qui la forma smette di essere geometria passiva. Diventa informazione attiva, capace di guidare processi, correggere deviazioni, mantenere coerenza. Un organismo non "ha" una forma come un oggetto ha un involucro: è una forma che si mantiene nel tempo, attraverso scambi continui di materia ed energia. Aristotele lo aveva intuito parlando di *eidos* come principio attivo; la biologia contemporanea, con altri strumenti, torna su quella pista senza nostalgia metafisica.

Negli anni Duemila, al *Max Planck Institute* di Dresda, alcuni studi sulla rigenerazione dei planari mostrarono qualcosa di sorprendente: animali decapitati rigeneravano teste con orientamenti diversi a seconda delle condizioni del campo bioelettrico. Non era il "programma genetico" a cambiare, ma la configurazione del campo che informava la forma futura. La testa non era scritta da qualche parte: emergeva come soluzione stabile di un sistema.

In questa prospettiva, la forma è memoria operativa. Sa "cosa fare" perché è già il risultato di un sapere incarnato. Come in una città antica — si pensi a Siena o a Fez — le strade non seguono un progetto astratto, ma la sedimentazione di gesti, bisogni, adattamenti. La forma urbana contiene informazione perché la incarna. Allo stesso modo, l'organismo è una storia che continua a funzionare.

Anche la patologia illumina questo punto. In alcuni tumori, ciò che si perde non è solo il controllo molecolare, ma l'appartenenza a una forma comune. Le cellule "sanno" ancora dividersi, ma non più come parte di un tutto. L'informazione non è sparita: si è disaccoppiata dalla forma globale. Il problema non è l'eccesso di attività, ma la perdita di coerenza morfologica.

Dire che l'informazione diventa organismo significa allora riconoscere che la vita pensa attraverso le forme. Non nel senso umano del termine, ma come capacità di selezionare configurazioni stabili, funzionali, sensate rispetto a un contesto. Ogni organismo è una risposta che ha preso corpo. Non rappresenta un ambiente: lo abita attivamente, modellandosi e modellandolo.

Questa visione ha conseguenze profonde. Se la forma è informazione attiva, non possiamo più trattare i viventi come assemblaggi riparabili pezzo per pezzo. Ogni intervento — terapeutico, tecnologico, ambientale — tocca un equilibrio formale che porta con sé un sapere implicito. La biologia dei campi non invita alla rinuncia, ma a una maggiore attenzione: capire come una forma lavora, prima di volerla correggere.

In fondo, come scriveva Paul Valéry nel 1937 dopo una visita a un laboratorio di fisiologia a Parigi, «*il vivente è ciò che non può essere spiegato senza perdere qualcosa di essenziale*». Forse quel qualcosa è proprio questo: la forma come gesto continuo dell'informazione, il momento in cui il sapere smette di essere astratto e diventa vita.

L'occhio e il campo: vedere il bello, intuire il vivente.

Chiunque abbia osservato al microscopio una diatomea, o abbia camminato lungo una scogliera atlantica guardando l'alternarsi delle alghe brune, ha probabilmente provato una sensazione familiare: questa forma "funziona", e proprio per questo appare bella. Non si tratta di un giudizio sentimentale, né di un riflesso culturale secondario. Nella prospettiva della biologia dei campi, l'esperienza estetica diventa una modalità di riconoscimento della coerenza biologica.

La bellezza naturale non coincide con l'ornamento. Raramente è ridondante. È piuttosto il segno sensibile di un'organizzazione riuscita, di una forma che tiene insieme vincoli molteplici senza fratture evidenti. Nel 1917, D'Arcy Wentworth Thompson pubblicava il già citato "*On Growth and Form*", un libro scritto tra Dundee e St Andrews, in cui mostrava come le forme viventi emergano da equilibri fisici e matematici prima ancora che da istruzioni genetiche. Thompson non parlava di bellezza, ma i suoi disegni — meduse, conchiglie, ossa — esercitarono un'influenza profonda anche su artisti e architetti. La forma convincente è quella che non ha bisogno di spiegarsi.

Goethe, più di un secolo prima, aveva intuito qualcosa di simile studiando le piante nei giardini di Padova e Palermo. La sua morfologia non cercava leggi astratte, ma trasformazioni riconoscibili: la foglia che diventa petalo, il petalo che diventa frutto. L'occhio umano, educato o meno, coglie questa continuità come armonia. Non perché sia "decorativa", ma perché manifesta un ordine interno leggibile.

Le neuroscienze contemporanee offrono un tassello interessante. Studi condotti a Londra e San Diego nei primi anni Duemila, associati ai lavori di Semir Zeki e V.S. Ramachandran, hanno mostrato che il cervello umano risponde positivamente a configurazioni che ottimizzano informazione e semplicità senza perdere complessità. Le forme viventi — un ramo, una rete vascolare, un alveolo polmonare — possiedono esattamente questa qualità: sono complesse, ma non caotiche. Il nostro sistema percettivo sembra riconoscere, quasi immediatamente, quando una forma "sta in piedi".

In questa chiave, l'estetica naturale non è un lusso evolutivo, ma una competenza cognitiva incarnata. Riconoscere la bellezza equivale, spesso, a riconoscere una buona integrazione tra parti, funzioni e ambiente. Un biologo che osserva una coltura cellulare sa, prima di misurare parametri, se qualcosa non va: lo "vede". Questa intuizione visiva non è imprecisione, ma esperienza del campo. Come raccontava un ricercatore italiano lavorando negli anni Novanta all'Institut Pasteur, «*quando una coltura è sana, lo capisci dalla calma della forma*».

Anche nell'arte questa sensibilità affiora. Ernst Haeckel, biologo e illustratore, pubblicò nel 1904 "*Kunstformen der Natur*", un atlante di organismi marini che influenzò l'Art Nouveau europea. Non era un'operazione estetizzante: Haeckel voleva mostrare che la forma vivente è già un'espressione di ordine, non un caos da domare. Oggi possiamo leggere quel lavoro come un ponte tra scienza e percezione: la bellezza come traccia visibile dell'informazione che si è stabilizzata.

Nella biologia dei campi, tutto questo assume un significato preciso. Se la forma è informazione attiva, allora la nostra capacità di percepirne l'armonia è un modo — parziale ma reale — di entrare in contatto con il funzionamento del vivente. Il bello non è l'opposto del vero, ma uno dei suoi segnali. Non garantisce la verità, certo, ma la orienta.

Forse è per questo che le forme viventi ci colpiscono più delle macchine più sofisticate. Un'ala di farfalla o una foglia di felce non sono "perfette": sono coerenti. E la coerenza, quando si manifesta senza sforzo apparente, genera bellezza. In quel momento, l'occhio non sta solo guardando: sta conoscendo.

VII°. Quando la tradizione incontra la scienza.

C'è un punto, nel percorso di questo libro, in cui diventa inevitabile affrontare una parola scomoda. Una parola che ha attraversato secoli, culture e sistemi di pensiero, ma che la biologia moderna ha progressivamente espulso dal proprio vocabolario ufficiale: energia vitale. Questo settimo capitolo si colloca esattamente qui, come una soglia. Non per riesumare antiche metafisiche né per indulgere in nostalgie pre-scientifiche, ma per compiere un'operazione più ambiziosa e, per certi versi, più rischiosa: rifondare concettualmente ciò che quelle tradizioni cercavano di nominare.

Nel contesto generale del libro, questo capitolo svolge una funzione di cerniera. Dopo aver mostrato, nelle parti precedenti, i limiti del riduzionismo biochimico e aver introdotto l'idea della vita come fenomeno di coerenza e di campo, qui si affronta la questione più delicata: se esista un nucleo reale, osservabile e traducibile in linguaggio scientifico dietro concetti come *qi, prana, forza vitale*. In altre parole, se ciò che per secoli è stato raccontato in forma simbolica non sia, in realtà, una descrizione intuitiva di dinamiche organizzative profonde degli organismi viventi.

La prima mossa del capitolo è di natura culturale. Colpisce, infatti, l'universalità interculturale dell'idea di energia vitale. Dalla Cina all'India, dal mondo greco a quello arabo, fino alle tradizioni mediche europee pre-moderne, emerge sempre la stessa intuizione: la vita non è solo materia in movimento, ma un ordine dinamico che attraversa la materia. Cambiano i nomi, cambiano le cosmologie di riferimento, ma il fenomeno descritto sembra sorprendentemente simile. Questo dato, da solo, non dimostra nulla sul piano scientifico, ma pone una domanda legittima: è plausibile che intere civiltà, indipendenti tra loro, abbiano costruito concetti complessi attorno a un puro errore percettivo?

Il capitolo insiste su un punto cruciale: questi concetti non vanno presi alla lettera, ma nemmeno liquidati come superstizione. Vanno compresi come linguaggi fenomenologici, tentativi di dare forma a esperienze reali — la vitalità, la resilienza, la capacità di auto-organizzazione degli organismi — in assenza degli strumenti concettuali e matematici di cui disponiamo oggi. È lo stesso atteggiamento che la scienza adotta quando rilegge l'alchimia come una preistoria della chimica, o l'astronomia tolemaica come una tappa necessaria verso una comprensione più raffinata del cosmo.

In questo senso, il capitolo dialoga idealmente con una riflessione di Erwin Schrödinger, che già nel 1944 scriveva: «*Ciò che chiamiamo vita sembra comportarsi come un fenomeno ordinato mantenuto lontano dall'equilibrio*» (*What Is Life?*). Schrödinger non parlava di energia vitale, ma indicava chiaramente che la vita non può essere ridotta al semplice flusso di energia chimica: è ordine che si conserva, forma che persiste nel tempo.

Il cuore teorico del capitolo sta proprio qui: tradurre l'energia vitale in termini di coerenza dinamica. Non una "forza" misteriosa che si aggiunge alle leggi fisiche, ma una particolare modalità di organizzazione dei processi energetici e informativi all'interno di un organismo. Una coerenza che coinvolge oscillazioni, sincronizzazioni, campi elettromagnetici deboli ma strutturati, e che permette al sistema vivente di funzionare come un tutto integrato.

In questa prospettiva, tornano attuali parole pronunciate da Ilya Prigogine, premio Nobel per la chimica, quando affermava: «*La vita è il regno delle strutture dissipative, dove l'ordine emerge dal flusso*». Anche qui, nessun richiamo all'esoterismo: solo il riconoscimento che l'energia, nella vita, non è mai neutra, ma sempre organizzata secondo schemi coerenti.

Il capitolo chiarisce con decisione perché parlare di energia vitale non significa introdurre entità non misurabili. Significa, piuttosto, riconoscere che la biologia ha a che fare con campi, relazioni e configurazioni globali, non soltanto con molecole isolate. È una posizione che trova un'eco anche nelle parole del biologo teorico Brian Goodwin, quando scriveva: «*La forma biologica non è imposta dall'esterno, ma emerge dalle proprietà collettive del sistema*». Se la forma emerge, allora c'è un principio organizzativo che precede la singola reazione chimica.

La finalità del capitolo, nel quadro complessivo del libro, è quindi duplice. Da un lato, disinnescare il falso conflitto tra scienza e tradizione, mostrando che molte intuizioni antiche possono essere reinterpretate senza tradire il rigore scientifico. Dall'altro, preparare il terreno per le parti successive, in cui salute e malattia verranno lette come stati di maggiore o minore coerenza del campo biologico. L'energia vitale, così rifondata, non è più un concetto vago, ma una chiave interpretativa potente per comprendere perché un organismo "funziona" o si disgrega.

In definitiva, questo capitolo non chiede al lettore di credere, ma di sospendere il pregiudizio. Di accettare l'idea che la scienza, quando cresce, non cancella necessariamente il passato, ma lo rilegge. E che forse, dietro parole antiche e imprecise, si nascondeva già una percezione acuta di ciò che oggi chiamiamo, con maggiore cautela, coerenza biologica.

La parola "energia": da grandezza fisica a metafora della vita.

Nel XXI secolo poche parole circolano con la stessa disinvoltura – e ambiguità – della parola energia. La usiamo per descrivere una centrale elettrica, una formula fisica, lo stato d'animo di una persona, la vitalità di un organismo o persino l'atmosfera di una stanza. È una parola-ponte, che attraversa linguaggi diversi senza mai fermarsi davvero in uno solo. Ed è proprio questa sua ubiquità a renderla cruciale per il tema di questo capitolo: capire come il lessico influenzi la nostra comprensione della vita.

Dal punto di vista della fisica moderna, "energia" è uno dei concetti meglio definiti che possediamo: una grandezza misurabile, conservativa, formalizzata con rigore matematico. Eppure, come notava già Richard Feynman nelle sue celebri "*Lectures on Physics*", «*non sappiamo che cos'è l'energia, sappiamo solo come calcolarla*». Una frase che, lungi dall'essere una provocazione, rivela un paradosso profondo: anche nel cuore della scienza più esatta, l'energia resta in parte un concetto operativo, più che ontologico.

Quando questa parola entra nel discorso biologico, il terreno si fa ancora più scivoloso. La biologia del Novecento ha ereditato dalla fisica un'idea di energia prevalentemente quantitativa: ATP, gradienti elettrochimici, flussi metabolici. Tutto corretto, ma non sufficiente a esaurire ciò che intendiamo quando diciamo che un organismo è "pieno di energia" o, al contrario, "spento". In questi casi non stiamo parlando solo di calorie o reazioni chimiche, ma di qualità dell'organizzazione, di capacità di mantenere una forma, di rispondere in modo coerente all'ambiente.

È qui che il linguaggio tradizionale – qi, prana, forza vitale – continua a esercitare una silenziosa attrazione sull'immaginario collettivo. Non perché offra spiegazioni migliori, ma perché nomina qualcosa che il linguaggio scientifico fatica ancora a rendere intuitivo. Il successo contemporaneo di queste parole, anche in contesti urbani iper-tecnologici come Berlino, San Francisco o Milano, non è un ritorno all'irrazionale, ma il sintomo di una lacuna semantica: manca un termine condiviso per indicare la dimensione globale e qualitativa dell'essere vivi.

Negli anni Settanta, il filosofo Ivan Illich osservava come il linguaggio tecnico, pur aumentando la precisione, possa ridurre l'esperienza vissuta a ciò che è misurabile. Qualcosa di simile accade oggi con la parola energia: più la definiamo in senso strettamente fisico, più rischiamo di perdere il legame con l'esperienza concreta del vivente. Non a caso, nel linguaggio comune, l'energia è sempre relazionale: si "trasmette", si "perde", si "ristabilisce". È una parola che parla di processi, non di oggetti.

Questa ambivalenza ha conseguenze culturali rilevanti. Da un lato, alimenta fraintendimenti e derive semplificatorie, quando l'energia diventa una spiegazione magica buona per tutto. Dall'altro, però, segnala un'esigenza autentica: quella di pensare la vita non solo come un insieme di componenti, ma come un evento dinamico, strutturato e significativo. In questo senso, il lessico non è un semplice ornamento del pensiero scientifico, ma uno dei suoi strumenti più potenti.

La rifondazione del concetto di energia vitale proposta in questo capitolo si inserisce proprio in questo spazio intermedio. Non chiede di abbandonare la precisione della fisica, ma di riconoscere che, in biologia, la parola energia funziona come un indicatore di coerenza, un segnale linguistico che punta verso fenomeni sistemici, campi di relazione, organizzazioni collettive. È un uso del linguaggio più vicino a quello della teoria dei sistemi o della biologia teorica che non alla fisica classica.

Come scriveva il linguista e filosofo Ludwig Wittgenstein, «*i limiti del mio linguaggio sono i limiti del mio mondo*». Applicato alla biologia, questo significa che finché parleremo della vita solo con il lessico della macchina, vedremo macchine. Se iniziamo invece a usare parole che evocano processi, campi e relazioni, forse saremo in grado di pensare il vivente in modo più adeguato alla sua natura.

In definitiva, la parola energia, nel XXI secolo, è un campo di tensione culturale prima ancora che scientifico. Sta a noi decidere se lasciarla scivolare nell'indeterminatezza o usarla come occasione per affinare il nostro modo di comprendere la vita. Rifondarla non significa svuotarla di senso, ma restituirle una precisione nuova, all'altezza della complessità del vivente.

Dalla divulgazione scientifica al mito pop: l'immaginario mediatico dell'energia.

Ogni epoca racconta la vita con i mezzi che ha. Nel nostro tempo, più che nei trattati o nelle accademie, l'idea di energia e vitalità prende forma nei documentari televisivi, nei podcast scientifici, nei festival della scienza, ma anche nei talk show, nelle piattaforme digitali e persino negli algoritmi dei social network. È qui che il concetto di energia vitale, riformulato dalla scienza contemporanea, viene filtrato, semplificato, amplificato o talvolta distorto.

La divulgazione scientifica ha avuto, negli ultimi decenni, un ruolo ambivalente. Da un lato, ha contribuito a rendere accessibili concetti complessi come l'organizzazione dei sistemi viventi, l'auto-regolazione, la complessità. Dall'altro, ha spesso ceduto alla tentazione della narrazione spettacolare, dove l'energia diventa una parola-chiave emotiva, capace di evocare mistero e potenza più che comprensione.

Un momento simbolico di questa svolta si può collocare negli anni Ottanta, quando Carl Sagan, con la serie *Cosmos* (1980), portò nelle case di milioni di persone un'idea di universo dinamico, in cui la vita era vista come un'espressione rara ma profondamente integrata nei processi cosmici. Sagan parlava di stelle, molecole e cellule con lo stesso tono narrativo, creando una continuità immaginativa tra fisica e biologia. Non usava il linguaggio dell'"energia vitale", ma contribuiva a costruire un'immagine della vita come fenomeno organizzato e processuale, non riducibile a pura meccanica.

Negli anni successivi, però, la moltiplicazione dei canali mediatici ha prodotto una frammentazione del racconto. Accanto a una divulgazione rigorosa – si pensi ai documentari di David Attenborough, dove la vitalità degli organismi emerge attraverso il comportamento, le relazioni ecologiche, i cicli – si è sviluppato un vasto mercato comunicativo in cui la parola energia è diventata un marchio narrativo. Energia come promessa di benessere, di armonia, di potenziamento personale.

Un aneddoto raccontato da una giornalista scientifica italiana durante il Festival della Scienza di Genova (edizione 2016) è illuminante: dopo una conferenza sui sistemi complessi in biologia, una spettatrice chiese se quelle "*reti di interazione*" fossero la prova scientifica dell'aura. La domanda non nasceva da ingenuità, ma da un immaginario ibrido, costruito dall'esposizione simultanea a contenuti scientifici e para-scientifici, spesso presentati con lo stesso linguaggio visivo e retorico.

I media, infatti, non trasmettono solo informazioni: modellano aspettative cognitive. Quando la divulgazione utilizza metafore energetiche senza chiarirne il contesto, contribuisce a mantenere una zona grigia in cui concetti diversi – fisici, biologici, esperienziali – si sovrappongono. Il risultato non è necessariamente disinformazione, ma una comprensione intuitiva, emotiva, che può essere fertile o fuorviante a seconda di come viene guidata.

Un esempio interessante viene dal mondo dei TED Talks, (una piattaforma globale dove idee innovative e ispiratrici vengono condivise attraverso brevi conferenze accessibili a tutti). Dagli anni Duemila idee come questa hanno avuto un'enorme influenza sull'immaginario culturale globale. Molti interventi sulla vita, sulla mente o sulla salute parlano di "energia", "connessione", "vibrazione", spesso in modo suggestivo ma poco definito. Questo linguaggio funziona perché risponde a un bisogno reale di senso, ma rischia di sostituire l'argomentazione con l'ispirazione.

Eppure, proprio qui si apre una possibilità. Una divulgazione matura potrebbe usare il potere narrativo dei media non per semplificare eccessivamente, ma per educare alla complessità. Raccontare l'energia vitale non come una forza misteriosa, ma come un modo per descrivere l'organizzazione dinamica degli organismi, richiede tempo, pazienza e fiducia nell'intelligenza del pubblico. Non è un caso che alcune delle migliori esperienze divulgative contemporanee – podcast di lunga durata, libri-reportage, serie documentarie approfondite – stiano andando in questa direzione.

In questo senso, il ruolo dei media non è secondario rispetto alla rifondazione del concetto di energia vitale: è parte integrante del processo. Perché ciò che una società crede sulla vita dipende anche da come la vita viene raccontata.

Dalla pagina al metaverso: come cambierà il racconto dell'energia della vita.

Ogni svolta tecnologica porta con sé una trasformazione silenziosa ma profonda: cambia il modo in cui raccontiamo il mondo, e dunque il modo in cui lo comprendiamo. La biologia dei campi, con la sua idea di organismi come strutture informative stabilizzate, arriva in un momento storico in cui la divulgazione scientifica sta entrando in una nuova fase, sospesa tra intelligenza artificiale, realtà aumentata e ambienti immersivi. La domanda non è più solo che cosa raccontare della vita, ma come farlo senza tradirne la complessità.

Negli ultimi anni, l'intelligenza artificiale è diventata un interlocutore quotidiano nella produzione e mediazione del sapere. Sistemi capaci di sintetizzare articoli, generare immagini scientifiche o simulare processi biologici vengono già utilizzati in università, musei e redazioni. Nel 2023, ad esempio, il *Wellcome Collection* di Londra ha sperimentato installazioni interattive basate su modelli computazionali per mostrare la dinamica dei sistemi viventi: non semplici pannelli informativi, ma ambienti che reagivano alle scelte del visitatore. L'energia della vita non veniva spiegata, ma messa in scena come processo.

Questo passaggio è cruciale. La divulgazione del futuro non sarà solo narrativa o descrittiva, ma esperienziale. La realtà aumentata e virtuale permettono già oggi di "entrare" in un tessuto biologico, di osservare flussi, ritmi, sincronizzazioni. A Stanford, un laboratorio di visualizzazione scientifica ha sviluppato ambienti VR per studenti di biologia in cui i fenomeni cellulari non appaiono come catene di eventi lineari, ma come campi dinamici di interazione. È un linguaggio che si avvicina sorprendentemente all'idea di energia vitale come coerenza, senza ricorrere a metafore esoteriche.

Eppure, questa potenza comunicativa porta con sé un rischio sottile: la seduzione dell'eccesso di chiarezza. Un algoritmo tende a semplificare, a rendere fluido ciò che è intrinsecamente ambiguo. Ma la vita, come sanno bene i biologi teorici, è fatta anche di instabilità, margini, zone grigie. Il fisico e divulgatore Philip Ball, in un incontro pubblico a Oxford nel 2019, osservava che le migliori visualizzazioni scientifiche non sono quelle che spiegano tutto, ma quelle che "*lasciano intravedere ciò che ancora non comprendiamo*". Una lezione preziosa per chi vorrà raccontare l'energia della vita attraverso strumenti intelligenti.

C'è poi un altro aspetto, più culturale che tecnico. L'intelligenza artificiale non è solo un mezzo, ma un nuovo attore simbolico. Quando affidiamo a una macchina il compito di spiegare la vitalità di un organismo, stiamo implicitamente ridefinendo il confine tra conoscenza umana e conoscenza automatizzata. Un aneddoto raccontato da un curatore scientifico francese riguarda una mostra itinerante sulla biologia del futuro: molti visitatori dichiaravano di fidarsi più delle spiegazioni generate dall'AI che di quelle scritte dagli esperti, perché percepite come "più neutrali". È un segnale che interpella direttamente la responsabilità della divulgazione.

In questo scenario, raccontare l'energia vitale come coerenza dinamica diventa una sfida narrativa oltre che scientifica. Le nuove tecnologie possono aiutare a mostrare la vita come rete, come campo, come processo informativo incarnato. Ma richiedono una regia culturale consapevole, capace di evitare sia la riduzione meccanicistica sia la deriva spettacolare.

Forse il futuro della divulgazione non starà nel trovare una definizione definitiva dell'energia della vita, ma nel costruire contesti di comprensione, spazi in cui il lettore, lo spettatore o il visitatore possano fare esperienza della complessità senza esserne schiacciati. In questo senso, intelligenza artificiale e realtà aumentata non sono la soluzione, ma strumenti potenti: come ogni linguaggio, dicono molto di ciò che scegliamo di raccontare, e ancora di più di ciò che decidiamo di lasciare aperto.

Qi, prana, forza vitale.

C'è un fatto che colpisce chiunque osservi la storia delle idee senza pregiudizi: culture lontanissime nello spazio e nel tempo hanno concepito la vita come attraversata da un principio dinamico invisibile, essenziale ma non riducibile alla materia. I nomi cambiano — *qi* nella Cina classica, *prana* nell'India vedica, *pneuma* nel mondo greco, *ruach* nella tradizione ebraica, fino alla "*forza vitale*" della medicina europea premoderna — ma la struttura concettuale rimane sorprendentemente simile. Non un oggetto, bensì un processo; non una sostanza, ma una circolazione.

Nel "*Neijing*", testo fondativo della medicina cinese (tra il III e il I secolo a.C.), il qi non è mai definito in modo statico. È ciò che scorre, che collega, che mette in relazione organi, stagioni, emozioni. Allo stesso modo, negli *Upaniṣad* indiani, il *prana* non coincide con il respiro fisico, ma con ciò che lo rende significativo: una tensione ordinatrice che sostiene la vita e la coscienza. Ad Atene, Ippocrate (V secolo a.C.) parlava di *physis* come principio interno di movimento e regolazione, un'idea che riecheggia in modo sorprendente queste visioni orientali.

Questa convergenza non nasce da scambi culturali sistematici — che in molti casi non ci furono — ma da una esperienza fenomenologica condivisa: l'evidenza che gli organismi viventi non sono aggregati casuali di parti, bensì totalità dinamiche, riconoscibili per il loro ritmo, la loro capacità di mantenere forma e funzione nel cambiamento. È qui che il concetto di energia vitale mostra la sua forza: non come spiegazione causale, ma come descrizione globale di ciò che rende vivo il vivente.

Liquidare qi o prana come superstizioni significa proiettare retroattivamente criteri scientifici moderni su epoche che operavano con altri strumenti concettuali. È un errore storico prima ancora che epistemologico. Come osservava l'antropologo britannico Joseph Needham, che dedicò la vita allo studio della scienza cinese, questi concetti non erano tentativi ingenui di spiegare la chimica del corpo, ma mappe operative dell'esperienza, capaci di orientare pratiche mediche, corporee e spirituali per secoli.

Un aneddoto raccontato da un medico italiano che lavorò a lungo in Nepal negli anni Novanta è illuminante: durante una visita in un villaggio himalayano, si rese conto che i guaritori locali descrivevano i sintomi dei pazienti in termini di "vento bloccato" o "respiro disturbato". Non parlavano di molecole o nervi, ma riconoscevano con grande precisione stati di stress, affaticamento cronico, disarmonia funzionale. Cambiava il linguaggio, non l'attenzione clinica.

Il nucleo comune di questi concetti non è una forza misteriosa che viola le leggi della fisica, ma l'intuizione che la vita sia organizzazione in atto, mantenimento di coerenza nel tempo. In termini contemporanei, potremmo dire che qi e prana sono nomi diversi per ciò che oggi descriviamo come dinamiche di integrazione sistemica: flussi, sincronizzazioni, regolazioni distribuite che non risiedono in un singolo punto, ma emergono dal campo dell'organismo nel suo insieme.

In scienza, l'universalità di un'intuizione è sempre un segnale da prendere sul serio. Non una prova, ma un indizio. Il fatto che civiltà prive di contatti diretti abbiano elaborato concetti analoghi suggerisce che esse stessero rispondendo a una struttura reale dell'esperienza biologica. Come scriveva il filosofo della biologia Hans Jonas nel 1966, la vita si manifesta anzitutto come "auto-affermazione fragile", come sforzo continuo di rimanere se stessa nel mutamento.

La biologia dei campi si inserisce in questa lunga tradizione, non per recuperare vecchie parole, ma per riconoscere che quelle parole indicavano qualcosa che oggi possiamo riformulare con maggiore precisione. Parlare di energia vitale come coerenza dinamica significa tradurre, non smentire. È un atto di continuità culturale, non di nostalgia.

Forse, allora, la vera domanda non è perché tutte le culture abbiano parlato di un'energia della vita, ma perché per un certo periodo abbiamo creduto di poterne fare a meno. O, più radicalmente, se la scienza del vivente non stia oggi tornando — con altri strumenti e un altro rigore — a riconoscere ciò che l'esperienza umana aveva intuito da sempre: che la vita è relazione, flusso, campo.

Il sapere delle mani e del respiro: yoga, tai chi e arti marziali come biologia vissuta.

Molto prima che l'energia vitale diventasse un problema teorico — e ancor prima che fosse messa sotto accusa come concetto vago o pre-scientifico — il corpo l'aveva già capita. O, meglio, la praticava. Yoga, tai chi, qi gong, arti marziali tradizionali: tutte queste discipline condividono una caratteristica decisiva. Non spiegano la vita, la mettono in atto. Nel gesto lento, nel respiro regolato, nella postura apparentemente immobile, ciò che le dottrine chiamavano qi o prana prende forma come esperienza concreta, verificabile, ripetibile.

Non è un caso che molte di queste pratiche siano nate o si siano consolidate in contesti in cui la trasmissione scritta era secondaria rispetto a quella orale e corporea. In Cina, il tai chi chuan si sviluppa tra XVII e XVIII secolo nei villaggi dell'Henan, in particolare a Chenjiagou: una pratica familiare prima che filosofica, dove il sapere passa da corpo a corpo. In India, le *asana* dello yoga classico — codificate solo tardi, tra

Ottocento e Novecento — esistevano da secoli come sequenze corporee, prima ancora che come capitoli di un trattato.

Qui il linguaggio non è simbolico, ma propriocettivo. Come notava l'antropologo Marcel Mauss nel celebre saggio sulle tecniche del corpo (1934), ogni cultura educa i suoi membri a sentire, muoversi e respirare in modi specifici. Le pratiche legate all'energia vitale sono, in questo senso, pedagogie della percezione: allenano a riconoscere continuità, tensioni, flussi, soglie. Non spiegano cos'è la vita; insegnano come si sente quando è in equilibrio.

Osservare un maestro anziano di tai chi al mattino presto, nei parchi di Pechino o Shanghai, è un'esperienza istruttiva anche per un biologo. I movimenti sono minimi, eppure nulla è isolato: ogni rotazione del polso coinvolge l'intero assetto posturale. È l'idea, profondamente biologica, che il tutto venga prima delle parti. Lo stesso principio attraversa lo yoga di B.K.S. Iyengar, che negli anni Sessanta, a Pune, insisteva sulla precisione dell'allineamento non per estetica, ma perché «*il corpo mal disposto confonde la mente*». Un'affermazione che oggi potremmo tradurre in termini di integrazione sensomotoria.

Anche nelle arti marziali giapponesi questa intuizione è centrale. Quando Jigoro Kano fonda il judo nel 1882 a Tokyo, riformulando tecniche antiche, parla di "*seiryoku zen'yō*": il miglior uso dell'energia. Non si tratta di forza muscolare, ma di coordinazione, tempismo, economia del gesto. Un principio che anticipa, in forma pratica, ciò che oggi chiameremmo ottimizzazione sistemica. L'energia vitale, qui, non è un fluido misterioso, ma la capacità dell'organismo di agire come un'unità coerente.

Queste discipline hanno svolto, spesso inconsapevolmente, un ruolo di conservazione culturale. Mentre il linguaggio teorico dell'energia vitale veniva progressivamente espulso dalla scienza occidentale tra XVIII e XIX secolo, il corpo continuava a custodirne l'esperienza. Nei monasteri, nelle palestre, nei cortili all'alba. Un medico francese che studiò il qi gong negli anni Settanta, J.-C., raccontava di aver compreso il significato di “energia” non leggendo testi, ma accorgendosi che, dopo mesi di pratica, respirava meglio e si stancava meno. Nessuna metafisica: solo un cambiamento globale, difficile da localizzare, impossibile da ridurre a una singola causa.

È qui che la biologia dei campi trova un alleato inatteso. Queste pratiche mostrano che la vita non si manifesta solo nei parametri misurabili, ma anche nella qualità dell’organizzazione. Il gesto diventa una finestra su dinamiche profonde: sincronizzazione, stabilità, adattamento. In questo senso, yoga e tai chi non sono reliquie spirituali, ma archivi somatici di conoscenze sulla vita come processo integrato.

Forse, per rifondare davvero il concetto di energia vitale, la scienza dovrà imparare non solo a misurare meglio, ma anche a osservare diversamente. Accettare che, talvolta, il corpo arriva prima della teoria. E che certi saperi, per sopravvivere, hanno scelto la via più discreta e resistente: quella del movimento.

Dal tempio al supermercato: il destino ambiguo dell’energia vitale.

C’è un rischio speculare, meno discusso ma altrettanto insidioso, nel tentativo di rifondare scientificamente il concetto di energia vitale: la sua banalizzazione commerciale. Se per secoli qi e prana sono stati accusati di essere superstizioni, oggi subiscono la sorte opposta: diventano etichette seducenti, stampate su tappetini da yoga, integratori alimentari, corsi intensivi di “riequilibrio energetico” del fine settimana. Non più rifiutati, ma consumati.

Passeggiando tra gli stand di alcune fiere del benessere — da Bologna a Monaco, da Rimini a San Francisco — si ha l’impressione che l’energia vitale sia diventata una merce come un’altra. Si promette di “attivarla”, “potenziarla”, “sbloccarla” in pochi passaggi. Un linguaggio che rassicura, perché semplice, ma che tradisce una perdita di profondità. Qui non siamo lontani da ciò che l'antropologo Marc Augé avrebbe chiamato un non-luogo culturale: concetti strappati al loro contesto, resi intercambiabili, privati della loro densità storica.

Le grandi tradizioni che hanno elaborato i concetti di qi e prana non erano affatto rapide o semplificatrici. Nel "*Neijing*", testo fondativo della medicina cinese (III-I secolo a.C.), l'apprendimento del qi è inseparabile dall'osservazione stagionale, dal ritmo del respiro, dall'etica del medico. Analogamente, nei testi dello yoga classico, come gli Yoga Sutra attribuiti a Patañjali (II–IV secolo d.C.), il prana non è una "energia da usare", ma un principio da disciplinare con anni di pratica.

Un maestro di tai chi di Pechino, intervistato negli anni Ottanta da un'équipe di ricercatori francesi, rispose a una domanda incalzante con una frase disarmante: «*Voi occidentali volete sapere cos'è il qi. Noi impariamo quando non disturbarlo*». È una differenza sottile, ma decisiva. La commercializzazione moderna tende invece a promettere controllo immediato, risultati rapidi, padronanza. Proprio ciò che le tradizioni mettevano in guardia dal cercare.

Distinguere l'eredità culturale autentica dalle semplificazioni new age non significa difendere una purezza immaginaria. Le tradizioni vivono perché si trasformano. Ma alcuni indizi sono rivelatori. L'autenticità non promette scorciatoie, non separa mai il lavoro sul corpo da quello sull'attenzione e sul comportamento, non riduce l'energia vitale a una risorsa individuale da massimizzare.

Un esempio storico illuminante viene dal Giappone del primo Novecento. Jigoro Kano, fondatore del judo, si oppose apertamente alla trasformazione delle arti marziali in puro spettacolo o merce. Nel 1922, al Kodokan di Tokyo, ricordava ai suoi allievi che il ki non era una forza magica, ma il risultato di coordinazione, postura, intenzione. Quando una pratica perde questa complessità, quando diventa slogan, probabilmente non siamo più di fronte a un'eredità viva, ma a una sua caricatura.

Il paradosso è evidente: mentre la biologia contemporanea riscopre, con strumenti rigorosi, l'importanza dei pattern globali e della coerenza sistemica, una parte della cultura popolare riduce quei concetti a formule rassicuranti. L'energia vitale viene così privata della sua dimensione più scomoda: richiede tempo, ascolto, trasformazione personale.

Nel 1998, durante un convegno a Londra su scienza e spiritualità, il fisico David Bohm — figura ponte tra mondi diversi — osservò che «*il problema non è usare parole antiche, ma usarle senza disciplina*». Una frase che vale ancora oggi. La rifondazione scientifica dell'energia vitale non passa dalla sua negazione né dalla sua mercificazione, ma da un lavoro paziente di traduzione culturale.

Recuperare qi e prana come descrizioni pre-scientifiche di fenomeni di coerenza non significa venderli meglio, ma capirli meglio. Significa restituire loro spessore, sottrarli tanto al dogmatismo quanto al marketing. In questo senso, la biologia dei campi offre un criterio prezioso: ciò che è vitale non è ciò che promette di più, ma ciò che mantiene coerenza nel tempo.

Forse la vera eredità delle tradizioni non è un concetto da esibire, ma un atteggiamento da coltivare. In un'epoca che misura tutto in termini di prestazione e consumo, questa è una lezione sorprendentemente attuale.

Non magia, ma esperienza: perché l'energia vitale ha attraversato i secoli.

Chiamare "superstizione" i concetti tradizionali di energia vitale è, spesso, un gesto di impazienza culturale. Significa giudicare con categorie nate nel laboratorio moderno ciò che è emerso in contesti in cui l'osservazione era diretta, corporea, reiterata nel tempo. Le civiltà che hanno parlato di qi, prana, pneuma o *vis vitalis* non stavano formulando teorie fisiche alternative, ma registrando regolarità dell'esperienza del vivente.

Prima ancora di chiedersi come funziona la vita, queste tradizioni si chiedevano come si manifesta. E ciò che emergeva, con sorprendente coerenza, era l'idea che un organismo vivo non si definisca solo per ciò di cui è fatto, ma per come mantiene continuità, ritmo e unità nel cambiamento. Non un'ipotesi metafisica, ma una constatazione empirica reiterata.

Un elemento spesso trascurato è che questi concetti non nascono nei templi, ma nei mestieri. Il qi prende forma nella medicina e nell'agricoltura cinesi; il prana nell'osservazione del respiro e dello sforzo fisico; il pneuma nella pratica medica ellenistica. Galeno, (II secolo d.C.) parlava del pneuma come di ciò che rende il corpo capace di reagire, di adattarsi, di guarire. Non era un'entità mistica, ma una funzione descrittiva: ciò che c'è quando il corpo risponde come un tutto.

Un aneddoto riportato negli archivi della Royal Navy racconta che, durante le lunghe traversate del XVIII secolo, alcuni medici di bordo distinguevano i marinai "ancora integri" da quelli prossimi allo scorbuto non tanto dai sintomi evidenti, quanto da una sorta di "cedimento generale": postura, tono, capacità di coordinazione. Non avevano il linguaggio della vitamina C, ma riconoscevano una perdita di principio organizzatore. È esattamente questo che i concetti di energia vitale cercavano di nominare.

Ciò che rende questi concetti non superstiziosi è il loro nucleo fenomenologico comune. Ovunque compaiono, descrivono tre aspetti ricorrenti: la continuità dell'organismo nel tempo, la sua capacità di coordinare parti diverse, e la sua sensibilità al contesto. Non parlano di cause ultime, ma di stati globali.

La superstizione, in senso proprio, attribuisce eventi a cause arbitrarie e incontrollabili. I concetti di energia vitale fanno l'opposto: ridanno regolarità a ciò che appare caotico. Un medico ayurvedico del Kerala, intervistato negli anni Settanta da un'équipe dell'Università di Madras, spiegava che parlare di prana serviva a non perdere di vista il quadro generale del paziente, soprattutto quando i singoli sintomi cambiavano. Era un antidoto alla frammentazione, non un suo prodotto.

È significativo che questi concetti emergano proprio dove il riduzionismo mostra i suoi limiti: nei processi di guarigione, nello sviluppo, nell'adattamento. Ambiti in cui il comportamento del tutto non è immediatamente deducibile dalle parti. La biologia dei campi non fa che riconoscere, con strumenti più raffinati, questa stessa difficoltà.

C'è un ultimo elemento che allontana qi e prana dalla superstizione: la loro sobrietà esplicativa. Non promettono miracoli, non garantiscono controllo totale. Al contrario, insistono sulla fragilità dell'equilibrio vitale. In molti testi classici, l'energia vitale non è qualcosa da accumulare, ma da non disperdere. Un'idea sorprendentemente vicina alla nozione moderna di stabilità dinamica.

Nel 1932, il fisiologo Walter Cannon introdusse il concetto di omeostasi. Non parlava di energia vitale, ma descriveva lo stesso fenomeno: la capacità di un organismo di restare se stesso attraverso fluttuazioni continue. Le parole cambiano, l'esperienza di fondo rimane. È in questa continuità che si gioca la legittimità dei concetti tradizionali.

Forse, allora, il punto non è decidere se qi e prana "esistano" nel senso fisico del termine, ma riconoscere che designano qualcosa che accade realmente: il modo in cui la vita si tiene insieme. Liquidarli come superstizione significa perdere una traccia preziosa della nostra lunga osservazione del vivente.

Contare non basta: il pregiudizio matematico e l'ombra gettata sull'energia vitale.

Nella cultura scientifica moderna esiste una regola non scritta: ciò che non si lascia tradurre in numeri è, se non falso, almeno poco affidabile. È una regola potente, che ha prodotto risultati straordinari, ma che nel tempo si è trasformata in pregiudizio epistemologico. In questo clima, concetti come qi o prana non vengono nemmeno esaminati: vengono archiviati. Non perché siano stati confutati, ma perché parlano una lingua diversa da quella dell'equazione.

Eppure, questa identificazione tra conoscenza e matematizzazione è storicamente recente. Galileo, nel "*Saggiatore*" (1623), scrive che il libro della natura è scritto in linguaggio matematico. Ma Galileo non dice che solo ciò che è matematico è reale; dice che è il linguaggio adatto a descrivere certi fenomeni. Nei secoli successivi, quella prudenza si è persa, e il metodo è diventato metafisica.

Uno degli effetti collaterali di questo slittamento è la confusione sistematica tra simbolico e irrazionale. Nel linguaggio comune, simbolico suona come vago, poetico, quindi sospetto. Ma nella storia della conoscenza il simbolo ha sempre avuto un'altra funzione: rendere visibile ciò che non è immediatamente scomponibile.

Ernst Cassirer, filosofo della cultura attivo tra gli anni Venti e Trenta del Novecento, ricordava che mito, linguaggio e scienza non sono gradi di errore progressivo, ma forme simboliche diverse. Ognuna organizza l'esperienza secondo criteri propri. Dire che il qi è simbolico non significa dire che è falso; significa riconoscere che nasce per orientare l'esperienza del vivente, non per sostituirsi a una teoria fisica.

Un esempio illuminante arriva dall'arte. Quando, nel 1912, Kandinskij pubblica "*Lo spirituale nell'arte*", viene accusato di misticismo. Solo decenni dopo si comprenderà che stava tentando di descrivere campi percettivi, tensioni, risonanze visive. Non numeri, ma strutture. Nessuno oggi direbbe che Kandinskij fosse irrazionale; eppure, parlava una lingua simbolica.

In medicina, questo pregiudizio ha avuto conseguenze concrete. Michael Polanyi, chimico e filosofo della scienza, parlava di "*tacit knowledge*": un sapere che guida l'azione ma non è completamente esplicitabile. Un chirurgo esperto "sente" quando un tessuto è sano o no, prima ancora di poterlo misurare. Nessuno lo chiama superstizione. Eppure, quando analoghe competenze vengono espresse attraverso concetti simbolici, come accade nelle medicine tradizionali, il giudizio cambia.

Negli anni Cinquanta, negli ospedali parigini, alcuni clinici anziani distinguevano pazienti "tenuti insieme" da pazienti "sfilacciati", usando un linguaggio che oggi definiremmo impreciso. Ma i giovani medici sapevano che quelle parole anticipavano spesso l'andamento clinico. Era una descrizione globale, non quantificata, ma tutt'altro che arbitraria. Il problema non era la mancanza di rigore, ma l'assenza di una grammatica scientifica adatta a quel tipo di fenomeno.

Il cuore del pregiudizio moderno sta forse qui: aver scambiato lo strumento per il criterio ultimo di realtà. La matematica è un mezzo potentissimo, ma non è neutra: seleziona ciò che è misurabile e lascia in ombra ciò che è relazionale, qualitativo, dinamico. I concetti di energia vitale nascono proprio in quell'ombra, come tentativi di dare parola a configurazioni complesse che sfuggono alla scomposizione.

Il filosofo napoletano Giambattista Vico, già nel 1725, metteva in guardia contro l'idea che solo il metodo geometrico producesse verità. "*Verum ipsum factum*": comprendiamo davvero ciò che siamo in grado di fare, di vivere, di attraversare. Il vivente, prima di essere calcolato, è esperito. Le tradizioni che parlano di qi o prana non rifiutano la razionalità; rifiutano l'idea che una sola forma di razionalità esaurisca il reale.

Rifondare il concetto di energia vitale significa anche questo: restituire dignità conoscitiva al simbolico, senza trasformarlo in dogma. Il simbolo non è un residuo arcaico da eliminare, ma un ponte provvisorio tra esperienza e teoria. Quando la biologia dei campi parla di coerenza, informazione, organizzazione globale, sta facendo un'operazione analoga: traduce in un linguaggio più preciso ciò che per secoli è stato espresso in forma simbolica.

Il vero ostacolo non è la mancanza di dati, ma l'abitudine mentale a riconoscere come reali solo quelli che entrano in una formula. Superare questo pregiudizio non significa rinunciare alla scienza, ma allargarne il vocabolario. E forse, come spesso accade nella storia delle idee, il passo avanti consiste nel recuperare ciò che era stato escluso troppo in fretta.

PARTE QUARTA. Vita, salute e disarmonia.

Dal pensiero di Georges Canguilhem
La salute non è uno stato ideale da conservare, ma una capacità creativa dell'organismo di stabilire nuove norme quando il contesto cambia.

Dal pensiero di Henri Atlan
Il vivente non è definito dalla stabilità dei suoi componenti, ma dalla coerenza dei processi che li tengono in relazione.

Dal pensiero di Francisco Varela
La malattia non è un semplice guasto locale, ma una rottura della continuità con cui l'organismo si produce e si riconosce come unità.

Dopo aver messo in discussione il riduzionismo biologico e aver introdotto l'idea della vita come fenomeno di coerenza e di campo, questa Quarta parte affronta il terreno più delicato e insieme più concreto: quello della salute e della malattia. È qui che le ipotesi teoriche smettono di essere soltanto un nuovo linguaggio per descrivere la vita e diventano una diversa lente per interpretare ciò che accade quando la vita funziona, si adatta, resiste o, al contrario, si disorganizza.

Nel paradigma classico, la salute è spesso intesa come assenza di anomalie misurabili, mentre la malattia viene fatta coincidere con una lesione, un difetto molecolare o un malfunzionamento localizzato. La prospettiva dei campi biologici ribalta questa impostazione senza negarne l'utilità: prima ancora di manifestarsi nei tessuti, nei geni o nei parametri clinici, salute e malattia emergono come stati globali di coerenza o di disallineamento informativo dell'organismo.

La salute, in questo quadro, non è immobilità né perfetto equilibrio, ma capacità dinamica di mantenere un ordine flessibile, di assorbire perturbazioni senza perdere la propria identità funzionale. È un processo continuo di aggiustamento, una resilienza che riguarda l'intero campo biologico e non soltanto le sue singole parti. Essere sani non significa rimanere invariati, ma riuscire a cambiare senza frammentarsi.

La malattia, di conseguenza, non appare più come un evento puntuale, improvviso e isolato, ma come una progressiva perdita di coerenza. Le parti dell'organismo continuano a esistere, ma smettono di dialogare in modo armonico; l'informazione che un tempo coordinava il tutto si disperde, si distorce o si localizza. Ciò che emerge è una disarmonia che precede e accompagna le alterazioni materiali, rendendole comprensibili come espressione di un processo più profondo.

Questa parte del libro non propone scorciatoie terapeutiche né semplificazioni suggestive. Al contrario, si muove con cautela lungo un confine delicato: da un lato, mostra le potenzialità di una visione sistemica e informazionale della salute; dall'altro, ne riconosce i limiti, rivendicando la necessità di rigore scientifico e di integrazione con la medicina basata sull'evidenza. Il campo biologico non è una spiegazione magica, ma un livello ulteriore di comprensione.

Nel percorso complessivo del volume, la Quarta parte rappresenta un passaggio chiave: traduce i fondamenti teorici della biologia dei campi in una riflessione sul vivere concreto, sul benessere e sulla sofferenza. È il punto in cui la vita, intesa come fenomeno di coerenza, mostra ciò che accade quando questa coerenza si mantiene, si incrina o si ricostruisce. Ed è anche il punto in cui la biologia incontra inevitabilmente una responsabilità più ampia: comprendere la salute non solo come fatto individuale, ma come espressione di relazioni più vaste, biologiche ed ecologiche, che rendono possibile la vita stessa.

VIII°. La salute come coerenza,

Nel linguaggio comune, la salute è spesso descritta per negazione: stare bene significa non avere sintomi, non mostrare alterazioni, non deviare da parametri considerati normali. Ma questa definizione, apparentemente rassicurante, si rivela fragile non appena si osserva la vita da vicino. Gli organismi viventi non sono mai immobili, né perfettamente allineati a uno standard fisso. Cambiano continuamente, oscillano, compensano, anticipano. La salute, allora, non può coincidere con la stabilità di uno stato, ma con la capacità di attraversare il cambiamento senza perdere coerenza.

Questo capitolo introduce una visione della salute coerente con l'idea centrale della biologia dei campi: l'organismo come struttura informativa stabilizzata, capace di mantenere la propria identità attraverso flussi continui di energia, materia e informazione. In questa prospettiva, essere in salute significa riuscire a integrare perturbazioni interne ed esterne in un ordine dinamico, senza che il campo biologico perda la sua capacità di coordinare il tutto.

Il concetto di equilibrio, qui, viene radicalmente ripensato. Non più equilibrio statico, assimilabile a una quiete ideale, ma equilibrio dinamico, simile a quello di un sistema che si regola mentre si muove. Un organismo sano non è quello che non cambia, ma quello che cambia bene. La coerenza informativa non elimina la variazione, la rende abitabile.

All'interno del percorso del libro, questo capitolo rappresenta un passaggio decisivo: dopo aver descritto la vita come fenomeno di coerenza e di campo, si mostra come questa coerenza si manifesti concretamente nell'esperienza biologica della salute. È il punto in cui la teoria incontra la fisiologia, senza ridursi a essa. La salute diventa così una proprietà globale dell'organismo, non la semplice somma di funzioni corrette.

Un'attenzione particolare è dedicata alla resilienza del campo biologico: la capacità di adattamento, di auto-riparazione, di riorganizzazione dopo una perturbazione. Qui la salute appare come un'intelligenza distribuita, non localizzabile in un organo o in una molecola, ma riconoscibile nel modo in cui l'intero sistema risponde alle sfide. È una competenza emergente, più che uno stato misurabile una volta per tutte.

Infine, il capitolo apre a implicazioni che vanno oltre la medicina individuale. Se la salute è coerenza di campo, allora essa dipende anche dal contesto: relazionale, ambientale, ecologico. Senza forzare conclusioni pratiche premature, si delinea la necessità di una medicina più sistemica, capace di leggere i segni della salute non solo nei valori isolati, ma nella qualità dell'organizzazione complessiva del vivente.

Il Capitolo VIII traduce il linguaggio teorico della coerenza e dei campi biologici in una chiave interpretativa applicabile a uno dei concetti più delicati della biologia e della medicina. Preparando il terreno al capitolo successivo sulla malattia come perdita di coerenza, questo testo chiarisce che la salute non è il punto zero della patologia, ma una modalità specifica di organizzazione del vivente.

In questo senso, il capitolo non propone una definizione alternativa di salute, ma un cambio di prospettiva: dalla correzione degli errori alla comprensione dei processi; dal controllo dei parametri alla lettura dell'ordine complessivo; dalla riparazione delle parti alla cura delle relazioni che tengono insieme il tutto.

Salute è andare a tempo: l'orchestra invisibile dei ritmi biologici.

Se la salute è coerenza, allora il suo vero banco di prova è il tempo. Non il tempo astratto degli orologi, ma quello biologico, plurale e stratificato, che attraversa l'organismo come una trama di ritmi differenti. Ogni vivente è, prima di tutto, una architettura temporale: cicli rapidi e lenti, oscillazioni quotidiane e stagionali, micro-variazioni che si coordinano senza bisogno di un direttore centrale. La salute si manifesta quando questi ritmi — metabolici, endocrini, neuronali — riescono a sincronizzarsi, mantenendo una relazione stabile pur restando flessibili. La cronobiologia ha mostrato come il corpo umano funzioni secondo un'organizzazione temporale interna che non si limita a reagire all'ambiente, ma lo anticipa e lo interpreta. Le ricerche che hanno portato, nel 2017, al riconoscimento del ruolo dei meccanismi molecolari dell'orologio circadiano hanno reso evidente un punto decisivo: non conta solo che cosa accade nel corpo, ma quando accade.

Un organismo in salute non è quello in cui ogni processo funziona isolatamente, bensì quello in cui i tempi dei processi si parlano. È una coerenza temporale che permette all'insieme di restare se stesso mentre cambia, come accade in una partitura musicale in cui temi diversi entrano ed escono senza spezzare l'unità del brano. In questa prospettiva, il campo biologico appare anche come un campo di sincronizzazione, capace di integrare ritmi differenti in un ordine dinamico. La salute non coincide allora con la regolarità rigida, ma con una puntualità intelligente: la capacità dell'organismo di essere nel momento giusto, di accordare i propri tempi interni con quelli del mondo senza perdere la propria identità.

Dall'organismo all'ecosistema: una stessa grammatica della coerenza.

Un accenno comparativo tra sistemi biologici ed ecosistemi aiuta a mettere a fuoco, quasi per riflesso, che cosa intendiamo davvero quando parliamo di salute come coerenza. Un organismo vivente e un ecosistema naturale operano su scale diverse, ma sembrano obbedire a principi organizzativi sorprendentemente affini. In entrambi i casi, ciò che conta non è la perfetta efficienza di ogni singolo elemento, bensì la qualità delle relazioni che tengono insieme il tutto. Un bosco maturo, studiato dagli ecologi a partire dagli anni Settanta, non è "sano" perché ogni specie prospera al massimo, ma perché il sistema nel suo complesso riesce ad assorbire perturbazioni — un incendio, una siccità, l'arrivo di una specie invasiva — senza perdere la propria identità funzionale. Allo stesso modo, un organismo umano in salute non è quello privo di fluttuazioni o asimmetrie, ma quello capace di integrare variazioni locali in un ordine globale.

Questa analogia non è solo suggestiva. Gregory Bateson, osservando i sistemi viventi e i sistemi ecologici, parlava di una "ecologia della mente", sottolineando come la stabilità emerga sempre da circuiti di retroazione e non dal controllo lineare. In un ecosistema, l'eccessiva semplificazione — la riduzione drastica della biodiversità — lo rende fragile; in un organismo, una rigidità funzionale analoga compromette la capacità di adattamento. In entrambi i casi, la salute coincide con una coerenza distribuita, non con l'ottimizzazione di una singola funzione.

L'idea di campo biologico permette di cogliere questa parentela senza forzare l'analogia. Così come un ecosistema non è riducibile alla somma delle sue specie, un organismo non è spiegabile come semplice aggregato di organi o reazioni. In entrambi agisce un ordine informativo che orienta i processi locali, mantenendo una forma riconoscibile nel tempo. È per questo che, osservando certi ambienti naturali — una laguna, una barriera corallina, una prateria stabile — molti biologi hanno parlato di "sistemi in salute" usando un linguaggio sorprendentemente vicino a quello della fisiologia. Non perché l'ecosistema sia un organismo in senso stretto, ma perché condivide con il vivente individuale la logica della coerenza dinamica.

Questo accenno serve a suggerire una continuità di principi: la salute individuale e quella ambientale non sono la stessa cosa, ma sembrano emergere da una stessa grammatica del vivente, in cui l'equilibrio non è mai fissità e l'ordine non è mai imposto dall'alto.

Curare non è aggiustare: il lessico vivente della salute.

Nel linguaggio comune, "curare" significa spesso intervenire per eliminare un problema. Si cura una ferita, si cura una malattia, come se il corpo fosse una macchina guasta e la salute coincidesse con la rimozione del difetto. Eppure, se osserviamo con attenzione il lessico della cura — quello che attraversa la medicina, l'ecologia, persino l'etica — emerge un significato più profondo e meno tecnico: curare è prendersi carico di una relazione nel tempo. Non è un'azione puntuale, ma una pratica continua di attenzione, ascolto, regolazione. In questa prospettiva, la biologia dei campi offre una chiave interpretativa potente: la salute non riguarda l'eliminazione di elementi indesiderati, ma la preservazione della coerenza relazionale che tiene insieme un sistema vivente.

Un parallelismo illuminante viene dal mondo della conservazione ambientale. Quando, negli anni Novanta, iniziarono i grandi progetti di rinaturalizzazione del delta del Reno nei Paesi Bassi, gli ecologi si resero conto che "curare" il fiume non significava più arginarlo rigidamente o costringerlo in un tracciato ideale, ma restituirgli spazio, permettere alle sue dinamiche di esprimersi senza perdere equilibrio. La manutenzione del paesaggio divenne così un lavoro di accompagnamento, non di controllo. Qualcosa di analogo accade nel corpo: la cura, intesa in senso profondo, non impone un ordine dall'esterno, ma sostiene le condizioni affinché l'organismo possa ristabilire la propria coerenza informativa.

Non è un caso che questa idea riaffiori in ambiti diversi. La filosofa Joan Tronto, negli anni Ottanta, definiva la cura come un'attività che comprende "*tutto ciò che facciamo per mantenere, continuare e riparare il nostro mondo*". Un mondo che include i corpi, gli ambienti, le relazioni. Applicata alla salute, questa definizione sposta il fuoco: non si tratta di combattere il corpo, ma di collaborare con la sua intelligenza sistemica. Alcuni medici di base raccontano — spesso fuori dai convegni ufficiali — che i percorsi di cura più efficaci iniziano quando si smette di inseguire il singolo parametro e si comincia a osservare come il paziente vive, lavora, dorme, respira. Non è romanticismo: è un riconoscimento implicito del fatto che la salute emerge da una rete di relazioni coerenti.

Anche il linguaggio agricolo tradizionale conserva tracce di questa visione. In molte zone dell'Appennino si parla ancora di "curare la terra" per indicare la rotazione dei campi, la manutenzione dei muretti a secco, l'attenzione alle sorgenti. Non si "ripara" un suolo: lo si accompagna, stagione dopo stagione. Trasposta sul piano biologico, questa metafora diventa sorprendentemente precisa. Il campo biologico dell'organismo non chiede interventi risolutivi una tantum, ma continuità di attenzione, piccoli aggiustamenti che mantengono le relazioni funzionali tra le parti.

In questo senso, la salute come coerenza è anche una questione di linguaggio. Parlare di cura come manutenzione delle relazioni cambia il modo in cui pensiamo il corpo e il nostro rapporto con esso. Non più un territorio da conquistare o correggere, ma un ambiente vivente da abitare consapevolmente. È un cambio di paradigma silenzioso, ma decisivo, che avvicina la medicina alla saggezza ecologica senza confondere i piani: ciò che le accomuna non è l'oggetto, ma il principio organizzativo. La salute, come un ecosistema ben curato, non si impone. Si coltiva.

La salute non sta ferma: l'arte biologica del restare se stessi cambiando.

Per molto tempo, nella medicina come nel senso comune, la salute è stata immaginata come una condizione di quiete: parametri nella norma, valori stabili, funzioni regolari. Un ideale rassicurante, quasi geometrico. Ma la biologia contemporanea — e ancor più la prospettiva della biologia dei campi — suggerisce una verità meno comoda e più affascinante: un organismo sano non è quello che non cambia, ma quello che cambia senza perdere coerenza. La salute, insomma, assomiglia più a un'oscillazione ben regolata che a una linea piatta.

Un esempio classico, spesso citato nei corsi di fisiologia ma raramente discusso fino in fondo, riguarda il battito cardiaco. Negli anni Ottanta, alcuni cardiologi statunitensi notarono che un cuore perfettamente regolare — come un metronomo — è spesso un segnale di rischio, non di salute. Il cuore sano presenta una variabilità continua, micro-irregolarità che indicano la capacità del sistema di adattarsi istante per istante alle richieste dell'organismo. L'immobilità ritmica, paradossalmente, è una forma di rigidità. In questo senso, la salute non coincide con l'assenza di fluttuazioni, ma con la loro integrazione in un ordine dinamico.

Questa idea trova un'eco sorprendente anche fuori dalla medicina. Il biologo evoluzionista Stephen Jay Gould raccontava, in un saggio degli anni Novanta, come le specie più longeve non siano quelle più specializzate, ma quelle capaci di tollerare variazioni, di abitare un intervallo ampio di condizioni senza collassare. Lo stesso vale per l'organismo individuale:

l'equilibrio statico — quello che tenta di conservare a tutti i costi uno stato ideale — è fragile; l'equilibrio dinamico, invece, è una forma di intelligenza del sistema.

Dal punto di vista della biologia dei campi, questa distinzione assume un significato ancora più radicale. Se l'organismo è una struttura informativa stabilizzata, la sua salute non può consistere nel congelamento dell'informazione, ma nella capacità del campo biologico di riorganizzarsi mantenendo una forma riconoscibile. Come un musicista jazz che improvvisa senza perdere la tonalità, il corpo sano varia continuamente le proprie configurazioni interne senza smarrire il senso dell'insieme. Non è un caso che il musicologo Leonard Meyer parlasse di equilibrio dinamico anche a proposito della musica: tensione e risoluzione non sono incidenti, ma condizioni dell'armonia.

Anche la storia della scienza offre spunti illuminanti. Walter Cannon, il fisiologo che introdusse il concetto di omeostasi negli anni Trenta, intendeva già l'equilibrio come un processo attivo, non come una condizione passiva. Col tempo, però, la sua intuizione è stata semplificata, trasformando l'omeostasi in una sorta di ideale statico. La biologia dei campi recupera e radicalizza l'intuizione originaria: l'equilibrio è un verbo, non un sostantivo. È qualcosa che l'organismo fa, non qualcosa che possiede.

In questa luce, la salute appare come una forma di movimento ben riuscito nel tempo. Non assenza di crisi, ma capacità di attraversarle. Non immobilità, ma continuità di senso attraverso il cambiamento. Un organismo sano non è quello che resta identico a se stesso, ma quello che riesce a restare se stesso mentre cambia.

Resilienza del campo. Adattamento e auto-riparazione.

Se l'equilibrio biologico non è immobilità, allora la resilienza non è semplice resistenza. Nella prospettiva della biologia dei campi, la resilienza appare piuttosto come la capacità di un organismo di attraversare una perturbazione senza perdere la propria forma informativa, riorganizzandosi dall'interno. Non è una difesa passiva, ma un processo attivo, creativo, che implica memoria, flessibilità e una sorprendente economia di mezzi.

Un esempio emblematico — spesso citato nei laboratori di biologia cellulare ma raramente raccontato al grande pubblico — riguarda i tessuti epiteliali. Quando una ferita interrompe la continuità di un tessuto, le cellule non si limitano a proliferare in modo casuale. Studi condotti a partire dagli anni Duemila, tra cui quelli del gruppo di Pazhuh Benoît Ladoux a Parigi, hanno mostrato che le cellule "sentono" il vuoto, modificano la propria geometria, riallineano le tensioni meccaniche e ricostruiscono la forma prima ancora della funzione. Come se il campo informativo dell'organismo contenesse già una mappa implicita di ciò che deve essere ripristinato.

Questo fenomeno di auto-riparazione non riguarda solo la scala microscopica. Dopo l'incendio che devastò parte del Parco Nazionale di Yellowstone nel 1988, molti osservatori parlarono di catastrofe irreversibile. Eppure, negli anni successivi, gli ecologi notarono che il sistema non "tornava indietro", ma si riorganizzava: nuove successioni vegetali, equilibri diversi, una biodiversità in alcuni casi persino aumentata. La resilienza, qui, non coincideva con il ripristino dello stato precedente, ma con la capacità del sistema di mantenere identità attraversando la trasformazione. Lo stesso principio, su scala diversa, vale per l'organismo vivente.

Dal punto di vista del campo biologico, l'adattamento non è una risposta locale a uno stimolo locale. È una risposta globale a una perturbazione che viene "letta" dal sistema nel suo insieme. Il neuroscienziato Kurt Goldstein, osservando soldati con lesioni cerebrali durante la Prima guerra mondiale, notò che il recupero funzionale non dipendeva solo dalla zona danneggiata, ma dalla capacità dell'intero organismo di riorganizzare il proprio comportamento. Non si trattava di tornare a ciò che era stato perso, ma di trovare un nuovo modo coerente di essere nel mondo. Una lezione che oggi risuona con forza nella biologia dei campi.

La resilienza, in questo senso, implica una forma di memoria che non è archivio, ma traccia operativa. Il corpo ricorda non solo ciò che è accaduto, ma come ha risposto. Alcuni immunologi parlano di "imprinting" funzionale: ogni infezione, ogni trauma lascia una modulazione nel campo biologico che può rafforzare o indebolire la capacità futura di adattamento.

Parlare di resilienza del campo significa spostare l'attenzione dal danno alla competenza del vivente. L'organismo non è fragile perché esposto alle perturbazioni; è fragile solo quando perde la capacità di riorganizzarsi. La salute, in questa luce, appare come una proprietà emergente: non l'assenza di ferite, ma la possibilità di attraversarle senza dissolversi.

Ciò che la vita ricorda: memoria, identità e continuità biologica.

Ogni organismo vivente è un archivio. Ma non nel senso polveroso di una biblioteca immobile: piuttosto come una memoria viva, che seleziona, rielabora e utilizza il passato per restare coerente nel presente. Nel capitolo dedicato alla salute come coerenza, il tema della memoria biologica diventa centrale perché non c'è continuità senza ricordo, e non c'è salute senza una memoria capace di orientare l'adattamento.

La forma di memoria più nota è quella genetica. Il DNA, con il suo linguaggio a quattro lettere, è spesso presentato come il grande libro della vita. In parte lo è davvero: conserva istruzioni antiche, sedimentate nel corso di milioni di anni. Quando nel 1953 Watson e Crick annunciarono a Cambridge la struttura a doppia elica, Francis Crick ebbe la celebre audacia di dire che avevano "scoperto il segreto della vita". Col tempo abbiamo capito che era un segreto importante, ma non sufficiente. Il genoma non è uno spartito che si esegue sempre allo stesso modo, bensì una partitura aperta, che richiede interpreti, contesto e memoria.

Qui entra in scena la memoria epigenetica. A partire dagli anni Novanta, studi condotti in Svezia, nella regione di Överkalix, mostrarono che carestie o abbondanze alimentari vissute dai nonni potevano influenzare la salute dei nipoti. Non cambiava la sequenza del DNA, ma il modo in cui certi geni venivano attivati o silenziati. L'organismo, in altre parole, ricordava eventi non vissuti direttamente, traducendoli in una regolazione dell'espressione genetica. La memoria epigenetica non conserva contenuti simbolici, ma tracce operative: istruzioni su come stare al mondo in base a ciò che è già accaduto. Eppure, anche questa memoria non esaurisce il quadro. C'è una terza dimensione, più sottile e controversa, che la biologia dei campi propone di chiamare memoria di campo. Non è scritta in una molecola specifica, né si riduce a un meccanismo locale. È una continuità informativa che riguarda la forma complessiva dell'organismo, il modo in cui le parti si coordinano nel tempo. Un esempio suggestivo proviene dagli studi di rigenerazione: quando una planaria viene sezionata, ogni frammento può rigenerare un organismo completo. Ma ciò che sorprende non è solo la ricrescita dei tessuti, bensì la ricostruzione corretta della forma. Come fa il sistema a "sapere" dove sta la testa e dove la coda? I genetisti forniscono parte della risposta, ma non tutta. Qualcosa sembra conservare la memoria dell'insieme. Negli anni Settanta, il biologo Rupert Sheldrake — figura discussa ma culturalmente influente — parlò di "campi morfici" come portatori di memoria. Al di là delle interpretazioni più speculative, l'idea che la forma abbia una sua inerzia informativa è oggi oggetto di ricerche più rigorose, ad esempio negli studi sui gradienti bioelettrici condotti da Michael Levin alla Tufts University. Qui la memoria non è un deposito, ma una condizione di possibilità: ciò che consente al sistema di tornare riconoscibile dopo una perturbazione.

Un medico di base di Lione raccontava di pazienti che, dopo interventi chirurgici tecnicamente riusciti, continuavano a "sentirsi sbagliati" per mesi, come se il corpo avesse bisogno di tempo per aggiornare la propria immagine interna. Al contrario, altri, con lesioni più gravi, recuperavano rapidamente una sensazione di unità. Esperienze cliniche difficili da quantificare, ma che suggeriscono come la salute dipenda anche dalla continuità del campo di senso corporeo, non solo dalla riparazione dei pezzi. Distinguere tra memoria genetica, epigenetica e di campo non significa moltiplicare entità astratte, ma riconoscere livelli diversi di conservazione dell'informazione. La genetica custodisce il possibile, l'epigenetica il probabile, la memoria di campo il riconoscibile. È quest'ultima che permette all'organismo di dire, per così dire: "sono ancora io", anche dopo il cambiamento. In questa prospettiva, la salute appare come una fedeltà dinamica a una forma di identità che non è mai identica a se stessa.

C'è un curioso parallelo culturale in tutto questo. Lo scrittore W.G. Sebald osservava che la memoria non è mai una riproduzione fedele del passato, ma una costruzione che serve al presente. Lo stesso vale per il vivente: ricorda solo ciò che gli serve per continuare a vivere. La memoria biologica non è nostalgia, è orientamento. Ed è forse qui che la biologia dei campi trova uno dei suoi punti più fecondi: nel mostrare che la vita non persiste perché resiste al tempo, ma perché sa ricordare in modo creativo.

Implicazioni mediche ed ecologiche.

Se la salute è coerenza, come suggerisce la biologia dei campi, allora la medicina non può più limitarsi a riparare pezzi isolati. Deve interrogarsi sulle relazioni che tengono insieme il vivente, dentro e fuori il corpo. Questa svolta non è un'utopia teorica: è già in atto, spesso in modo frammentario, talvolta inconsapevole, ma con conseguenze concrete tanto nella clinica quanto nel rapporto fra uomo e ambiente.

In medicina, l'idea di sistema ha fatto irruzione silenziosamente. Un cardiologo di Stoccolma raccontava come alcuni pazienti con insufficienza cardiaca migliorassero più per un cambiamento del contesto di vita — ritmi, relazioni, qualità del sonno — che per l'ennesimo aggiustamento farmacologico. Non si trattava di negare l'utilità dei farmaci, ma di riconoscere che il cuore non "batte da solo": risponde a un campo di segnali nervosi, ormonali, emotivi e ambientali. Curare l'organo senza interrogare il campo equivale, per usare una metafora cara ai clinici anglosassoni, ad accordare un violino ignorando l'orchestra.

Negli ultimi anni, discipline come la psiconeuroimmunologia hanno mostrato con dati solidi ciò che l'esperienza clinica intuiva da tempo: l'assetto immunitario cambia in base alla qualità delle relazioni sociali, allo stress percepito, persino al senso di controllo sulla propria vita. Gli studi di Sheldon Cohen alla Carnegie Mellon University, già negli anni Novanta, dimostrarono che la probabilità di ammalarsi dopo l'esposizione a un virus respiratorio era maggiore nelle persone socialmente isolate. Il virus era lo stesso, ma il campo biologico che lo accoglieva no.

Questa visione ha implicazioni radicali anche per la prevenzione. Una medicina sistemica non chiede solo "quale fattore di rischio eliminare?", ma "quale coerenza sostenere?". È un cambio di domanda che sposta l'attenzione dalla guerra contro il nemico alla manutenzione delle relazioni vitali. In alcuni ospedali del Giappone, ad esempio, programmi di riabilitazione per anziani includono attività comunitarie e contatto con spazi verdi, sulla base di evidenze che collegano la qualità dell'ambiente alla regolazione neurovegetativa. Non è folklore orientale: è fisiologia del campo.

Lo stesso ragionamento si estende naturalmente all'ecologia. Se l'organismo è un sistema coerente, anche l'ecosistema lo è. La salute umana non può essere separata dalla salute dei contesti in cui viviamo. L'epidemiologia ambientale ce lo ricorda con dati sempre più difficili da ignorare: l'aumento delle malattie respiratorie nella Pianura Padana, documentato dall'OMS già nel 2019, non è solo una questione di polmoni individuali, ma di campi ambientali cronicamente disarmonici. Aria, suolo, rumore, densità urbana: tutto contribuisce a modulare la coerenza biologica.

Un episodio emblematico risale alla crisi idrica di Flint, Michigan, iniziata nel 2014. L'esposizione al piombo non ha colpito solo i singoli organismi, ma ha prodotto una frattura sistemica: biologica, sociale, cognitiva. I danni neurologici nei bambini sono stati aggravati da stress, povertà, sfiducia nelle istituzioni. È un esempio drammatico di come la perdita di coerenza di un campo — in questo caso socio-ambientale — si traduca in patologia diffusa. Nessuna terapia individuale può compensare un campo degradato.

Verso una medicina sistemica significa, dunque, ripensare anche la responsabilità del medico. Non più solo tecnico della riparazione, ma custode di connessioni. Alcuni programmi di medicina di famiglia in Canada e nei Paesi Bassi stanno andando in questa direzione, integrando competenze cliniche con conoscenze ambientali e sociali. Il medico torna a essere, in senso quasi ippocratico, un osservatore del bios, non soltanto del sintomo.

C'è, infine, un risvolto culturale profondo. Una medicina fondata sui campi non può promettere controllo totale né guarigione automatica. Offre però qualcosa di forse più realistico: la possibilità di ridurre le dissonanze che, sommandosi, spingono il sistema verso la malattia. Come scriveva Ivan Illich in "*Nemesi medica*" (1975), il rischio non è la tecnica in sé, ma la perdita di proporzione. La medicina sistemica tenta di restituire questa proporzione, riconoscendo che la salute emerge dall'armonia fra livelli diversi del vivente.

Una sola salute, molti viventi: quando il campo biologico attraversa le specie.

C'è un'immagine che torna spesso nei racconti di chi lavora sul campo, lontano dai laboratori patinati: un veterinario rurale che riconosce un'epidemia imminente osservando prima il comportamento degli animali che i sintomi clinici negli uomini. Succedeva già all'inizio del Novecento, quando il medico tedesco Rudolf Virchow — più noto per la patologia cellulare — affermava che «*tra medicina umana e veterinaria non dovrebbero esserci linee di confine*». Non era una metafora: era un'intuizione sistemica ante litteram.

Oggi quella intuizione ha un nome preciso: *One Health*. Non uno slogan, ma un quadro concettuale che riconosce come la salute umana, quella animale e quella degli ecosistemi siano manifestazioni diverse di uno stesso campo biologico esteso, attraversato da flussi di informazione, agenti patogeni, sostanze chimiche, pratiche agricole e scelte culturali. In questa prospettiva, la malattia non è più solo un evento individuale, ma un segnale che emerge da una rete di relazioni interspecifiche.

L'esempio più noto — e spesso citato solo in chiave emergenziale — è quello delle zoonosi. Ma ridurre One Health al tema dei "salti di specie" sarebbe limitante. Quando nel 2006 l'epidemia di influenza aviaria H5N1 mise in allarme l'OMS e la FAO, il problema non fu solo il virus, ma l'intero assetto dei sistemi di allevamento intensivo: densità animale, omogeneità genetica, stress cronico. Il patogeno trovava un campo favorevole, amplificato da scelte economiche e ambientali, prima ancora che biologiche.

In questo senso, One Health dialoga profondamente con la biologia dei campi: la salute emerge dove le relazioni sono sostenibili. Un biologo della conservazione che lavorava nel Parco del Serengeti raccontava come la scomparsa di alcune specie di avvoltoi — dovuta all'uso veterinario del *diclofenac* — avesse prodotto un aumento dei cani randagi e, di conseguenza, dei casi di rabbia umana in alcune aree dell'India nei primi anni Duemila. Un evento apparentemente "faunistico" aveva riorganizzato l'intero campo sanitario. La salute, ancora una volta, non apparteneva a una sola specie.

Dal punto di vista medico, questo implica un cambiamento di scala e di responsabilità. Non si tratta di chiedere al clinico di diventare ecologo, ma di riconoscere che ogni atto sanitario ha una risonanza oltre il corpo del paziente. L'uso massiccio di antibiotici in zootecnia — documentato dall'"*European Medicines Agency*" nel rapporto del 2014 — ha contribuito in modo significativo all'antibiotico-resistenza, oggi considerata una delle principali minacce globali alla salute. Qui il campo biologico è letteralmente condiviso: i batteri non distinguono tra corsia d'ospedale e allevamento industriale.

One Health introduce anche una nuova grammatica etica. Nel 2021, a Marsiglia, durante un convegno internazionale sull'ecologia della salute, un epidemiologo francese osservava che «*proteggere una foresta può essere un atto di prevenzione sanitaria più efficace di molte campagne farmacologiche*». Non era provocazione, ma constatazione: la distruzione degli habitat aumenta il contatto forzato tra specie, altera i serbatoi naturali dei patogeni e destabilizza campi ecologici che per secoli avevano funzionato come cuscinetti biologici.

Questa visione si riflette anche nelle politiche pubbliche più avanzate. Nei Paesi nordici, alcuni programmi di pianificazione territoriale integrano indicatori di salute umana, biodiversità e benessere animale nello stesso modello decisionale. Non è romanticismo verde: è biologia applicata su larga scala. Se la salute è coerenza, allora va coltivata là dove nasce: nelle relazioni tra viventi.

In definitiva, One Health rappresenta forse l'espressione più concreta della biologia dei campi nel mondo contemporaneo. Ci ricorda che non siamo isole biologiche, ma nodi temporanei di una trama più ampia. Curare l'uomo senza curare l'ambiente e gli animali significa intervenire su un frammento ignorando la struttura che lo sostiene. E ogni struttura informativa, quando viene spezzata, prima o poi presenta il conto.

I custodi invisibili del campo: quando la salute parla prima ai pastori.

Nel lessico della biologia dei campi, abituato a parlare di informazione, coerenza e risonanza, c'è una figura che raramente entra nei manuali ma che ritorna con ostinazione nella realtà: l'osservatore incarnato. È il pastore che conosce il suo gregge uno per uno, l'agricoltore che riconosce un terreno "stanco" dal modo in cui trattiene l'acqua, l'anziano di una comunità indigena che avverte un cambiamento nella foresta prima che sia misurabile. Non sono metafore poetiche: sono sensori biologici ad alta risoluzione, formatisi nel tempo lungo di una relazione continua con il campo vivente.

Nel 1972, durante una grave siccità nel Sahel, alcuni antropologi notarono che i pastori avevano iniziato a spostare le mandrie settimane prima che gli indicatori meteorologici ufficiali segnalassero l'anomalia. Non si basavano su previsioni, ma su dettagli minimi: la qualità del pascolo, il comportamento degli insetti, il modo in cui il bestiame si disponeva durante la notte. Era come se leggessero una grammatica sottile del campo, fatta di micro-variazioni che sfuggono allo sguardo strumentale.

Questo tipo di conoscenza non è "alternativa" alla scienza: è pre-analitica, nel senso più nobile del termine. Nasce dall'immersione prolungata in un sistema vivente e da una memoria collettiva che integra generazioni di osservazioni. Gregory Bateson, che non era certo un nostalgico del passato, ricordava che l'informazione più importante in un sistema è spesso quella che non viene codificata in numeri. Le comunità locali vivono precisamente in questo spazio: dove l'informazione è ancora forma vissuta.

Un esempio emblematico arriva dalle Ande peruviane. Negli anni Novanta, alcuni contadini quechua segnalarono un aumento anomalo di parassiti nelle coltivazioni di patate a quote elevate, tradizionalmente protette dal freddo. Gli agronomi parlavano di casi isolati; loro parlavano di "montagne che non dormono più". Solo anni dopo, i dati confermarono l'innalzamento delle temperature notturne. Ancora una volta, la disarmonia del campo era stata avvertita prima nei corpi, nei gesti, nel linguaggio simbolico.

In Europa, un episodio meno noto ma significativo riguarda la diffusione della *blue tongue* in Sardegna (malattia virale degli ovini trasmessa da insetti Culicoides) all'inizio degli anni Duemila. Alcuni allevatori avevano notato cambiamenti nel comportamento degli ovini e nella presenza di insetti vettori ben prima che l'epidemia fosse ufficialmente riconosciuta. Le segnalazioni iniziali furono sottovalutate perché non rientravano nei protocolli standard. Eppure, descrivevano con precisione una perdita di coerenza del campo agro-pastorale, non solo un problema veterinario.

Ciò che accomuna queste esperienze è la qualità della relazione. Il sapere tradizionale non separa l'osservatore dall'osservato: la conoscenza è partecipazione. In termini di biologia dei campi, potremmo dire che queste comunità funzionano come sistemi di feedback a bassa latenza, capaci di cogliere le fluttuazioni prima che diventino rumore patologico. Non perché abbiano strumenti migliori, ma perché sono parte del sistema che osservano.

Questo pone una questione cruciale per la salute intesa come coerenza: ignorare queste conoscenze significa perdere una parte dell'informazione disponibile nel campo. Non è un caso che, negli ultimi anni, alcuni programmi di sanità ambientale e agricola abbiano iniziato a integrare osservazioni locali accanto ai dati satellitari. In Alaska, ad esempio, ricercatori e comunità inuit collaborano dal 2008 per monitorare i cambiamenti nei ghiacci marini, combinando immagini radar e narrazioni orali. I risultati mostrano che le discrepanze tra i due livelli sono spesso il primo segnale di disarmonia.

Riconoscere il valore di questi saperi non significa idealizzarli né congelarli in un folklore romantico. Significa comprendere che la salute, quando è davvero sistemica, ha bisogno di più canali sensoriali. La biologia dei campi ci invita a pensare l'organismo — e per estensione la comunità — come una struttura informativa stabilizzata. Le conoscenze tradizionali sono una delle forme storiche più sofisticate di questa stabilizzazione: fragili, certo, ma straordinariamente sensibili.

In un'epoca dominata da modelli predittivi e intelligenze artificiali, il rischio non è tanto la tecnologia quanto la perdita di ascolto. Se la salute è la capacità di ristabilire coerenza, allora i primi segnali di disarmonia vanno cercati anche là dove il linguaggio è meno tecnico ma più aderente alla vita. Talvolta, la diagnosi più precoce arriva da chi non parla di campi biologici, ma li abita.

Metropoli viventi: quando lo spazio costruito entra nel corpo.

C'è un momento, spesso impercettibile, in cui una città smette di essere solo uno sfondo e diventa un agente biologico. Accade quando il traffico notturno entra nel sonno, quando l'assenza di alberi amplifica il caldo fino allo sfinimento, quando il rumore costante ridisegna, senza chiederci permesso, i ritmi del sistema nervoso. In una prospettiva di biologia dei campi, la città non è più un semplice contenitore di vite umane, ma un campo biologico complesso, capace di modulare — in senso armonico o dissonante — la coerenza degli organismi che la abitano.

Già negli anni Sessanta, l'urbanista Kevin Lynch osservava come la forma della città influenzasse la "leggibilità" mentale degli spazi. Oggi sappiamo che quella leggibilità non è solo cognitiva, ma fisiologica. Quartieri caotici, privi di riferimenti visivi e di spazi di decompressione, producono un carico informativo continuo che il corpo fatica a integrare. Non è un caso se, a partire dagli anni Duemila, alcune ricerche epidemiologiche hanno mostrato una maggiore incidenza di disturbi d'ansia e cardiovascolari nelle aree urbane ad alta densità e bassa qualità ambientale. La città, in altre parole, entra nel campo biologico dell'individuo.

Il rumore è forse l'esempio più evidente di questa interferenza. Nel 2011 l'Agenzia Europea dell'Ambiente stimava che il rumore urbano fosse responsabile di decine di migliaia di casi annui di ipertensione e disturbi del sonno. Ma ciò che colpisce, da una prospettiva sistemica, non è solo il danno specifico, bensì la perdita di coerenza: il corpo non trova più pause, non riconosce più silenzi. Il filosofo tedesco Peter Sloterdijk ha parlato di "atmosfere sonore" come di involucri invisibili che plasmano l'esperienza umana. In una città iper-rumorosa, quell'involucro diventa costantemente abrasivo.

All'estremo opposto, gli spazi verdi funzionano come stabilizzatori di campo. Non solo perché migliorano la qualità dell'aria o mitigano le isole di calore, ma perché introducono ritmi biologici non artificiali. Nel 1984, il ricercatore Roger Ulrich osservò che i pazienti ospedalieri con vista su alberi guarivano più rapidamente rispetto a quelli affacciati su un muro. Da allora, studi successivi hanno confermato che la presenza di verde urbano riduce i livelli di cortisolo e migliora la regolazione emotiva. È come se il campo vegetale offrisse all'organismo umano una memoria di coerenza, un richiamo a pattern vitali più antichi.

Alcune città hanno iniziato a prendere sul serio questa evidenza. A Copenaghen, già dagli anni Novanta, la pianificazione urbana ha integrato corridoi verdi continui, pensati non come decorazione ma come infrastruttura biologica. A Milano, dopo l'estate estrema del 2003, il tema del verde è rientrato nel dibattito sanitario prima ancora che estetico. Non sempre con risultati omogenei, ma con una consapevolezza nuova: l'urbanistica è una forma di medicina preventiva.

In questa luce, la città appare come un organismo a sua volta: attraversata da flussi, dotata di ritmi, capace di sostenere o erodere la coerenza biologica dei suoi abitanti. Non sorprende che già Lewis Mumford, nel 1938, definisse la città "*un fatto biologico prima che economico*". Oggi quella intuizione trova nuove basi scientifiche. Pensare la salute urbana significa allora interrogarsi non solo su ospedali e ambulatori, ma su strade, suoni, alberi, distanze, e sul modo in cui tutto questo informa il corpo, giorno dopo giorno.

IX°. La malattia come perdita di coerenza.

Dopo aver definito la salute come capacità di mantenere e rigenerare la coerenza del proprio campo biologico, questo capitolo compie un passaggio necessario e delicato: spostare lo sguardo sulla malattia, non come semplice guasto localizzato, ma come processo di disorganizzazione progressiva. La domanda di fondo non è "dove si è rotto qualcosa?", bensì "quando e come il campo ha smesso di tenere insieme le sue parti".

Nel quadro della biologia dei campi, la malattia non coincide immediatamente con un'alterazione molecolare osservabile. Quelle alterazioni, spesso decisive per la diagnosi, arrivano dopo. Prima c'è una perdita di allineamento informativo: segnali che non vengono più integrati, ritmi che non si sincronizzano, funzioni che procedono come solisti incapaci di ascoltare l'orchestra. Il linguaggio della patologia, così come lo conosce la medicina classica, descrive gli esiti. Questo capitolo tenta di interrogare la genesi dinamica di quegli esiti.

È qui che la nozione di disallineamento informativo diventa centrale. Un organismo sano tollera fluttuazioni, errori locali, persino danni temporanei, perché il campo complessivo riesce a riorganizzarsi. Quando questa capacità si riduce, le parti continuano a funzionare, ma non più insieme. La malattia emerge allora come una perdita di coordinazione, prima che come un difetto strutturale. In questa prospettiva, la patologia non è un evento puntuale, ma una traiettoria: qualcosa che accade nel tempo, spesso molto prima di essere nominato.

Per questo il capitolo insiste sull'idea di malattia come processo. Un processo che può accelerare o rallentare, stabilizzarsi o degenerare, a seconda della resilienza residua del campo. Questa visione non nega l'importanza della clinica, né delle spiegazioni biochimiche; piuttosto, le ricolloca in una cornice più ampia, in cui il dato molecolare diventa una fotografia tardiva di una storia iniziata altrove. È una prospettiva che richiede rigore concettuale, perché il rischio di derive semplificatorie è reale: parlare di "campo" non autorizza scorciatoie terapeutiche né spiegazioni vaghe.

La finalità del capitolo, nel contesto generale del libro, è proprio questa: mostrare la continuità logica tra salute e malattia, evitando di trattarle come stati opposti e separati. Se la salute è coerenza dinamica, la malattia è una coerenza che si restringe, si irrigidisce o si frammenta. Comprendere questo passaggio è essenziale per preparare il terreno ai capitoli successivi, in cui la vita verrà interpretata come processo cognitivo e come evento di senso, anche nei suoi momenti di crisi.

Alcune voci della storia del pensiero medico e scientifico aiutano a orientare questa lettura, senza bisogno di forzature interpretative. Georges Canguilhem, filosofo e medico, scriveva nel 1943: «*La malattia non è una variazione quantitativa del normale, ma una nuova norma di vita.*» Una frase che risuona con forza nella visione di campo: la patologia non è semplice sottrazione, ma riorganizzazione — spesso più povera, ma pur sempre organizzata.

René Leriche, chirurgo e pensatore della medicina del Novecento, offriva una definizione altrettanto illuminante: «*La salute è la vita nel silenzio degli organi.*» Quando quel silenzio si rompe, non sempre c'è subito dolore o lesione: a volte c'è solo un rumore di fondo, un'interferenza, una perdita di accordatura.

Infine, dalla fisica dei sistemi complessi, Ilya Prigogine ricordava: «*La vita è possibile solo lontano dall'equilibrio.*» Se la vita esiste in condizioni di instabilità controllata, allora la malattia può essere letta come il fallimento di quel controllo, non come il semplice ritorno a un ordine più semplice.

Questo capitolo si colloca dunque come una soglia concettuale: invita il lettore ad abbandonare l'idea della malattia come nemico esterno o accidente improvviso, e a considerarla come un linguaggio del campo, talvolta oscuro, talvolta fraintendibile, ma raramente casuale. Senza romanticismi e senza promesse facili, la visione di campo propone un cambio di prospettiva: dalla riparazione del pezzo alla comprensione della dinamica.

Quando le cellule non si capiscono più: il silenzio che precede la malattia.

Nel cuore del Capitolo IX, il tema del disallineamento informativo rappresenta forse il punto più radicale — e insieme più concreto — della biologia dei campi. Qui la malattia viene osservata nel suo momento più discreto e meno spettacolare: quando le parti dell'organismo continuano a funzionare, ma smettono di parlarsi davvero. Non c'è ancora un organo "malato", né un parametro fuori scala. C'è piuttosto una difficoltà crescente di integrazione, una perdita di linguaggio comune.

In questa prospettiva, l'organismo non è mai stato una somma di unità isolate, ma una comunità di processi comunicanti. Ormoni, segnali elettrici, oscillazioni metaboliche, ritmi circadiani: tutto concorre a mantenere una sorta di conversazione permanente. Il disallineamento informativo emerge quando questa conversazione si fa frammentaria. I messaggi arrivano in ritardo, o con un'intensità non più adeguata; le risposte sono corrette localmente, ma inappropriate per il contesto complessivo.

Un esempio noto agli addetti ai lavori, ma poco discusso fuori dagli ambienti specialistici, riguarda gli studi sui ritmi biologici condotti a partire dagli anni Settanta. Quando Franz Halberg, pioniere della cronobiologia, osservava che alterazioni minime nella sincronizzazione dei ritmi potevano precedere disturbi metabolici o immunitari, non stava parlando di una causa diretta, ma di un segnale di disaccordo interno. Il sistema non era rotto: era fuori tempo.

Questo "fuori tempo" è una buona metafora del disallineamento informativo. Le parti non sono danneggiate, ma non condividono più la stessa misura del tempo, dello spazio, della funzione. In biologia dei campi, ciò equivale a dire che il campo informativo non riesce più a mantenere una regia efficace. La malattia, in questa fase, non è visibile come oggetto, ma percepibile come perdita di orientamento.

Non è un'idea del tutto nuova. Già Claude Bernard, nella metà dell'Ottocento, intuiva che la stabilità dell'organismo dipendesse dalla qualità delle relazioni interne più che dalla robustezza dei singoli elementi. In una lezione del 1865 annotava: «*La fissità del milieu intérieur è la condizione della vita libera.*» Quando questa fissità dinamica si incrina, la libertà dell'organismo si riduce, e con essa la sua capacità di adattamento. Il disallineamento informativo nasce proprio quando le differenze non producono più effetti appropriati, quando i segnali non generano risposte coerenti.

Anche la neurofisiologia offre esempi eloquenti. Negli anni Novanta, studi sull'epilessia mostrarono che le crisi non derivano semplicemente da un'iperattività neuronale, ma da una perdita di coordinazione tra reti. I neuroni sparano, ma non insieme; comunicano, ma senza un contesto condiviso. Ancora una volta, il problema non è l'energia, ma la sua organizzazione informativa.

Il valore di questo sguardo, nel contesto del libro, sta nel disinnescare l'idea della malattia come tradimento improvviso del corpo. Il disallineamento informativo suggerisce una storia più lenta e più comprensibile: una serie di micro-incomprensioni che, accumulate, rendono l'organismo sempre meno capace di rispondere come un tutto. La patologia diventa così una conseguenza, non un punto di partenza.

Non si tratta, è bene ribadirlo, di una lettura consolatoria. Riconoscere il disallineamento non significa poterlo sempre correggere. Ma significa restituire alla malattia una dimensione intelligibile, sottraendola sia al fatalismo biologico sia alle semplificazioni terapeutiche. Il campo non si "guarisce" con un atto, ma si riorienta — quando è possibile — attraverso processi che richiedono tempo, contesto e misura. Come osservava il fisiologo Walter Cannon, introducendo il concetto di omeostasi nel 1932: «*Il corpo possiede una saggezza che opera al di sotto della coscienza.*» Il disallineamento informativo è forse uno dei momenti in cui quella saggezza fatica a farsi ascoltare.

La malattia non accade: prende forma.

C'è un'abitudine radicata, nella medicina come nel senso comune: pensare la malattia come un evento. Un prima e un dopo. Un esame che "diventa positivo", un sintomo che "compare", una diagnosi che "cade" sulla vita del paziente come una data sul calendario. Ma la biologia dei campi, e più in generale una visione dinamica dell'organismo, invita a un cambio di sguardo radicale: la patologia non accade, si sviluppa.

Considerare la malattia come processo significa spostare l'attenzione dal momento in cui qualcosa si rompe al tempo lungo in cui qualcosa si trasforma. La perdita di coerenza non è un incidente improvviso, ma una deriva. Un lento scivolamento fuori assetto, spesso impercettibile, in cui l'organismo continua a funzionare mentre cambia il modo in cui funziona.

Un esempio emblematico arriva dall'oncologia. Negli anni Novanta, Bert Vogelstein e il suo gruppo alla Johns Hopkins University mostrarono come il cancro del colon non fosse il risultato di una singola mutazione, ma di una sequenza di alterazioni progressive, distribuite nel tempo. Non un colpo di sfortuna, ma una storia biologica. Ogni passaggio era necessario, ma non sufficiente; ogni fase apriva possibilità e chiudeva altre. Il tumore, in questa lettura, è un processo di riorganizzazione patologica, non un oggetto comparso all'improvviso.

Questa idea ha precedenti illustri. Nel 1913, William Osler — uno dei padri della medicina clinica moderna — ricordava agli studenti di Baltimora che «*la medicina è una scienza dell'incertezza e un'arte della probabilità*». Parole che suonano oggi come un invito a riconoscere la temporalità intrinseca della malattia. Se la patologia è una dinamica, allora la diagnosi è sempre una fotografia parziale, scattata nel mezzo di un movimento.

La biologia dei campi rafforza questa intuizione: ciò che evolve non è solo una lesione o un parametro, ma l'intero assetto informativo dell'organismo. Un'infiammazione cronica, per esempio, non è semplicemente un'infiammazione che dura troppo, ma un sistema che ha imparato — per così dire — una risposta rigida, ripetitiva, incapace di tornare allo stato di base. Il problema non è l'intensità del segnale, ma la sua persistenza nel tempo.

Un aneddoto spesso raccontato nei reparti di gastroenterologia riguarda la scoperta di *Helicobacter pylori*. Quando, nel 1982, Barry Marshall e Robin Warren ipotizzarono che molte ulcere fossero il risultato di un'infezione cronica e non solo di stress o iperacidità, incontrarono scetticismo. L'ulcera era vista come un evento acuto. In realtà, si trattava di un processo lento di interazione tra batterio, mucosa e risposta immunitaria. La patologia non era il buco nello stomaco, ma la storia che lo aveva reso possibile.

Pensare la malattia come processo ha conseguenze profonde anche sul piano concettuale. Significa riconoscere che non esiste un punto zero assoluto della patologia, così come non esiste un equilibrio statico della salute. Esistono traiettorie. Curve. Andamenti. Il campo biologico, quando perde coerenza, non collassa: si riorganizza in forme meno funzionali, talvolta più stabili, ma biologicamente più povere.

Nel 1977, durante una conferenza a Bruxelles, il biologo teorico Conrad Waddington usava una metafora efficace: «*Lo sviluppo e la malattia sono due modi diversi di rotolare lungo la stessa collina.*» La patologia, in questa immagine, non è una caduta, ma una deviazione progressiva del percorso.

Limiti e possibilità della visione di campo.

Ogni cambio di paradigma porta con sé una tentazione: quella di spiegare tutto, e troppo in fretta. La visione di campo applicata alla biologia — e in particolare alla malattia — non fa eccezione. Proprio perché è potente, suggestiva e capace di unificare fenomeni dispersi, richiede una disciplina concettuale più severa della media. Riconoscere la malattia come perdita di coerenza del campo biologico non autorizza scorciatoie terapeutiche né semplificazioni salvifiche.

I limiti della visione di campo non sono un difetto, ma una condizione di maturità. Il primo limite è epistemologico: un campo biologico non è un oggetto isolabile, pesabile o fotografabile come un tessuto o una molecola. È una descrizione di ordine, un modo di leggere la relazione tra processi. Pretendere da questa visione la stessa predittività lineare della biochimica sarebbe un errore di categoria.

Karl Popper, in una conferenza londinese del 1965, ricordava che «*la scienza non progredisce accumulando certezze, ma eliminando errori*». Applicato alla biologia dei campi, questo significa distinguere ciò che il modello può chiarire — la dinamica globale, la perdita di integrazione, le soglie di instabilità — da ciò che non può ancora garantire: protocolli terapeutici diretti, tempi di guarigione, esiti individuali.

Il rischio storico è noto. Ogni volta che concetti come "campo", "energia" o "informazione" escono dal laboratorio senza adeguata cautela, finiscono per essere colonizzati dal linguaggio del benessere facile. È accaduto più volte nel Novecento. Negli anni Trenta, a Vienna, le teorie sui campi morfogenetici venivano discusse in ambienti scientifici seri, ma quasi contemporaneamente circolavano versioni popolari che promettevano guarigioni vaghe e universali. Il problema non era l'idea, ma il suo uso disinvolto.

La possibilità della visione di campo, invece, sta altrove. Sta nella capacità di offrire una cornice interpretativa che tenga insieme dati diversi senza ridurli a un'unica causa. Georges Canguilhem, filosofo e medico, scriveva nel 1966: «*La malattia non è una variazione quantitativa della salute, ma una nuova norma di vita.*» La biologia dei campi raccoglie questa intuizione e la rilegge in chiave sistemica: quando il campo si riorganizza in modo disfunzionale, l'organismo non è "meno vivo", ma vivo secondo una coerenza più povera.

Il rigore, in questo contesto, consiste nel tenere separati i livelli: interpretativo, descrittivo, terapeutico. La biologia dei campi può aiutare a capire come una patologia emerge e si stabilizza; non può, da sola, dire come intervenire in ogni singolo caso. Qui il dialogo con la medicina basata sull'evidenza non è opzionale, ma necessario.

Thomas Kuhn, nel 1962, osservava che «*un nuovo paradigma non risolve immediatamente tutti i problemi: cambia il tipo di problemi che vale la pena porre*». La possibilità più feconda della visione di campo è proprio questa: riformulare le domande. Non più "dov'è il guasto?", ma "quale coerenza si è instaurata?". Non "come eliminare il sintomo?", ma "quale dinamica lo rende stabile?".

Accettare i limiti della visione di campo significa proteggerla da derive ideologiche e renderla, paradossalmente, più incisiva. È nel rifiuto delle promesse facili che questa prospettiva mostra la sua serietà scientifica. Non offre scorciatoie, ma orizzonti di comprensione.

Pensare per campi, senza onnipotenza: ciò che la biologia può imparare dal pianeta.

Ogni volta che una scienza smette di guardare agli oggetti isolati e comincia a pensare in termini di campi, sistemi e relazioni, guadagna profondità ma perde un'illusione: quella del controllo totale. È una lezione che la biologia dei campi sta ancora imparando, ma che ecologia e climatologia conoscono bene da decenni. Ed è proprio dal loro rigore, spesso poco spettacolare ma fecondo, che la visione di campo in medicina può trarre una bussola affidabile.

L'ecologia moderna nasce ufficialmente nel secondo dopoguerra, quando studiosi come Eugene Odum, nelle università del Sud degli Stati Uniti, iniziano a descrivere gli ecosistemi non come collezioni di specie, ma come reti di flussi energetici e informativi. Odum insisteva su un punto oggi sorprendentemente attuale: l'ecosistema non è prevedibile nel dettaglio, ma è comprensibile nelle sue tendenze. Chi gli chiedeva modelli precisi, risposte puntuali, soluzioni rapide, restava deluso. Ma chi accettava l'incertezza scopriva qualcosa di più solido: i limiti oltre i quali un sistema collassa.

Un celebre aneddoto racconta che, durante una conferenza a Woods Hole negli anni Sessanta, Odum rispose a un giovane ricercatore che chiedeva come "aggiustare" una palude degradata: «*Prima chiediti se sei parte del problema o del sistema.*» Non era una battuta filosofica, ma un richiamo metodologico. L'ecologia dei campi funziona perché non promette interventi semplici, ma chiede diagnosi lente, multilivello, spesso scomode.

La climatologia ha seguito un percorso analogo. Quando, negli anni Ottanta, iniziarono i primi grandi modelli climatici globali, nessuno degli scienziati coinvolti — da Syukuro Manabe a James Hansen — pensava di poter "curare" il clima. Il linguaggio era prudente, quasi dimesso: scenari, probabilità, intervalli di confidenza. La forza dell'IPCC, nato nel 1988, non sta nell'offrire soluzioni immediate, ma nell'aver costruito un consenso rigoroso sui limiti del sistema Terra.

Qui il parallelismo con la biologia dei campi è illuminante. Anche nel corpo umano, come nel clima, il pensiero per campi è fecondo solo se accetta di non tradursi subito in ricette operative. La climatologia ha resistito — non senza fatica — alla tentazione di trasformarsi in una tecnologia salvifica. Non ha promesso di "raffreddare il pianeta", ma di capire le soglie critiche, i punti di non ritorno, le dinamiche lente ma irreversibili. Ed è proprio questo rigore che l'ha resa scientificamente credibile.

Un altro esempio viene dal concetto di resilienza, introdotto in ecologia da C.S. Holling nel 1973. Holling mostrò che un ecosistema può apparire stabile pur avvicinandosi pericolosamente a una soglia di collasso. Stabilità non significa salute; proprio come in biologia, una coerenza patologica può essere molto resistente. L'ecologia dei campi non ha mai confuso resilienza con invulnerabilità. Al contrario, ha insegnato a diffidare dei sistemi che sembrano funzionare "troppo bene".

La possibilità della visione di campo, in biologia, sta qui: nel cambiare il tipo di domande, non nel fornire risposte immediate. Ecologia e climatologia hanno imparato che pensare per campi significa soprattutto imparare a non intervenire male. A riconoscere quando un'azione locale produce effetti globali imprevedibili. A distinguere tra comprensione e controllo.

C'è un luogo simbolico di questa maturità scientifica: l'Antartide. Lì, nelle stazioni di ricerca come McMurdo o Concordia, si studiano sistemi estremi sapendo che ogni dato è parziale e ogni modello incompleto. Nessuno parla di "curare" il ghiaccio. Si parla di monitorare, interpretare, anticipare. È una scienza che avanza per sottrazione di illusioni, non per accumulo di promesse.

La biologia dei campi, se vuole evitare derive terapeutiche facili, deve fare lo stesso passo di umiltà. Accettare che un campo biologico non sia un interruttore da accendere, ma un equilibrio dinamico da comprendere. Le discipline che hanno fatto del pensiero sistemico il loro asse portante insegnano una lezione semplice e severa: il rigore nasce dal rispetto dei limiti.

PARTE QUINTA. Oltre il riduzionismo.

Dal pensiero di Gregory Bateson:
«La mente non è confinata nel cervello, ma è immanente nei circuiti che collegano organismo e ambiente.»

Dal pensiero di Francisco Varela:
«Vivere è conoscere, e conoscere è un modo di esistere.»

Dal pensiero di Hans Jonas:
«Nel fenomeno della vita, l'essere si espone per la prima volta al rischio del senso.»

Dal pensiero di Erwin Schrödinger:
«La vita sembra sfuggire alle leggi note, ma forse è il segno che le nostre leggi sono incomplete.»

Dopo aver attraversato la crisi del paradigma biologico classico, aver esplorato la vita come fenomeno di coerenza e aver compreso salute e malattia come stati del campo biologico, il percorso del libro giunge a un punto inevitabile: ripensare cosa intendiamo per vita, conoscenza e responsabilità scientifica. La Parte quinta non aggiunge semplicemente nuovi concetti, ma cambia il punto di osservazione. È qui che la biologia dei campi mostra le sue implicazioni più profonde.

"Oltre il riduzionismo" non significa rifiutare la scienza analitica, né svalutare il contributo della biologia molecolare o delle neuroscienze. Significa riconoscere che, una volta ammesso che gli organismi sono strutture informative stabilizzate, non possiamo più considerare la cognizione come un accidente evolutivo apparso tardivamente con il cervello umano. La cognizione diventa, piuttosto, una proprietà diffusa del vivente, un modo con cui la vita si orienta, misura, anticipa e mantiene la propria coerenza nel mondo.

Il Capitolo X° si colloca esattamente su questa soglia. Qui la conoscenza non coincide con il pensiero riflessivo, né con il linguaggio o la coscienza così come comunemente li intendiamo. Conoscere, in questa prospettiva, significa essere sensibili alle differenze che fanno differenza, rispondere in modo appropriato, costruire una relazione attiva con l'ambiente. Ogni organismo, dal più semplice al più complesso, conosce perché vive e vive perché conosce. È un ribaltamento silenzioso ma radicale, che sottrae la cognizione all'esclusività dell'umano senza per questo banalizzarla.

Il Capitolo XI° spinge questo movimento un passo oltre, affrontando le conseguenze culturali ed epistemologiche della biologia dei campi. Se la vita non è solo materia organizzata, ma processo dotato di senso, allora anche la scienza è chiamata a ridefinire il proprio statuto. Cambiano i modelli, certo, ma soprattutto cambiano le domande legittime: non più soltanto "come funziona?", bensì "che tipo di essere è ciò che studiamo?". In questo spazio si apre un dialogo rinnovato tra scienza e metafisica, non come ritorno a spiegazioni mistiche, ma come riconoscimento che ogni conoscenza del vivente implica un'ontologia, esplicita o implicita.

Questa parte del libro si inserisce così come cerniera finale dell'intero percorso. Dopo aver mostrato che la vita non è riducibile a reazioni, che l'organismo precede le sue parti, che salute e malattia sono stati di coerenza del campo, diventa inevitabile interrogarsi sul posto dell'uomo in questo scenario. Non più osservatore esterno, né dominatore del vivente, ma partecipe di processi cognitivi più ampi, responsabile delle immagini di vita che produce e diffonde.

La finalità di questa Parte quinta non è offrire risposte definitive, ma stabilire un nuovo terreno di confronto. Un terreno in cui la biologia possa rimanere rigorosa senza essere riduzionista, aperta al senso senza perdere precisione. È qui che la biologia dei campi smette di essere solo una teoria del vivente e diventa, inevitabilmente, una riflessione sull'uomo, sul suo sapere e sul suo modo di abitare il mondo.

X°. La vita come processo cognitivo.

Questo capitolo segna una soglia concettuale decisiva nel percorso del libro. Dopo aver mostrato che la vita non si esaurisce nella chimica, che l'organismo è una totalità coerente e che i campi biologici organizzano informazione incarnata, qui emerge una conseguenza inevitabile: vivere significa già conoscere. Non nel senso alto e riflessivo che attribuiamo al pensiero umano, ma in un senso più originario, più sobrio e insieme più radicale.

La tesi che attraversa il capitolo è semplice solo in apparenza: la cognizione non nasce con il cervello, ma accompagna la vita fin dalle sue forme più elementari. Ogni organismo, per il solo fatto di mantenere la propria coerenza nel tempo, discrimina, seleziona, risponde, anticipa. In altre parole, misura il mondo e se stesso nel mondo. Questa attività non è un'aggiunta funzionale, ma il cuore stesso del processo vitale.

Se nei capitoli precedenti la vita è stata descritta come struttura informativa stabilizzata, qui l'informazione mostra il suo volto dinamico: non solo forma, ma atto. Non solo ordine, ma orientamento. La biologia dei campi non può fermarsi alla descrizione delle configurazioni; deve interrogarsi su come queste configurazioni sappiano persistere, adattarsi, trasformarsi.

Quando si parla di “conoscere senza pensare”, il riferimento non è a una metafora poetica, ma a una constatazione biologica: la sensibilità di un organismo alle condizioni del proprio ambiente non è passiva. È una relazione attiva, strutturata, selettiva. La risposta non è mai puramente reattiva; contiene sempre una quota di anticipazione. In questo senso, l’organismo appare come un sistema che misura, non perché possieda strumenti, ma perché è esso stesso uno strumento di misura vivente, continuamente tarato sulla propria sopravvivenza e coerenza.

Questa idea sposta il baricentro della biologia. La conoscenza non è più un evento che accade dentro un soggetto separato, ma un processo che emerge tra organismo e ambiente. La cognizione diventa una proprietà relazionale, distribuita, incarnata. È qui che il capitolo apre, con cautela ma decisione, verso una possibile biologia della coscienza: non come spiegazione riduttiva dell’esperienza, ma come ampliamento del quadro concettuale entro cui l’esperienza stessa diventa pensabile.

Questo Capitolo X° prepara il terreno all’ultimo passaggio dell’opera. Mostrando che la cognizione è una dimensione intrinseca della vita, esso rende inevitabile la domanda che seguirà: che tipo di scienza è possibile quando l’oggetto di studio è anche, in qualche misura, soggetto? La biologia dei campi non conduce a una dissoluzione dei confini disciplinari, ma a una loro rinegoziazione responsabile. Qui si chiude il discorso sulla vita come fenomeno naturale e si apre quello sulla vita come portatrice di senso.

Quando l’informazione è vita, non calcolo.

A questo punto la distinzione tra informazione computabile e informazione vissuta diventa decisiva per capire cosa rende un organismo vivente radicalmente diverso da qualsiasi sistema artificiale, anche dal più sofisticato. L'informazione computabile è quella che può essere formalizzata, codificata, trasferita senza perdita di significato: è l'informazione dei codici, degli algoritmi, delle sequenze che possono essere elaborate indifferentemente da una macchina oggi o domani, qui o altrove. È la stessa informazione che, nel 1948, Claude Shannon definiva esplicitamente indipendente dal significato, concentrata sulla trasmissione efficiente dei segnali.

L'informazione vissuta, invece, non esiste mai "in astratto": è sempre situata, incarnata, carica di valore per chi la riceve. Un organismo non tratta dati, ma differenze che contano per la propria sopravvivenza e coerenza. Gregory Bateson parlava di "una differenza che fa una differenza", e non è un caso che questa formula torni oggi al centro del dibattito sulla cognizione biologica. Un termometro registra una variazione di temperatura; un organismo sente il caldo o il freddo come qualcosa che riguarda il proprio equilibrio interno.

Anche i più recenti sistemi di intelligenza artificiale, capaci di apprendere e adattarsi, restano confinati in un dominio di informazione senza posta in gioco esistenziale: possono ottimizzare una funzione, ma non rischiano nulla. Come osservava già negli anni Settanta Hans Jonas, «*nel metabolismo la forma si mantiene solo mettendo in gioco la propria materia*»: è questo rischio continuo che trasforma l'informazione in esperienza.

Non a caso, quando Norbert Wiener, padre della cibernetica, rifletteva sui limiti delle macchine, ammetteva che esse "non pagano il prezzo delle loro decisioni". L'organismo sì. Ed è proprio questo prezzo – la vulnerabilità, la finitezza, l'esposizione al mondo – a fare dell'informazione biologica qualcosa che non può essere ridotto a calcolo, perché è sempre intrecciato a un punto di vista, a una storia, a un corpo.

Vivere è stare in anticipo sul mondo.

Parlare di cognizione senza affrontare il tempo significherebbe lasciare il quadro incompleto. Perché la vita non conosce mai nel presente puro: conosce sempre tra ciò che è già accaduto e ciò che potrebbe accadere. Anticipazione e memoria non sono funzioni accessorie, ma i due poli attraverso cui il campo biologico mantiene la propria coerenza. Un organismo vive perché riesce a restare nel tempo senza dissolversi, e per farlo deve continuamente prevedere, ricordare, modulare.

La cognizione biologica non si limita a reagire agli stimoli: è strutturalmente proiettata in avanti. Anche la cellula più semplice non aspetta che l'ambiente la travolga; si prepara, si orienta, modifica le proprie soglie di risposta. In questo senso, la vita è sempre un po' in anticipo su se stessa. Il neuroscienziato statunitense Dean Buonomano ha scritto che «*il cervello non è una macchina per pensare, ma una macchina per il tempo*»: un'affermazione che può essere estesa all'intero organismo. Prima ancora dei neuroni, è il metabolismo a essere temporale, fatto di cicli, ritmi, finestre di opportunità. L'anticipazione non è una previsione cosciente, ma una struttura dinamica del campo, una tensione verso il possibile che consente al vivente di non essere mai completamente esposto al caso.

Dall'altro lato, la memoria biologica non coincide con l'archivio dei ricordi. È una memoria diffusa, inscritta nelle forme, nelle soglie, nelle preferenze operative di un organismo. Ogni esperienza lascia una traccia che modifica il campo, rendendolo leggermente diverso da prima. Qui il tempo non è reversibile: ciò che è stato vissuto cambia il modo in cui il vivente potrà rispondere in futuro. Il biologo e premio Nobel Gerald Edelman parlava di "memoria darwiniana" per indicare questo processo di selezione continua delle risposte efficaci. Non si tratta di conservare il passato, ma di incorporarlo. La coerenza del campo nasce proprio da questa integrazione continua tra ciò che è stato e ciò che viene atteso.

Questa visione trova un'eco sorprendente nella filosofia del tempo di Henri Bergson, che già all'inizio del Novecento distingueva il tempo della fisica dal tempo della vita. La durée bergsoniana non è una successione di istanti, ma un flusso qualitativo in cui passato e presente si compenetrano. Un organismo non attraversa il tempo come un oggetto in movimento: è tempo che si organizza. Anche la biologia contemporanea, quando studia i ritmi circadiani o la plasticità fisiologica, sembra avvicinarsi a questa intuizione: il tempo non è solo una cornice esterna, ma una dimensione interna del vivente.

In questa prospettiva, il campo biologico può essere letto come una struttura temporale stabilizzata, capace di mantenersi solo perché riesce a tenere insieme memoria e anticipazione. Quando questa integrazione si spezza, la coerenza si perde. Non è un caso che molte forme di sofferenza biologica e psichica mostrino una perturbazione del tempo vissuto: incapacità di apprendere dall'esperienza o, al contrario, rigidità eccessiva che impedisce l'adattamento.

Il cervello non basta: dove abita davvero la cognizione.

Nel percorso del libro questo capitolo segna un passaggio delicato e, per certi versi, provocatorio. Dopo aver mostrato come la vita non possa essere ridotta a una macchina biochimica né a una somma di parti, qui si tocca uno dei nervi scoperti della scienza contemporanea: l'idea che la cognizione coincida con ciò che accade nel cervello. Le neuroscienze degli ultimi decenni hanno prodotto risultati straordinari, mappando circuiti, aree funzionali, correlati neurali dell'esperienza. Ma proprio questo successo rischia di trasformarsi in un limite, quando il cervello diventa l'unico luogo legittimo del conoscere.

Il confronto critico non è un atto d'accusa, bensì un cambio di prospettiva. Localizzare la cognizione esclusivamente nei neuroni significa assumere che essa sia una funzione emergente di un organo specializzato. Ma cosa accade se si prende sul serio l'ipotesi che ogni organismo conosca, anche privo di sistema nervoso? Negli anni Novanta, nei laboratori di biologia vegetale dell'Università di Bonn, si osservava come le radici delle piante fossero in grado di discriminare suoni e vibrazioni del suolo, orientando la crescita verso sorgenti d'acqua lontane. Nessun cervello, nessuna sinapsi, eppure una forma di decisione. Come notava provocatoriamente il neurobiologo cileno Francisco Varela, «*la cognizione non è ciò che il cervello fa, ma ciò che un organismo fa nel mantenersi in relazione*».

Le neuroscienze classiche, figlie di una lunga tradizione localizzatrice che risale a Paul Broca e ai suoi studi parigini sulla perdita del linguaggio (1861), hanno costruito una geografia della mente. Utile, potente, ma parziale. Il campo biologico, invece, suggerisce un'altra immagine: la cognizione come proprietà distribuita, che emerge dalla coerenza dell'intero organismo nel suo ambiente. Non è il cervello a "contenere" la cognizione, ma il cervello a partecipare a un processo cognitivo più ampio, che coinvolge postura, metabolismo, sistemi immunitari, ritmi interni. Il neuroscienziato Antonio Damasio lo ha ammesso con onestà intellettuale quando ha scritto che «*il cervello non pensa da solo*»: ha bisogno di un corpo che senta e di un mondo con cui interagire.

Quando la cognizione smette di essere confinata nel cranio, cambia anche il modo di intendere l'esperienza. Non si tratta più di rappresentare il mondo, ma di misurarlo attivamente, di entrarci in risonanza. In questo senso, il campo biologico funziona come un sistema di integrazione che precede la distinzione tra sensazione e risposta.

Questo spostamento ha conseguenze profonde. Se la cognizione è un processo di campo, allora anche la coscienza non può essere ridotta a un epifenomeno neuronale.

Dal cuore all'encefalo: una storia occidentale del pensiero localizzato.

La domanda non è soltanto che cos'è la cognizione, ma anche perché abbiamo imparato a cercarla proprio lì dove oggi crediamo di trovarla: nel cervello. La sua ascesa a "luogo sovrano" della mente non è un fatto naturale né inevitabile. È una storia culturale, fatta di scelte teoriche, successi clinici, metafore tecnologiche e, non da ultimo, di potenti immagini simboliche che hanno guidato per secoli il nostro modo di pensare la vita.

Nell'antichità, la mappa era diversa. Per Aristotele, che insegnava al Liceo di Atene, il centro della vita psichica era il cuore: caldo, pulsante, reattivo. Il cervello aveva un ruolo secondario, quasi refrigerante. Questa visione non era ingenua, ma coerente con un'esperienza diretta del corpo, in cui emozione, decisione e movimento apparivano inseparabili. Ancora nel mondo romano, Galeno, medico dei gladiatori a Pergamo (II secolo d.C.) pur riconoscendo l'importanza del cervello grazie allo studio delle lesioni, manteneva una visione distribuita delle funzioni vitali.

La svolta arriva con la modernità, e ha una data simbolica: 1641, quando René Descartes pubblica le "*Meditationes de prima philosophia*". Qui la mente diventa *res cogitans*, separata dal corpo *res extensa*. Il problema non è solo il dualismo, ma la conseguenza pratica: se la mente è qualcosa di distinto, allora bisogna trovarle una sede. Descartes la colloca nella ghiandola pineale, un punto preciso, quasi un nodo di controllo. È un gesto fondativo: la cognizione diventa localizzabile. Da quel momento, la mente può essere cercata, sezionata, studiata come un oggetto.

La medicina dell'Ottocento consolida questa traiettoria. Nel 1861, a Parigi, Paul Broca presenta alla Société d'Anthropologie il celebre caso di "Tan", un paziente incapace di parlare ma in grado di comprendere. Alla sua morte, una lesione nell'emisfero sinistro sembra spiegare il disturbo. L'idea che funzioni complesse possano essere mappate in aree cerebrali specifiche è irresistibile. È efficace, produce risultati clinici, rafforza l'autorità della neurologia nascente. Come scriverà più tardi John Hughlings Jackson a Londra, «la localizzazione è un metodo, non una metafisica», ma il confine verrà spesso dimenticato.

Il Novecento aggiunge un altro tassello decisivo: la tecnologia. Con l'avvento dell'elettroencefalogramma negli anni Trenta, e poi delle tecniche di neuroimaging dalla fine degli anni Settanta, il cervello diventa visibile. Le immagini colorate delle risonanze magnetiche funzionali, esposte nei congressi e sui giornali, esercitano un fascino enorme. Ciò che si vede sembra reale, più reale di ciò che si sente o si vive. In un celebre convegno a San Diego nei primi anni Duemila, un giovane ricercatore mostrava mappe cerebrali dell'attenzione come se fossero fotografie dell'esperienza stessa. Qualcuno, tra il pubblico, mormorò: "*Finalmente vediamo il pensiero*". Era una battuta, ma non troppo.

Parallelamente, l'informatica fornisce la metafora decisiva. Dalla metà del secolo scorso, il cervello viene descritto come un computer biologico: input, elaborazione, output. In questo schema, la cognizione non può che stare nel "processore centrale". È una metafora potente, ma riduttiva. Come osservava con ironia il filosofo Gilbert Ryle già nel 1949, parlare della mente come di una cosa separata è un "*category mistake*", un errore di categoria. Eppure, la metafora funziona, perché è compatibile con una cultura tecnologica che privilegia il controllo, la previsione, la scomposizione.

È così che il cervello diventa sovrano: non perché spieghi tutto, ma perché si presta a essere spiegato meglio con gli strumenti disponibili. Il prezzo di questo successo è una progressiva marginalizzazione dell'organismo come totalità cognitiva. Il Capitolo X° si inserisce qui come gesto critico: non per negare il ruolo del cervello, ma per restituirgli il suo posto all'interno di un campo più ampio. Se la vita è un processo cognitivo, allora la cognizione precede la sua specializzazione neuronale. Il cervello non è l'origine del conoscere, ma una delle sue forme storicamente e biologicamente emerse.

In questo senso, la biologia dei campi non propone una rivoluzione iconoclasta, bensì una correzione di prospettiva. Ci invita a riconoscere che l'idea di una mente confinata nel cranio è il risultato di una storia precisa, situata, culturalmente orientata. E che forse, oggi, siamo pronti a raccontarne un'altra.

Pensiamo anche con la pancia: la cognizione oltre il cervello.

Se abbiamo preso a riconoscere la vita come processo cognitivo, l'approfondimento sui sistemi periferici è il punto in cui questa affermazione smette di essere astratta e diventa quasi inevitabile. Perché basta spostare lo sguardo appena fuori dal cervello per accorgersi che la cognizione è già lì, distribuita, operante, spesso più rapida e affidabile di quella cosciente. L'organismo conosce prima di pensare, e lo fa con tutto il corpo.

Prendiamo l'intestino. Per secoli relegato a semplice tubo digerente, oggi è al centro di una vera e propria rivoluzione scientifica. Alla fine degli anni Novanta, nei laboratori della Columbia University, il neurogastroenterologo Michael Gershon iniziò a parlare senza timidezza di "secondo cervello". Non era una metafora giornalistica: il sistema nervoso enterico conta centinaia di milioni di neuroni, produce neurotrasmettitori come la serotonina e prende decisioni autonome. Ma la vera novità non è quantitativa. È qualitativa: l'intestino valuta, discrimina, apprende, in dialogo costante con il microbiota e con l'ambiente. Non pensa, ma conosce. E soprattutto orienta il comportamento dell'intero organismo, influenzando emozioni, attenzione, perfino scelte complesse.

Dal pensiero di Antonio Damasio: «*Il corpo non è il supporto del cervello, è il suo interlocutore continuo*». In questa frase si condensa una svolta concettuale: la cognizione non è una torre di controllo centrale, ma una rete di sistemi che misurano il mondo da prospettive diverse. L'intestino misura la qualità dell'ambiente chimico, il sistema endocrino traduce gli stati globali in segnali lenti ma potenti, il sistema immunitario distingue ciò che è familiare da ciò che è estraneo. Tutti questi processi hanno una struttura cognitiva, perché implicano riconoscimento, memoria e risposta selettiva.

Il sistema immunitario, in particolare, è forse l'esempio più sorprendente. Nei primi anni Duemila, studi condotti tra l'Istituto Pasteur di Parigi e l'Università di Stanford mostrarono che le cellule immunitarie non reagiscono semplicemente a un "nemico", ma costruiscono nel tempo una vera e propria storia delle interazioni. Ricordano, anticipano, modulano l'intensità della risposta. L'immunologo Polly Matzinger, con la sua "*danger theory*", ha proposto che il sistema immunitario non risponda tanto al *non-self*, quanto ai segnali di pericolo contestuale. (In immunologia, il non-self indica tutto ciò che non appartiene all'organismo, come patogeni o molecole estranee). Nella *danger theory* la risposta immunitaria è guidata più dai segnali di danno che dalla semplice distinzione tra self e non-self.

Anche il sistema ormonale partecipa a questa intelligenza diffusa. Gli ormoni non trasmettono informazioni puntuali, ma configurazioni di senso: stati di allerta, disponibilità, ritiro, apertura. Un endocrinologo milanese raccontava di come alcuni pazienti, prima ancora di sviluppare sintomi clinici evidenti, mostrassero "*cambiamenti di atmosfera corporea*": stanchezza immotivata, alterazioni del sonno, variazioni sottili del tono emotivo. Segnali non localizzabili, ma coerenti. Il campo stava già parlando, molto prima che la diagnosi arrivasse.

Questa prospettiva cambia radicalmente il rapporto con le neuroscienze. Non le smentisce, ma le decentra. Il cervello resta un nodo cruciale, certo, ma non il sovrano assoluto. È piuttosto un organizzatore di coerenza, un interprete avanzato di segnali che nascono altrove. Quando la cognizione viene vista come proprietà del campo biologico, i sistemi periferici non sono più "accessori", bensì parte costitutiva del conoscere. Come scriveva il fisiologo francese Claude Bernard già nel 1865, «*la stabilità dell'organismo è una conquista attiva*». Oggi possiamo aggiungere: è una conquista cognitiva.

In questo senso, parlare di organismi come strutture informative stabilizzate significa riconoscere che l'informazione non circola solo nei neuroni, ma prende corpo nei tessuti, nei fluidi, nelle interazioni lente e profonde con l'ambiente. La cognizione diventa così un processo incarnato, distribuito, plurale.

Sapere senza sapere: l'intelligenza silenziosa della vita.

C'è un pregiudizio duro a morire nella cultura occidentale: l'idea che conoscere significhi pensare, riflettere, rappresentarsi mentalmente il mondo. E che, dunque, la cognizione inizi solo dove c'è un cervello. Stiamo cercando di incrinare questa convinzione alla radice, mostrando come la vita conosca molto prima di pensare, e spesso senza mai farlo. Conoscere senza pensare non è una provocazione poetica, ma una constatazione biologica.

Già alla fine dell'Ottocento, sulle rive del Baltico, il biologo estone Jakob von Uexküll osservava come una zecca potesse restare immobile per anni, finché tre segnali precisi – l'odore dell'acido butirrico, una variazione di temperatura, la consistenza della pelle – non la inducevano a lasciarsi cadere su un mammifero di passaggio. Nessuna rappresentazione del mondo, nessun "ragionamento". Eppure, una conoscenza impeccabile di ciò che conta. Uexküll chiamò questo mondo selettivo Umwelt: non l'ambiente oggettivo, ma quello significativo per l'organismo. Conoscere, in questo senso, è sentire ciò che è rilevante.

La sensibilità è il primo gradino di questa cognizione elementare. Ma non va confusa con una passiva ricezione di stimoli. Un organismo vivo non registra il mondo come un sensore inerte: lo intercetta. Negli anni Cinquanta, nei laboratori di "*Cold Spring Harbor*", alcuni microbiologi notarono che batteri come *Escherichia coli* non si muovono a caso, ma modificano il loro comportamento in base a gradienti chimici, anticipando zone più favorevoli. Non "pensano" il nutrimento, ma lo riconoscono prima ancora di raggiungerlo. È una forma di conoscenza temporale, orientata al possibile.

Qui entra in gioco la risposta. Ogni organismo vivente non solo sente, ma risponde in modo appropriato, cioè coerente con la propria sopravvivenza e identità. Il fisiologo Claude Bernard, nel suo laboratorio parigino a metà Ottocento, rimase colpito dalla costanza dell'ambiente interno degli organismi superiori. Ma ciò che oggi appare ancora più sorprendente è che anche organismi privi di sistema nervoso mostrano risposte integrate. Le piante, ad esempio. Nel 1880, Charles Darwin, nel suo studio di Down House, pubblicò con il figlio Francis "*The Power of Movement in Plants*", descrivendo come le radici orientino la crescita in base a stimoli luminosi e tattili. Darwin parlò, con cautela, di una sorta di "punta sensibile" che coordina il comportamento della pianta. Un'intuizione rimasta a lungo marginale, perché disturbava l'idea di una cognizione confinata negli animali "superiori".

La terza dimensione, forse la più destabilizzante, è l'anticipazione. Vivere significa agire non solo in risposta a ciò che accade, ma in funzione di ciò che potrebbe accadere. Negli anni Sessanta, il fisiologo italiano Luigi Fantappiè parlava di "finalità biologica" in termini non metafisici, ma dinamici: i sistemi viventi si organizzano secondo traiettorie orientate. Più recentemente, studi sul ritmo circadiano hanno mostrato che organismi unicellulari anticipano variazioni ambientali regolari, come l'alternanza luce-buio, anche quando lo stimolo viene temporaneamente rimosso. Non reagiscono al presente: si preparano al futuro.

In questa luce, la cognizione non appare più come un lusso evolutivo tardivo, ma come una proprietà fondamentale della vita in quanto sistema informativo. Sensibilità, risposta e anticipazione non sono funzioni aggiuntive: sono il modo stesso in cui un organismo esiste. Come scriveva il filosofo e medico Georges Canguilhem nel 1952, «*vivere è preferire e escludere*». Ogni atto vitale è già un atto di conoscenza, perché discrimina, valuta, orienta.

La biologia dei campi offre qui una chiave interpretativa decisiva. Se l'organismo è una struttura informativa stabilizzata, allora conoscere senza pensare significa mantenere una coerenza dinamica con il proprio campo di relazioni. Non serve un centro di comando, né una rappresentazione interna del mondo. Basta una sensibilità diffusa, capace di trasformare l'informazione in forma, e la forma in azione. Forse, il vero scandalo non è che gli organismi conoscano senza pensare. È che noi abbiamo a lungo pensato di conoscere senza vivere.

Oche, spinarelli e decisioni istantanee: la cognizione senza pensiero.

C'è stato un momento preciso, nel Novecento europeo, in cui l'idea che per conoscere serva pensare ha cominciato a incrinarsi sul serio. Non nei laboratori di psicologia sperimentale, ma nei prati, lungo i canali, nelle riserve naturali. Lì dove Konrad Lorenz e Nikolaas Tinbergen osservavano gli animali fare ciò che sanno fare, senza esitare, senza deliberare, spesso senza mai averlo "imparato".

Lorenz lo raccontava con un sorriso ironico, ricordando le sue oche grigie ad Altenberg, vicino Vienna, negli anni Trenta. Bastò che fosse lui il primo oggetto in movimento visto dai pulcini appena usciti dall'uovo perché lo seguissero ovunque, come farebbero con la madre. L'imprinting non è un errore cognitivo: è una forma di conoscenza fulminea, irreversibile, perfettamente adattiva. In un mondo in cui l'indecisione costa la vita, non c'è tempo per pensare. L'organismo sa chi seguire perché è strutturato per riconoscere certi segnali in un intervallo temporale preciso. La cognizione, qui, è una finestra che si apre e si chiude.

Tinbergen, qualche anno dopo, spostò l'attenzione su un pesce apparentemente banale, lo spinarello. Nei canali dei Paesi Bassi dimostrò che il maschio, durante la stagione riproduttiva, attacca qualunque oggetto presenti una macchia rossa, anche una rozza sagoma di cartone. Non attacca “un rivale”: risponde a uno stimolo chiave. Il comportamento è complesso, coordinato, efficace. Ma non è mediato da rappresentazioni mentali. È la risposta di un sistema sensibile a una configurazione significativa del campo percettivo.

Qui l’etologia classica compie un passo decisivo: mostra che la forma del comportamento precede l’intenzione. Gli animali non decidono cosa fare; riconoscono quando è il momento di farlo. I cosiddetti pattern d’azione fissi – sequenze motorie altamente organizzate – si attivano come frasi già scritte, ma solo quando l’ambiente “pronuncia” la parola giusta. Conoscere, in questo senso, non è costruire un modello del mondo, ma essere accordati a certe sue frequenze.

Un aneddoto spesso citato nei seminari di etologia a Oxford negli anni Cinquanta racconta di Tinbergen che, durante una dimostrazione, mostrò a un gruppo di studenti come una femmina di gabbiano reale preferisse beccare una bacchetta con tre strisce rosse piuttosto che il becco realistico di un adulto. Il segnale iperbolico funzionava meglio dell’originale. Non perché l’animale “sbagliasse”, ma perché la sua cognizione era tarata su relazioni, non su oggetti. La conoscenza biologica è sempre economica: seleziona ciò che conta, non ciò che è vero in senso astratto.

Questa prospettiva si integra in modo naturale con la biologia dei campi. Se l’organismo è una struttura informativa stabilizzata, allora il comportamento non è l’esecuzione di un programma interno, ma la risonanza tra una configurazione ambientale e una disposizione interna. Sensibilità e risposta sono due facce dello stesso processo. L’anticipazione, in etologia, non appare come previsione cosciente, ma come prontezza strutturale: l’organismo è già pronto a ciò che è biologicamente probabile.

Lorenz insisteva su un punto oggi sorprendentemente attuale: questi comportamenti non sono rigidi automatismi. Possono essere modulati, deviati, talvolta inibiti. Ma la loro intelligenza non sta nella flessibilità infinita; sta nella precisione situata. Un sapere incorporato, inscritto nella forma dell'organismo e nella sua storia evolutiva. In altre parole: una cognizione che non pensa, ma non per questo è cieca.

Guardata da qui, l'etologia classica appare come una disciplina di confine che ha anticipato molte intuizioni contemporanee. Ha mostrato che la conoscenza non coincide con la coscienza riflessiva, che il senso emerge dall'interazione e che la vita, prima di spiegarsi, si orienta. È una lezione sobria, ma radicale: comprendere la vita significa osservare come agisce quando non ha tempo di spiegarsi perché lo fa.

Misurare per vivere: come gli organismi danno senso al mondo.

Se c'è un equivoco che la biologia dei campi invita a superare, è l'idea che l'organismo sia un semplice recettore di stimoli, una sorta di centralina che raccoglie dati dall'esterno per poi reagire. In realtà, ogni organismo vivente misura il proprio ambiente. E misurare, qui, non significa quantificare secondo parametri astratti, ma stabilire differenze che contano, costruire un mondo significativo attraverso la relazione.

Negli anni Trenta del Novecento, il biofisico ungherese László von Bertalanffy, osservando sistemi biologici aperti, notò che ciò che distingue il vivente non è la materia di cui è fatto, ma il modo in cui mantiene relazioni stabili pur nel flusso continuo di energia e informazioni. L'organismo non subisce l'ambiente: lo campiona, lo filtra, lo trasforma in una geografia di valori. Ogni misura è già un'interpretazione.

Un esempio apparentemente semplice viene dagli studi sulla termoregolazione condotti negli anni Sessanta nei laboratori di Stoccolma. I ricercatori notarono che molti mammiferi non rispondono alla temperatura "oggettiva", ma alle variazioni rapide e localizzate. La pelle, in questo senso, non è un sensore neutro, ma una superficie cognitiva che pesa i cambiamenti, distinguendo ciò che è minaccia da ciò che è rumore di fondo. L'organismo misura gradienti, non grandezze isolate.

Questa capacità emerge con particolare chiarezza nei lavori di James J. Gibson, psicologo della percezione, che negli anni Settanta parlò di "*affordance*": le opportunità d'azione offerte dall'ambiente a un organismo specifico. Una scogliera non è "alta" in sé; è scalabile o letale a seconda del corpo che la incontra. La misura non è nel mondo, né nell'organismo, ma nella relazione tra i due. È qui che la cognizione biologica si mostra come evento situato, incarnato, irriducibile a un calcolo astratto.

Un aneddoto raccontato da un etologo italiano durante una campagna di osservazione nel Parco del Gran Paradiso rende bene l'idea. Studiando i camosci, notò che gli animali modificavano i percorsi abituali non in base alla presenza diretta dell'uomo, ma a micro-variazioni del silenzio e dell'odore portato dal vento. L'ambiente veniva "letto" come una mappa dinamica di probabilità. Il camoscio non percepiva l'uomo, ma misurava un'alterazione del campo relazionale in cui viveva.

In questa prospettiva, l'organismo appare come un dispositivo di misura distribuito, senza un centro unico. Le cellule, i tessuti, gli organi partecipano a questa attività valutativa continua. Negli anni Novanta, gli studi di Walter Freeman sulla dinamica olfattiva mostrarono che il cervello non riconosce odori come impronte fisse, ma come configurazioni che emergono dall'interazione tra stimolo e stato interno. Ancora una volta, la misura non è una fotografia, ma un processo.

La biologia dei campi offre qui una cornice concettuale potente: l'organismo stabilizza informazioni non perché le immagazzina, ma perché mantiene una coerenza operativa con ciò che misura. Vivere significa restare sintonizzati su certe differenze e ignorarne infinite altre. Ogni atto vitale è una scelta implicita, una presa di posizione nel flusso del reale.

Come scriveva il filosofo Maurice Merleau-Ponty nel 1945, «*il corpo è il nostro mezzo generale per avere un mondo*». Non un oggetto tra gli oggetti, ma una soglia misurante, un'interfaccia viva. In questo senso, la relazione attiva con l'ambiente non è un capitolo accessorio della biologia: è il suo nucleo epistemologico. La vita non conosce perché rappresenta il mondo, ma perché lo misura mentre lo attraversa.

Il pericolo sentito prima di essere calcolato.

C'è una forma di intelligenza che precede ogni calcolo, ogni previsione consapevole, ogni grafico delle probabilità. È l'intelligenza con cui gli organismi valutano il rischio. Non lo stimano, non lo misurano in percentuali: lo sentono. La biologia dei campi invita a guardare a questo processo non come a una versione primitiva del ragionamento umano, ma come a una modalità autonoma e raffinata di conoscenza incarnata.

Il rischio, in questo quadro, non è una variabile esterna da valutare, ma una perturbazione del campo di senso in cui l'organismo vive. Un rumore improvviso, una variazione chimica impercettibile per noi, una discontinuità nel ritmo abituale possono bastare a far scattare una risposta drastica.

Un esempio affascinante viene dagli studi condotti negli anni Settanta dal biochimico Howard Berg sulla chemiotassi dei batteri. In laboratorio, a Boulder, Berg osservò che *Escherichia coli* non "sa" dove si trova una fonte di nutrimento, né calcola la traiettoria migliore. Confronta, istante dopo istante, se la situazione sta migliorando o peggiorando. Se peggiora, cambia direzione. È una valutazione di rischio elementare ma efficace: non basata su una mappa del futuro, bensì su una sensibilità differenziale al presente.

Qualcosa di analogo, ma su scala infinitamente più complessa, accade nei grandi erbivori. Dopo la reintroduzione dei lupi nel Parco di Yellowstone nel 1995, gli etologi notarono che i wapiti modificavano i comportamenti di pascolo anche in assenza visibile dei predatori. Evitavano certe valli, cambiavano orari, accorciavano le soste. Il rischio non era l'incontro diretto con il lupo, ma la trasformazione dell'intero campo ecologico. L'organismo misura il pericolo attraverso la forma del paesaggio, non tramite il conteggio degli attacchi.

In questi casi, parlare di "decisione" è fuorviante. Non c'è un soggetto che pesa alternative. C'è un sistema vivente che regola il proprio grado di esposizione mantenendo la coerenza interna.

La misura biologica del rischio è sempre preventiva, raramente reattiva. Prima di sapere perché qualcosa è pericoloso, l'organismo sa che lo è.

Un aneddoto raccolto durante una ricerca etologica sulle coste della Bretagna, raccontato da una biologa marina francese, riguarda i polpi. Alcuni esemplari evitavano tane apparentemente ideali dopo tempeste recenti. Non perché fossero state distrutte, ma perché il flusso delle correnti era cambiato. Il rischio, per il polpo, non era la tana in sé, ma la perdita di controllo sul proprio campo d'azione. Ancora una volta, nessuna stima, nessuna previsione esplicita: solo una misura fine della relazione.

Questo modo di valutare il rischio è distante anche dal modello umano moderno, ossessionato dal calcolo. Il sociologo Ulrich Beck, negli anni Ottanta, parlava di "società del rischio" proprio per indicare una cultura che tenta di dominare l'incertezza attraverso numeri e simulazioni. La vita biologica, invece, sembra seguire una logica opposta: ridurre l'esposizione mantenendo la qualità della relazione con l'ambiente, non l'accuratezza della previsione.

In questa luce, la misura biologica del rischio appare come una funzione cognitiva fondamentale, inscritta nel campo stesso dell'organismo. Non serve sapere quanto è probabile un evento; basta sapere se questa situazione è ancora abitabile. La sopravvivenza non richiede statistiche, ma una sensibilità costante alle soglie oltre le quali la coerenza si spezza.

Le piante che decidono: come la vita misura il rischio senza cervello.

C'è un'immagine che torna spesso quando si parla di cognizione: un animale che osserva, valuta, decide. E poi c'è l'immobilità delle piante, che per secoli è stata scambiata per passività. Eppure, se guardiamo da vicino, le piante sono maestre di una forma di conoscenza radicalmente diversa: non pensano, non calcolano, ma misurano. E misurando, decidono.

Già Charles Darwin, nel 1880, osservava come l'apice radicale si comportasse «come il cervello di un animale inferiore». Era una provocazione, certo, ma non una boutade. Darwin aveva intuito che la vita, anche priva di sistema nervoso, possiede una capacità fondamentale: discriminare ciò che è rilevante.

Per una pianta, l'acqua non è solo una risorsa: è una posta in gioco. Aprire gli stomi per assorbire anidride carbonica significa perdere acqua; chiuderli protegge dall'aridità ma rallenta la fotosintesi. È un dilemma continuo, che si rinnova ogni giorno, spesso ogni ora. Negli anni Novanta, nei laboratori dell'Università dello Utah e poi a Davis, i fisiologi vegetali come Melvin Tyree e John Sperry hanno mostrato che molte piante operano con quello che oggi chiamiamo margine di sicurezza idraulico. In termini semplici: sanno quanto possono "spingersi oltre" prima che nei loro vasi conduttori si formino bolle d'aria — la cavitazione — che interrompono il flusso dell'acqua e possono portare alla morte del tessuto.

Non è una risposta riflessa. Le piante anticipano. Modificano la conduttanza stomatica in base non solo all'umidità presente, ma anche alla tendenza del sistema: se la siccità sta peggiorando, reagiscono prima che il danno sia irreversibile. In alcune specie mediterranee, come il leccio, questa prudenza è quasi proverbiale; in altre, come certi pioppi di pianura, la strategia è più rischiosa, quasi "speculativa". Due stili cognitivi, potremmo dire, iscritti nella fisiologia.

Come fa una pianta a "sapere" che sta correndo un rischio? Non c'è un centro di comando. La misura è distribuita. Variazioni di pressione idraulica, gradienti ionici, ormoni come l'acido abscissico viaggiano nei tessuti creando un quadro coerente della situazione. Ogni foglia, ogni radice contribuisce alla valutazione complessiva.

Un ricercatore raccontava, durante una conferenza a Montpellier nel 2008, che lavorare con le piante significa rinunciare all'idea di un decisore unico: «*È come parlare con una folla che però risponde all'unisono*». È qui che la nozione di organismo come sistema informativo stabilizzato acquista senso: l'unità non è un punto, ma una coerenza.

Anche la luce, che associamo istintivamente alla vita vegetale, può diventare un pericolo. Un eccesso di radiazione danneggia i fotosistemi, producendo stress ossidativo. Le piante lo sanno — e reagiscono. Negli anni Cinquanta, nei laboratori del Dipartimento dell'Agricoltura degli Stati Uniti, Sterling Hendricks e Harry Borthwick scoprirono i fitocromi: pigmenti sensibili alla qualità della luce. Grazie a questi sensori, una pianta distingue se è in pieno sole o all'ombra di altre piante. Non è una differenza banale: l'ombra "verde" delle foglie altrui segnala competizione imminente.

Nasce così la cosiddetta "*shade avoidance syndrome*": il fusto si allunga, le foglie cambiano angolo, l'allocazione delle risorse viene riorientata. È una valutazione del rischio futuro: restare bassi significa essere esclusi dalla luce; crescere in fretta espone a instabilità meccanica e stress idrico. Ancora una volta, non c'è calcolo, ma una misura dinamica delle probabilità vitali.

La cosa più sorprendente è che tutto questo avviene senza spostamento. O, meglio, senza quello che noi chiamiamo movimento. Le piante conoscono "stando". Radicate nel suolo, trasformano il tempo in informazione. Dove un animale può fuggire, una pianta deve prevedere.

Al Giardino Botanico di Kew, a Londra, un vecchio curatore amava dire che le piante sono «filosofi forzati»: non possono agire impulsivamente, quindi devono essere sagge. È un'osservazione ironica, ma coglie un punto essenziale. La cognizione vegetale non è reazione rapida, è integrazione lenta e profonda di segnali.

Quando diciamo che ogni organismo conosce, non stiamo attribuendo alle piante una mente in miniatura. Stiamo ampliando l'idea stessa di conoscenza. Conoscere, in questo senso, significa mantenere la propria coerenza vitale in un mondo incerto. Significa misurare rischi e opportunità con gli strumenti che la propria forma di vita rende disponibili.

Le piante ci mostrano che la cognizione non nasce con il cervello, ma con la necessità di restare integri. Sono sistemi che valutano, anticipano, scelgono — non tra idee, ma tra possibilità biologiche. In questo silenzioso lavoro di misura continua, la vita rivela il suo volto più essenziale: non un meccanismo cieco, ma un processo sensibile al senso.

Sbagliare per restare vivi: l'intelligenza prudente della vita.

C'è un'idea profondamente radicata nel nostro modo di pensare — non solo l'economia, ma anche una certa biologia ingenua — secondo cui vivere significhi massimizzare il guadagno. Più crescita, più energia, più riproduzione. Eppure, osservata da vicino, la vita reale sembra seguire una logica diversa, quasi controintuitiva: non massimizzare, ma non sbagliare troppo. O meglio, evitare quegli errori che non concedono appello.

Nel capitolo dedicato alla vita come processo cognitivo, questa prospettiva diventa decisiva. Se ogni organismo conosce, allora conosce anche i propri limiti. E l'errore — lungi dall'essere una semplice deviazione — diventa un elemento strutturale del sapere biologico.

In biologia l'errore non è mai astratto. Non è una risposta sbagliata su un foglio d'esame, ma una scelta che può compromettere l'intera forma di vita. Per questo gli organismi non ottimizzano: si cautelano. Come notava già il fisiologo Walter Cannon negli anni Trenta, studiando l'omeostasi a Harvard, i sistemi viventi non cercano il massimo rendimento, ma la permanenza entro margini compatibili con la sopravvivenza.

È una differenza sottile ma cruciale. Massimizzare il guadagno espone al rischio di errori catastrofici; minimizzare il rischio accetta invece una certa dose di inefficienza. La vita, potremmo dire, preferisce essere un po' noiosa piuttosto che troppo audace. Un esempio affascinante viene dal mondo microbico, dove la cognizione appare nella sua forma più essenziale. In laboratorio, già dagli anni Settanta, si osservò che popolazioni geneticamente identiche di batteri *E. coli* non si comportano tutte allo stesso modo di fronte a un ambiente instabile. Alcuni individui rallentano drasticamente il metabolismo, altri continuano a crescere. È una strategia nota come "*bet-hedging*": non puntare tutto su una sola previsione del futuro.

Aaron Mitchell, lavorando a Stanford nei primi anni Duemila, mostrò che questa apparente "inefficienza" aumenta la probabilità che almeno una parte della popolazione sopravviva a shock improvvisi. Qui l'errore non è evitare la crescita quando l'ambiente sarebbe favorevole, ma crescere quando non lo sarà più tra poco. Il sapere biologico, in questo caso, consiste nel non fidarsi troppo delle condizioni presenti.

Anche nei sistemi più complessi, come quello immunitario umano, la stessa logica si ripete. Il sistema immunitario commette continuamente errori: riconosce come pericoloso ciò che non lo è, scatena infiammazioni inutili, talvolta perfino autoimmunità. Dal punto di vista ingegneristico è un disastro. Dal punto di vista biologico, è una scelta sensata. Negli anni Cinquanta, Frank Macfarlane Burnet formulò la teoria della selezione clonale osservando che il sistema immunitario è costruito per essere ipersensibile. Meglio reagire una volta di troppo che non reagire quando il patogeno è reale. Anche qui, l'epistemologia della vita è asimmetrica: alcuni errori sono tollerabili, altri no. La cognizione biologica non cerca la verità, ma la continuità.

Questa saggezza dell'errore emerge con chiarezza anche a livello ecologico. In ambienti instabili — deserti, tundre, zone intertidali — le specie che sopravvivono non sono quelle che sfruttano al massimo ogni finestra favorevole, ma quelle che mantengono una riserva di possibilità. Negli anni Ottanta, studi sul campo condotti nel deserto del Negev mostrarono che alcune piante germinano solo una frazione dei semi anche dopo piogge abbondanti. Il resto rimane nel suolo, in attesa. È un atto di sfiducia verso il presente. Un botanico israeliano raccontava, con una punta di ironia, che quelle piante "non credono alle promesse del cielo". Ancora una volta, la conoscenza non coincide con l'ottimismo, ma con una valutazione sobria delle conseguenze.

Se torniamo all'idea di organismo come struttura informativa stabilizzata, l'errore assume un nuovo statuto. Non è un incidente del processo cognitivo, ma il suo banco di prova. Un sistema vivente conosce perché deve agire senza certezze, e agisce sapendo che alcune scommesse non sono ammesse. In questo senso, evitare il rischio non è codardia evolutiva, ma intelligenza incarnata. La vita non cerca il massimo possibile, ma il sufficiente affidabile. È una lezione che mette in crisi molte metafore dominanti — dal progresso lineare all'ottimizzazione algoritmica — e prepara il terreno per una biologia della coscienza che non coincida con la performance, ma con la responsabilità della forma.

La vita come strumento di misura: quando la scienza impara dagli organismi.

Se guardiamo con attenzione la storia degli strumenti scientifici, scopriamo un dettaglio curioso: molti di essi non nascono da un'astrazione matematica pura, ma dall'imitazione — spesso inconsapevole — di funzioni biologiche elementari. Come se, prima ancora di inventare apparecchi per misurare il mondo, l'umanità avesse imparato osservando organismi che lo facevano già da milioni di anni.

Nel quadro di questo capitolo, dove la vita è descritta come processo cognitivo, questo confronto diventa illuminante. L'organismo, infatti, non si limita a reagire: misura. E misura sempre in funzione della propria sopravvivenza, integrando informazione, memoria e anticipazione. Esattamente ciò che chiediamo ai nostri strumenti scientifici. Prendiamo uno degli strumenti più iconici della scienza moderna: il termometro. Quando Galileo Galilei, all'inizio del Seicento, sperimentava il suo termoscopio a Padova, non stava ancora misurando la temperatura in senso quantitativo, ma registrava variazioni. Caldo e freddo erano differenze percepite, non numeri assoluti.

È lo stesso principio che governa la pelle di un mammifero o le membrane di un rettile: non conoscere "la temperatura", ma sentire uno scarto rispetto a una condizione vitale. La pelle non è un sensore neutro: è un'interfaccia cognitiva, tarata su soglie biologiche. Il termometro moderno non fa altro che rendere stabile, ripetibile e comunicabile questa funzione antica.

Anche la misura del tempo, apparentemente la più astratta, ha radici biologiche profonde. I cronometri marini del XVIII secolo, come quello perfezionato da John Harrison per risolvere il problema della longitudine, nascono dall'esigenza di sincronizzazione. Ma la sincronizzazione è, da sempre, una competenza del vivente.

Ogni organismo possiede ritmi interni: cicli di attività, riposo, rinnovamento. Nel Novecento, gli esperimenti di Jürgen Aschoff nel bunker di Andechs, in Germania, mostrarono che anche in assenza di luce e riferimenti esterni, il corpo umano continua a "contare il tempo". Non con numeri, ma con oscillazioni fisiologiche. Il cronometro scientifico replica questa capacità: mantenere una coerenza temporale interna indipendente dall'ambiente.

Prima che Evangelista Torricelli inventasse il barometro nel 1643, molti animali "sapevano" quando il tempo stava per cambiare. Pastori e marinai lo raccontavano da secoli: cani irrequieti, uccelli che modificano la rotta, rane che emergono dall'acqua. Non folklore, ma percezione di variazioni di pressione. Il barometro non introduce una nuova conoscenza: la oggettiva. Trasforma una sensibilità diffusa in un dato leggibile. Ancora una volta, lo strumento scientifico stabilizza una funzione biologica: rilevare cambiamenti ambientali rilevanti prima che diventino pericolosi.

Ciò che accomuna questi esempi è un punto spesso trascurato: nessuno strumento misura “in assoluto”. Ogni misura è una relazione. Il mercurio che sale, l’ago che oscilla, il pendolo che batte non fanno che tradurre un’interazione in un segnale stabile. Esattamente come fa un organismo quando percepisce, valuta e risponde. Visti da questa prospettiva, gli strumenti scientifici appaiono come protesi cognitive della vita stessa. Non entità neutrali, ma estensioni di una capacità biologica primaria: distinguere ciò che conta da ciò che può essere ignorato.

La scienza moderna, nel suo sforzo di oggettività, ha spesso dimenticato questa origine. Eppure, ogni strumento porta con sé una domanda implicita: che cosa è rilevante per un sistema che vuole durare? È la stessa domanda che, in forma silenziosa, ogni organismo rivolge al mondo. In questo senso, parlare di biologia dei campi e di organismi come strutture informative stabilizzate significa riconoscere che la cognizione non inizia con il cervello, né con il laboratorio. Inizia nel momento in cui qualcosa misura qualcosa d’altro per restare ciò che è.

Misurare è già scegliere: la responsabilità silenziosa del vivente.

Arrivati a questo punto la domanda cambia tono. Non è più soltanto come gli organismi misurano il mondo, ma che cosa implica il fatto che lo facciano. Perché se la vita è, in ogni sua forma, un sistema che misura — seleziona segnali, scarta rumore, anticipa conseguenze — allora la misura non è mai un atto innocente. È già una presa di posizione.

Nella storia della scienza siamo abituati a pensare alla misura come a un gesto neutro, quasi moralmente trasparente. Un termometro non giudica, un sensore non decide. Eppure, questa idea vacilla non appena torniamo all'origine biologica di ogni misurazione. L'organismo misura per continuare a esistere. Ogni atto di conoscenza è orientato, situato, finalizzato. In altre parole: è già intriso di valore. Negli anni Trenta del Novecento, il fisiologo Walter Bradford Cannon, lavorando ad Harvard, osservava come il corpo non reagisca mai in modo casuale alle variazioni interne ed esterne. Il concetto di omeostasi nasce proprio da qui: misurare significa mantenere condizioni compatibili con la vita. Ma mantenere implica una preferenza, una norma, un "così e non altrimenti".

Questa norma non è morale nel senso umano del termine, ma non è nemmeno eticamente neutra. È una proto-etica biologica: ciò che conserva la coerenza viene favorito, ciò che la distrugge viene evitato. Ogni organismo, nel suo misurare, stabilisce implicitamente ciò che è accettabile e ciò che non lo è.

Questo diventa particolarmente evidente quando la misura biologica viene esternalizzata nella tecnologia. Nel 1945, al *Trinity Site* nel deserto del Nuovo Messico, gli strumenti di misura registrarono con precisione impeccabile la prima esplosione nucleare. I contatori Geiger funzionavano perfettamente. Ma la questione etica non stava nei dati raccolti, bensì nella scelta di che cosa misurare e perché.

La biologia ci insegna che nessun sistema misura tutto. Ogni misura è selettiva. Trasferire questa lezione alla scienza significa riconoscere che la responsabilità non nasce dopo la conoscenza, ma insieme ad essa. Come scriveva Hans Jonas ne "*Il principio responsabilità*" (1979), la potenza della conoscenza moderna ci obbliga a un'etica anticipatoria. Ma, in fondo, questa anticipazione è già iscritta nel vivente.

C'è un aspetto spesso trascurato: misurare espone chi misura. Un organismo che percepisce diventa vulnerabile all'informazione che riceve. Claude Bernard, nel suo laboratorio parigino di rue d'Ulm, notava come l'eccesso di stimolazione possa destabilizzare un sistema fisiologico tanto quanto la sua assenza. La misura, se non è integrata, può diventare disarmonia. Questa osservazione vale anche per l'uomo contemporaneo, immerso in una sovrabbondanza di dati. La biologia dei campi suggerisce che la responsabilità non riguarda solo l'uso delle informazioni, ma anche la capacità di sostenerle senza perdere coerenza. Un sistema che misura senza integrare si frammenta.

In questa luce, l'etica non appare più come un'aggiunta tardiva alla conoscenza, ma come una sua conseguenza naturale. Se ogni organismo è una struttura informativa stabilizzata, allora la responsabilità coincide con la cura della propria coerenza e di quella dei sistemi con cui è in relazione.

Non si tratta ancora di giustizia, diritti o doveri nel senso classico. Si tratta di qualcosa di più elementare: la consapevolezza che conoscere significa intervenire, e che intervenire modifica il campo di cui facciamo parte. La scienza, quando riconosce le sue radici biologiche, non può più sottrarsi alla domanda sul senso e sulle conseguenze del suo agire.

La vita, misurando, ci insegna che ogni conoscenza autentica porta con sé una responsabilità silenziosa: restare in relazione senza distruggere la coerenza che rende possibile la relazione stessa.

Verso una biologia della coscienza.

A questo punto del percorso, dopo aver seguito la vita mentre misura, seleziona, anticipa e mantiene la propria coerenza, una domanda si affaccia con una certa inevitabilità: quando, e in che modo, tutto questo diventa esperienza? Non ancora coscienza nel senso umano, riflessivo, linguistico, ma qualcosa che le somiglia abbastanza da costringerci a rivedere le nostre categorie.

Parlare di biologia della coscienza non significa cercare un'anima nascosta nelle cellule né ridurre l'esperienza a un algoritmo molecolare. Significa, più sobriamente ma anche più radicalmente, chiedersi se la coscienza non sia una proprietà emergente dei campi biologici altamente coerenti, così come la vita emerge quando l'informazione smette di essere astratta e prende forma. Negli anni Novanta, il neurobiologo Antonio Damasio raccontava spesso un episodio avvenuto al "*Beth Israel Deaconess Medical Center*" di Boston: pazienti con lesioni specifiche alle aree emotive del cervello erano perfettamente in grado di ragionare, ma incapaci di decidere. Mancava qualcosa che non era un'informazione, bensì un sentire del valore delle alternative.

Questo aneddoto, ormai classico, diventa particolarmente interessante se letto alla luce della biologia dei campi. Prima ancora della decisione conscia, esiste un livello di integrazione globale che valuta, orienta, pesa. Non è pensiero, ma non è nemmeno semplice reazione. È un campo di significatività incarnata.

In fisica, il concetto di soglia è cruciale: sotto una certa intensità non accade nulla di qualitativamente nuovo, sopra quella soglia emerge una proprietà inattesa. Alcuni biologi teorici hanno iniziato a chiedersi se la coscienza non funzioni allo stesso modo. Nel 2014, durante una conferenza a Tucson dedicata ai fondamenti della coscienza, si discuteva animatamente se l'esperienza soggettiva fosse un "interruttore" o un "gradiente". L'impressione diffusa — raccontata poi informalmente da diversi partecipanti — era che la coscienza non compaia all'improvviso, ma si addensi. Dove l'informazione è sufficientemente integrata, stabile e globale, qualcosa accade.

In questo senso, i campi biologici descritti nei capitoli precedenti possono essere letti come il terreno di coltura dell'esperienza: strutture dinamiche che tengono insieme il molteplice e lo rendono presente a se stesso. Una biologia della coscienza non nega il ruolo del sistema nervoso, così come la biologia della vita non nega la chimica. Ma rifiuta l'idea che il cervello produca la coscienza come una ghiandola produce un ormone.

Già negli anni Quaranta, il neurologo Kurt Goldstein, lavorando con pazienti cerebrolesi a Francoforte e poi negli Stati Uniti, osservava che l'organismo reagisce alle lesioni come un tutto, riorganizzando il proprio comportamento globale. Non si perde una funzione isolata: cambia il modo di essere nel mondo. Un indizio potente del fatto che l'esperienza non è localizzabile come un oggetto, ma distribuita come un campo.

Arrivare fin qui significa aver spostato la domanda sulla coscienza. Non più "dove si trova?", ma "quando emerge?". Non più "da cosa è fatta?", ma "quale grado di coerenza richiede?". È un cambio di prospettiva che apre inevitabilmente a questioni metafisiche, ma senza abbandonare il rigore scientifico.

Il passo successivo sarà interrogarsi sul significato di questa emergenza: se la coscienza è un evento che accade nei campi della vita, allora riguarda non solo l'uomo, ma il modo stesso in cui l'universo diventa, localmente, consapevole di sé. È qui che la biologia incontra la responsabilità, e la descrizione lascia spazio al senso.

La coscienza messa tra parentesi: come la biologia l'ha persa e la sta ritrovando.

Per buona parte del Novecento la coscienza è stata una presenza imbarazzante nella biologia. Non negata apertamente, ma accuratamente evitata. Troppo soggettiva, troppo difficile da misurare, troppo vicina a quel lessico filosofico che la scienza moderna aveva imparato a guardare con sospetto. Se la biologia voleva diventare una scienza "dura", la scienza moderna doveva liberarsene. L'atto di espulsione ha una data simbolica: 1913, quando John B. Watson pubblica il manifesto del comportamentismo. La psicologia — e con essa la biologia del comportamento — avrebbe studiato solo ciò che è osservabile: stimoli e risposte. La coscienza? Un residuo metafisico. Nei laboratori americani, dai corridoi della Johns Hopkins fino alle università del Midwest, parlare di esperienza interna diventò quasi una cattiva educazione scientifica.

La stessa logica attraversa la biologia molecolare nascente. Nel 1965, Jacques Monod, all'Institut Pasteur di Parigi, scrive "*Il caso e la necessità*". È un libro affascinante, rigoroso, ma inequivocabile nel suo messaggio: la vita è il prodotto di meccanismi ciechi, e ogni riferimento a finalità o interiorità è un'illusione antropocentrica. La coscienza, in questo quadro, non è un problema biologico, ma semmai un epifenomeno culturale. Anche Francis Crick, nel suo ufficio al Salk Institute di La Jolla, amava ripetere negli anni Ottanta che "*tu, le tue gioie e i tuoi dolori, non sei altro che un vasto insieme di neuroni*". Una frase diventata celebre proprio perché riassume lo spirito di un'epoca: spiegare tutto dal basso, anche a costo di perdere qualcosa per strada.

Eppure, qualcosa non funzionava del tutto. I sistemi biologici reali — dagli ecosistemi alle cellule — continuavano a mostrare proprietà che sfuggivano alla somma delle parti. Negli anni Settanta, a Bruxelles, Ilya Prigogine studiava le strutture dissipative e mostrava che l'ordine può emergere spontaneamente dal caos quando un sistema è lontano dall'equilibrio. Non parlava di coscienza, ma riapriva una porta: l'organizzazione globale conta più dei singoli meccanismi.

Poco dopo, in Cile, Humberto Maturana e Francisco Varela introducevano il concetto di autopoiesi. Un organismo non è definito da ciò che lo compone, ma dal processo attraverso cui si mantiene. È un'unità che si produce e si riconosce come tale. Qui la coscienza non è ancora nominata, ma l'idea di un sistema che ha una prospettiva propria inizia a farsi strada.

Il rientro della coscienza nella biologia non avviene come un colpo di scena, ma come un lento cambio di clima culturale. Alla fine del Novecento, nei centri di ricerca sui sistemi complessi — dal Santa Fe Institute nel New Mexico ai laboratori europei di dinamica non lineare — diventa sempre più difficile ignorare il problema dell'esperienza.

Se un sistema integra informazione a livello globale, se mantiene una coerenza dinamica, se discrimina ciò che è rilevante per la propria esistenza, allora la domanda non è più se emerga qualcosa di simile alla coscienza, ma quando e in che forma. La coscienza smette di essere un oggetto misterioso e diventa una proprietà emergente dei campi biologici altamente organizzati. Questo excursus storico non serve a rivalutare nostalgicamente concetti espulsi, ma a mostrare che la biologia sta cambiando domanda. Non più "come eliminare la coscienza dal discorso scientifico", ma "come descriverla senza tradirne la natura". È un passaggio delicato, che richiede nuovi linguaggi e nuove responsabilità teoriche. La biologia della coscienza non è ancora una disciplina compiuta, ma un orizzonte che si apre.

XI°- Verso una nuova biologia.

Questo capitolo nasce come una soglia. Non aggiunge un nuovo tassello tecnico al mosaico, ma invita a guardare l'immagine d'insieme. Dopo aver seguito la vita lungo il filo della coerenza, dei campi biologici, dell'informazione incarnata e della cognizione diffusa, diventa inevitabile chiedersi che cosa tutto questo comporti per la scienza — e per noi. Il capitolo XI° non chiude semplicemente il libro: ne esplicita le conseguenze.

La biologia dei campi, infatti, non è solo un modello interpretativo alternativo. È una proposta ontologica: suggerisce che gli organismi non siano oggetti tra oggetti, ma processi informativi stabilizzati, centri di senso situati nel mondo. Accettare questa prospettiva significa riconoscere che la vita non è riducibile né alla macchina né al caso, senza per questo rifugiarsi in spiegazioni mistiche. È una posizione scomoda, ma feconda.

Nel corso del Novecento la scienza ha affinato strumenti potentissimi, spesso al prezzo di una semplificazione dell'oggetto studiato. Questo libro ha mostrato come, nel caso del vivente, quella semplificazione inizi a diventare un limite. Questo capitolo serve allora a chiarire che cosa cambia quando la vita viene pensata come campo coerente e cognitivo: cambiano le domande legittime, i modelli ammessi, ma anche la postura epistemica dello scienziato. Non si tratta di aggiungere "valori" dall'esterno alla biologia, bensì di riconoscere che ogni descrizione del vivente porta con sé implicazioni culturali ed etiche. Come scrive Hans Jonas ne "Il principio responsabilità" «*Agisci in modo che le conseguenze della tua azione siano compatibili con la permanenza di una vita autenticamente umana sulla Terra.*» Questa affermazione, nata in un contesto filosofico, diventa sorprendentemente biologica se la vita è intesa come rete di campi interdipendenti: intervenire su uno significa sempre intervenire sul tutto.

Uno degli obiettivi di questo capitolo è mostrare che la biologia dei campi non impoverisce la scienza, ma la amplia. Introduce nuovi modelli — sistemici, non-locali, dinamici — e costringe a interrogarsi su concetti che la biologia aveva accantonato per prudenza: forma, finalità, significato. Non come dogmi, ma come problemi legittimi.

In questo senso, il dialogo con la metafisica non è un passo indietro, bensì un passo di lato. Dunque, questo capitolo non offre soluzioni definitive. Indica una direzione. Mostra che pensare la vita come evento di senso implica una scienza più riflessiva e un sapere più responsabile. È il punto in cui il discorso scientifico incontra la domanda su ciò che vale la pena conoscere — e su come usare ciò che conosciamo.

Quando la scienza smette di smontare e inizia ad ascoltare.

Se la biologia dei campi è una proposta radicale, lo è innanzitutto per la scienza stessa. Dopo aver attraversato la crisi del paradigma classico, la scoperta della coerenza e l'idea di organismo come campo informativo stabilizzato, diventa inevitabile chiedersi: che cosa cambia davvero nel lavoro dello scienziato? La risposta non è tecnica, ma metodologica e culturale. Cambiano i modelli — non più lineari, non più puramente causali — e cambiano le domande ritenute legittime. La biologia dei campi suggerisce che il vivente non possa essere compreso solo scomponendolo, ma debba essere seguito nei suoi pattern di organizzazione, nelle sue risonanze, nelle sue stabilità dinamiche. In altre parole, la scienza è chiamata a osservare processi, non soltanto meccanismi.

Uno dei cambiamenti più evidenti riguarda il tipo di modelli ammessi. La metafora dominante della macchina, pur straordinariamente efficace in ambito molecolare, mostra qui i suoi limiti. Gli organismi appaiono sempre più come sistemi coerenti che mantengono la propria identità attraverso flussi continui di materia, energia e informazione. Non è un'idea nuova, ma cambia il modo in cui viene formalizzata.

Ricordiamo che negli anni Cinquanta Ludwig von Bertalanffy, fondatore della teoria dei sistemi, osservava che «*Il tutto è più della somma delle sue parti.*» Una frase spesso citata, ma raramente presa sul serio fino in fondo. La biologia dei campi prova a farlo, proponendo modelli capaci di descrivere come l'ordine biologico emerga e si mantenga senza essere localizzato in un singolo livello. Non è un caso che strumenti concettuali come dinamiche non lineari, auto-organizzazione e coerenza entrino oggi stabilmente nel lessico biologico, ben oltre la fisica che li ha visti nascere.

Accanto ai modelli, cambiano le domande. Per decenni la biologia ha privilegiato il "come" a scapito del "perché", temendo derive finalistiche. Ma una biologia dei campi non può evitare interrogativi sulla forma, sulla stabilità, sulla direzionalità dei processi vitali. Non come cause esterne, bensì come proprietà immanenti dei sistemi viventi.

Conrad Waddington scriveva che lo sviluppo biologico assomiglia a un paesaggio di possibilità. Oggi quella intuizione torna attuale: la domanda non è più solo quali geni sono coinvolti, ma come l'organismo mantiene la propria traiettoria tra molte possibilità compatibili. È una domanda che chiama in causa campi di regolazione, non singole molecole.

Un altro cambiamento riguarda l'idea di neutralità scientifica. Se il vivente è un sistema informativo che interpreta e risponde, anche l'atto di conoscerlo non è mai completamente esterno. La biologia dei campi rende esplicito qualcosa che filosofi della scienza come Evelyn Fox Keller hanno sottolineato a lungo: i modelli non sono specchi della natura, ma strumenti situati, impregnati di metafore e scelte implicite.

Karl Popper ricordava che «*La scienza non è un sistema di enunciati certi, ma un'impresa umana in continua revisione.*» In questo contesto, il valore di una teoria non sta solo nella sua capacità predittiva, ma anche nella sua apertura: nella possibilità di integrare livelli diversi senza ridurli forzatamente. La biologia dei campi chiede alla scienza di diventare più riflessiva, non meno rigorosa.

Infine, cambia il rapporto tra ciò che è misurabile e ciò che è significativo. Non tutto ciò che conta in un sistema vivente è immediatamente quantificabile, e non tutto ciò che è quantificabile esaurisce il fenomeno. Questo non significa rinunciare alla misura, ma riconoscerne i confini. Come ammoniva Niels Bohr, riflettendo sui sistemi complessi: «*Non siamo spettatori, ma attori nel grande dramma dell'esistenza.*»

Trasportata in biologia, questa affermazione invita a sviluppare strumenti capaci di cogliere pattern, relazioni e stabilità, senza pretendere di ridurli a un'unica scala. È un cambiamento sottile, ma profondo: la scienza non rinuncia a spiegare, ma accetta che spiegare la vita significhi anche interpretarla.

Cosa cambia per l'uomo quando la vita è un campo.

Se la biologia dei campi ridefinisce che cos'è la vita, inevitabilmente ridefinisce anche chi siamo noi. Non come effetto collaterale, ma come conseguenza diretta. Perché l'essere umano non osserva la vita dall'esterno: ne è una modulazione complessa, una particolare stabilizzazione di informazione incarnata. Quando l'organismo non è più pensato come una macchina composta di pezzi, ma come un campo coerente che si mantiene nel tempo, identità, salute e rapporto con la natura smettono di essere concetti separati.

In questa prospettiva, l'identità non coincide più con un nucleo fisso — il genoma, il cervello, la personalità — ma con un processo di continuità dinamica. Siamo riconoscibili non perché immutabili, ma perché coerenti. Il filosofo Maurice Merleau-Ponty insisteva su un'idea allora marginale: il corpo non è un oggetto che possediamo, ma il modo stesso in cui siamo nel mondo. Oggi quella intuizione trova una risonanza biologica precisa. Pensare l'uomo come campo significa riconoscere che l'identità emerge dalla relazione costante tra livelli: molecolare, fisiologico, percettivo, simbolico.

Anche la salute cambia statuto. Non è più semplicemente il silenzio degli organi o il rientro nei parametri, ma la qualità della coerenza globale dell'organismo. Un corpo sano non è quello che non devia mai, ma quello che sa riorganizzarsi senza perdere la propria unità.

Negli anni Settanta, l'epidemiologo Aaron Antonovsky — lavorando tra Israele e gli Stati Uniti — propose il concetto di "*sense of coherence*" per spiegare perché alcune persone restano sane in condizioni avverse. La sua intuizione era che la salute dipendesse dalla capacità di dare senso e continuità all'esperienza, non solo da fattori biologici isolati. Oggi quella idea può essere riletta in chiave biologica: la salute come stabilità informativa, come tenuta del campo.

Questo sposta anche il baricentro della responsabilità: non nel senso colpevolizzante dell'"è tutta una tua responsabilità", ma come partecipazione attiva. La cura non riguarda più soltanto la riparazione, ma il sostegno alla coerenza: ambientale, relazionale, temporale.

Infine, cambia il modo in cui l'uomo si colloca nella natura. Se gli organismi sono campi che interagiscono, allora anche l'ecosistema non è un semplice contenitore, ma un campo di campi. L'essere umano non è sopra o fuori, ma dentro, in risonanza continua. Quando Rachel Carson pubblicò "*Silent Spring*" nel 1962, raccontò non solo un disastro ecologico, ma una perdita di relazioni invisibili: insetti, uccelli, suoli, cicli stagionali. Nel libro l'autrice denuncia l'uso indiscriminato dei pesticidi chimici, mostrando come danneggino gli ecosistemi, uccidano la fauna e mettano a rischio la salute umana .All'epoca fu accusata di emotività. Oggi appare come una delle prime voci a intuire che la salute umana e quella degli ecosistemi sono inseparabili perché condividono campi di informazione e regolazione.

Anche James Lovelock, lavorando come consulente scientifico per la NASA negli anni Sessanta, arrivò all'ipotesi Gaia osservando anomalie chimiche nell'atmosfera terrestre. La Terra, suggeriva, si comporta come un sistema autoregolato. Non una divinità, ma un'organizzazione coerente. In questa cornice, l'uomo non è un dominatore, ma un modulatore potente, e quindi responsabile.

Ciò che cambia per l'uomo, in definitiva, non è una singola credenza, ma il tono di fondo. L'idea di essere entità separate lascia spazio a quella di essere nodi sensibili in una trama vivente. Questo non riduce l'individualità, la rende più profonda. Non dissolve la libertà, la ancora a condizioni reali.

Non idealizza la natura, ma ne riconosce la complessità condivisa. Come scriveva Gregory Bateson, riflettendo sui sistemi viventi: «*La rottura delle connessioni è sempre una forma di follia.*» La biologia dei campi suggerisce che la salute dell'uomo — biologica, psichica, culturale — dipende dalla qualità delle connessioni che sa mantenere.

Scienza e metafisica riconciliate.

Per molto tempo, nella cultura occidentale, scienza e metafisica si sono guardate con sospetto. La prima accusava la seconda di vaghezza, la seconda rimproverava alla prima di cecità sul significato. La biologia dei campi, quasi senza volerlo, costringe oggi entrambe a rivedere le proprie posizioni. Non per fondersi in un sincretismo confuso, ma per riconoscere che il vivente pone domande che nessuna delle due, da sola, riesce più a sostenere.

Il punto di partenza è sorprendentemente concreto. Quando la vita viene descritta come una struttura informativa stabilizzata, come un campo coerente che organizza materia ed energia nel tempo, il linguaggio puramente meccanicistico inizia a mostrare crepe. Non perché sia falso, ma perché è incompleto.

Da allora, la scienza della complessità ha fatto passi enormi, ma il nodo filosofico resta. Ilya Prigogine amava ripetere che "*il futuro non è dato*". Lo diceva studiando sistemi lontani dall'equilibrio, non scrivendo saggi esistenziali. Eppure, quella frase ha una portata metafisica evidente: se la natura produce novità reali, se il tempo è creativo, allora il mondo non è un semplice dispiegarsi di cause già scritte. La biologia dei campi raccoglie questa eredità e la porta nel cuore del vivente.

Qui avviene il punto di riconciliazione. La metafisica non rientra dalla porta del mistero ineffabile, ma da quella della struttura. Non parla più di "forze vitali" in senso nebuloso, bensì di principi di organizzazione, di unità che precedono le parti, di significato come dimensione intrinseca dei sistemi viventi. È una metafisica sobria, potremmo dire, che rinuncia alle spiegazioni ultime ma rifiuta l'idea che il senso sia un'illusione soggettiva.

Un episodio spesso ricordato negli ambienti accademici francesi racconta di una discussione avvenuta a Parigi, alla fine degli anni Ottanta, tra un biologo molecolare e un filosofo della scienza dopo una conferenza al Musée de l'Homme. Il primo sosteneva che "*alla fine, tutto si riduce alle molecole*". Il secondo rispose: "*Sì, ma non tutto si decide lì*". È in questo scarto, minimo ma decisivo, che la biologia dei campi trova spazio.

La riconciliazione avviene anche sul piano della responsabilità del sapere. Hans Jonas, nel "*Principio responsabilità*" (1979), non parlava di campi biologici, ma aveva colto con lucidità il problema: una scienza potentissima, priva di una riflessione sul senso e sulle conseguenze, diventa pericolosamente miope. Se la vita è una rete di campi informativi, ogni intervento tecnico non è mai locale, ma risuona su livelli che spesso non sappiamo misurare subito. La metafisica, qui, non detta leggi alla scienza: le ricorda l'ampiezza del suo impatto.

È importante chiarire cosa questa riconciliazione non è. Non è un ritorno al misticismo, né una spiritualizzazione impropria della biologia. Ma non è nemmeno un riduzionismo raffinato che cambia vocabolario lasciando intatto l'impianto. Parlare di campi significa accettare che esistano livelli di realtà descrivibili solo in termini relazionali e formali, non completamente traducibili in catene causali lineari.

In questo senso, la biologia dei campi svolge un ruolo culturale simile a quello che la relatività generale ebbe all'inizio del Novecento. Quando Einstein presentò le sue equazioni nel 1915 a Berlino, non propose solo una nuova fisica, ma un nuovo modo di pensare spazio e tempo. Allo stesso modo, una biologia che riconosce campi di informazione stabilizzati obbliga a ripensare categorie come causa, forma, emergenza, finalità — parole che la scienza aveva espulso, ma che ora rientrano, trasformate e sorvegliate.

Il risultato non è una sintesi definitiva, ma una convivenza feconda. La scienza continua a fare ciò che sa fare meglio: osservare, misurare, modellizzare. La metafisica rinuncia alle spiegazioni totali, ma torna a interrogare i presupposti, i limiti, il senso complessivo. La vita, intanto, resta lì: concreta, misurabile, eppure irriducibile a una pura somma di dati.

Oltre la spiegazione, prima del mistero: la vita come evento che parla.

Arrivati a questo punto, dopo aver attraversato crisi del paradigma, coerenza, campi, salute e conoscenza biologica, resta una domanda che non può più essere elusa. Non è una domanda tecnica, né un problema di metodo. È una domanda di statuto: che tipo di realtà è la vita, se per comprenderla dobbiamo chiamare in causa non solo reazioni, selezioni e informazioni, ma anche unità, forma, orientamento, senso?

La biologia dei campi non fornisce una risposta definitiva, ma rende evidente che il vivente non è neutro rispetto al significato. Non nel senso che "vuole dire qualcosa" come un testo simbolico, ma nel senso più sobrio e profondo: la vita accade come evento strutturato, coerente, orientato. E dove c'è orientamento, anche minimo, anche impersonale, si apre inevitabilmente una questione di senso.

Un fisico come John Archibald Wheeler, negli ultimi anni della sua vita, amava riassumere la sua visione con una formula curiosa: "*it from bit*". La realtà fisica, suggeriva, emerge dall'informazione. Era un'ipotesi ardita, ma rivelatrice di un clima culturale: quando la scienza arriva al cuore dei processi, incontra qualcosa che non è solo materia in movimento, ma configurazione, scelta tra possibilità, stabilizzazione di forme. La biologia dei campi porta questa intuizione nel dominio del vivente, mostrando che gli organismi non sono solo prodotti del mondo, ma eventi che organizzano il mondo localmente.

Qui scienza e metafisica smettono di contendersi il territorio e iniziano, finalmente, a riconoscersi. La scienza accetta che la descrizione del vivente implica livelli di realtà che non si lasciano esaurire dalla causalità lineare. La metafisica, a sua volta, rinuncia a parlare al posto della scienza e si limita a interrogare ciò che la scienza presuppone senza poterlo misurare direttamente: unità, identità, direzione, valore.

Pensare la vita come evento di senso non significa attribuirle un fine esterno o un progetto cosmico prestabilito. Significa riconoscere che, nell'universo conosciuto, la vita è il luogo in cui l'informazione diventa esperienza organizzata, in cui la materia smette di essere indifferente a se stessa. Come scriveva la filosofa Hannah Arendt, riflettendo sulla natalità, ogni nuovo inizio "*introduce nel mondo qualcosa che prima non c'era*". La biologia dei campi mostra che questo non vale solo per l'azione umana, ma per il vivente in quanto tale.

Questo capitolo si chiude, dunque, su una soglia. Non offre una metafisica della vita, ma mostra perché una riflessione sul senso non è un'aggiunta arbitraria, bensì una conseguenza naturale di ciò che la biologia contemporanea sta scoprendo. Se la vita è un campo coerente che si mantiene nel tempo, se conosce, misura, seleziona e risponde, allora non è solo un fatto dell'universo, ma un evento che lo modifica dall'interno.

La conclusione del libro potrà ora affrontare apertamente questa implicazione: non che cosa significhi la vita, ma perché, nel cuore stesso della natura, il significato diventa una possibilità reale.

Conclusione. La vita come evento di senso nell'universo.

Arrivati alla conclusione, il percorso compiuto dalla biologia dei campi consente di formulare un'affermazione che, solo poche decadi fa, sarebbe sembrata impropria in un contesto scientifico: la vita è un evento di senso nell'universo. Non un'aggiunta poetica, non una consolazione filosofica, ma una conseguenza rigorosa di ciò che emerge quando il vivente viene osservato come struttura informativa stabilizzata, come campo coerente che organizza materia, energia e informazione nel tempo.

Per lungo tempo, l'idea dominante è stata che la vita fosse una deviazione improbabile in un cosmo sostanzialmente indifferente. Jacques Monod, nel celebre "Il caso e la necessità" parlava di una "solitudine" fondamentale dell'uomo in un universo cieco. Quella visione ha avuto una forza culturale enorme, ma oggi appare storicamente situata. Non perché sia stata "smentita", bensì perché il quadro conoscitivo è cambiato.

Studiando sistemi complessi, auto-organizzazione, dinamiche non lineari, diventa sempre più difficile sostenere che la vita sia solo un accidente statistico.

Questo libro suggerisce un'altra prospettiva: la vita come modalità naturale con cui l'universo, in certe condizioni, produce coerenza durevole e informazione incarnata. Non è un evento soprannaturale, ma nemmeno una semplice conseguenza meccanica. È un passaggio di livello. Come l'acqua che, a una certa temperatura, smette di essere liquida e diventa ghiaccio con proprietà nuove, così la materia, organizzandosi in campi biologici, genera qualcosa che prima non c'era: un centro di relazione, di memoria, di risposta.

Un aneddoto poco noto riguarda una conferenza tenuta da Freeman Dyson a Princeton nei primi anni Duemila. Alla fine dell'incontro, uno studente gli chiese se considerasse la vita "inevitabile" nell'universo. Dyson sorrise e rispose: "*Non so se sia inevitabile, ma di certo non è sorprendente*". In quella frase c'è uno spostamento sottile ma decisivo: la vita non come eccezione scandalosa, bensì come esito coerente di un cosmo ricco di possibilità organizzative.

Pensare la vita come evento di senso non implica attribuirle uno scopo prestabilito. Il senso, qui, non è un fine imposto dall'esterno, ma una proprietà emergente. Ogni organismo vivente seleziona, interpreta, distingue ciò che conta da ciò che non conta. Anche il batterio, nel suo ambiente microscopico, vive in un mondo significativo, fatto di gradienti, soglie, segnali. Jakob von Uexküll lo aveva intuito già negli anni Venti del Novecento parlando di Umwelt: ogni vivente abita un mondo di senso, non un universo neutro.

Se questo vale per ogni organismo, allora la comparsa della vita introduce nell'universo una nuova qualità: la possibilità che qualcosa abbia importanza. Non per qualcuno in particolare, non per un osservatore esterno, ma per il sistema vivente stesso. "*La biologia dei campi*" rende visibile questo passaggio, mostrando come la coerenza biologica sia sempre anche coerenza funzionale, orientata alla persistenza, alla relazione, alla continuità.

Un episodio raccontato da un medico di base durante gli anni difficili della pandemia illumina questo punto da una prospettiva concreta. Di fronte a pazienti con parametri clinici simili, alcuni reagivano, altri no. "*A un certo punto*", disse, "*ho capito che non stavo curando solo corpi, ma storie che cercavano di restare intere*". Non è una dichiarazione scientifica in senso stretto, ma è un'intuizione che risuona profondamente con l'idea di campo: la vita come unità di significato che tenta di mantenersi.

In questa luce, l'universo non appare più come uno sfondo indifferente sul quale la vita capita per errore. Appare piuttosto come un contesto capace, almeno localmente, di produrre senso attraverso la vita. La biologia dei campi non afferma che l'universo "voglia" la vita, ma mostra che l'universo può diventare significativo grazie alla vita. È una differenza sottile, ma cruciale.

Concludere parlando di senso non significa uscire dalla scienza, ma riconoscerne il limite fecondo. La scienza descrive come la vita accade; il senso emerge dal fatto stesso che accade così, e non altrimenti. In questo spazio, non vuoto ma aperto, si colloca la responsabilità umana: comprendere che, studiando la vita, stiamo osservando uno dei modi in cui l'universo diventa interpretabile, persino narrabile.

La vita, allora, non è un miracolo che viola le leggi della natura, né un accidente privo di importanza. È uno degli eventi in cui la natura, seguendo le sue stesse leggi, supera la propria indifferenza e inaugura un mondo in cui qualcosa conta.

Bibliografia specializzata.

Di seguito trovi una bibliografia specializzata ampia e coerente con l'impianto concettuale del libro, orientata a campi biologici, informazione, forma, coerenza, complessità, oltre il riduzionismo, includendo classici, testi scientifici, teorici e opere di confine. I titoli sono in lingua originale, quando disponibile.

Abrams David	The Spell of the Sensuous – Pantheon Books
Bateson Gregory	Mind and Nature: A Necessary Unity – Dutton
Bateson Gregory	Steps to an Ecology of Mind – University of Chicago Press
Behe Michael J.	Darwin's Black Box – Free Press
Bohm David	Wholeness and the Implicate Order – Routledge
Bohm David	Causality and Chance in Modern Physics – Routledge
Capra Fritjof	The Web of Life – Anchor Books
Capra Fritjof, Luisi Pier Luigi	The Systems View of Life – Cambridge University Press
Davies Paul	The Cosmic Blueprint – Simon & Schuster
Davies Paul	The Fifth Miracle – Simon & Schuster
Deacon Terrence W.	Incomplete Nature: How Mind Emerged from Matter – W.W. Norton
Del Giudice Emilio	Role of Coherence in Biological Systems – World Scientific
Elsasser Walter	The Physical Foundation of Biology – Pergamon Press
Elsasser Walter	Atom and Organism – Princeton University Press
Goodwin Brian	How the Leopard Changed Its Spots – Princeton University Press
Goodwin Brian	Nature's Due – Floris Books
Gould Stephen Jay	The Structure of Evolutionary Theory – Harvard University Press
Hameroff Stuart, Penrose Roger	Consciousness and the Universe – Cosmology Science Publishers

Ho Mae-Wan	The Rainbow and the Worm – World Scientific
Hoffmeyer Jesper	Signs of Meaning in the Universe – Indiana University Press
Hoffmeyer Jesper	Biosemiotics – University of Scranton Press
Jantsch Erich	The Self-Organizing Universe – Pergamon Press
Kauffman Stuart	The Origins of Order – Oxford University Press
Kauffman Stuart	At Home in the Universe – Oxford University Press
Keppler Joachim	The Energetic Basis of Life – Springer
Lovelock James	Gaia: A New Look at Life on Earth – Oxford University Press
Margulis Lynn	Symbiotic Planet – Basic Books
Margulis Lynn, Sagan Dorion	What Is Life? – University of California Press
Maturana Humberto, Varela Francisco	Autopoiesis and Cognition – D. Reidel
Maturana Humberto, Varela Francisco	The Tree of Knowledge – Shambhala
Montagnier Luc	DNA Waves and Water – AIP Conference Proceedings
Morin Edgar	La Méthode – Seuil
Pattee Howard	Hierarchy Theory – George Braziller
Penrose Roger	The Emperor's New Mind – Oxford University Press
Prigogine Ilya	From Being to Becoming – W.H. Freeman
Prigogine Ilya, Stengers Isabelle	Order Out of Chaos – Bantam Books
Rosen Robert	Life Itself – Columbia University Press
Rosen Robert	Essays on Life Itself – Columbia University Press
Sheldrake Rupert	A New Science of Life – Blond & Briggs
Sheldrake Rupert	The Presence of the Past – Times Books
Stengers Isabelle	Thinking with Whitehead – Harvard University Press
Uexküll Jakob von	A Foray into the Worlds of Animals and Humans – University of Minnesota Press
Varela Francisco	Ethical Know-How – Stanford University Press
Waddington C.H.	The Strategy of the Genes – Allen & Unwin
Whitehead Alfred North	Process and Reality – Free Press
Wiener Norbert	Cybernetics – MIT Press
Wolfram Stephen	A New Kind of Science – Wolfram Media

Studi e ricerche

Di seguito trovi un elenco specializzato di studi e progetti scientifici recenti e riconosciuti, coerenti con il tema del libro.

Ho privilegiato lavori su coerenza biologica, campi, informazione, non-località, sistemi complessi, biofisica, cognizione incarnata, evitando titoli puramente metaforici.

I titoli sono in lingua originale, l'elenco è in ordine alfabetico per cognome del responsabile.

Albert Rémi	Institut de Biologie de l'École Normale Supérieure	*Network Inference, Analysis, and Modeling in Systems Biology* – Nature Reviews Genetics
Bialek William	Princeton University	*Biophysics: Searching for Principles* – Princeton University Press
Cifra Michal	Czech Academy of Sciences	*Electromagnetic Fields Generated by Living Cells* – BioSystems
Del Giudice Emilio	INFN – Istituto Nazionale di Fisica Nucleare	*Coherent Quantum Electrodynamics in Living Matter* – Journal of Physics: Conference Series
De Loof Arnold	University of Leuven	*The Cell's Self-Generated Electromagnetic Field* – Communicative & Integrative Biology
Ellis George F.R.	University of Cape Town	*Top-Down Causation and the Emergence of Information in Complex Systems* – Interface Focus
Fields Chris	Independent Researcher	*How Do Living Systems Create Meaning from Information?* – Biosemiotics
Fröhlich Herbert	University of Liverpool	*Long-Range Coherence and Energy Storage in Biological*

		Systems – International Journal of Quantum Chemistry
Giudice Del Emilio, Preparata Giuliano	INFN	*Biological Ordering and Coherent Domains in Water* – Journal of Biological Physics
Haken Hermann	University of Stuttgart	*Synergetics: Introduction and Advanced Topics* – Springer
Ho Mae-Wan	Institute of Science in Society	*Quantum Coherence and the Living Organism* – BioSystems
Keppler Joachim	University of Tübingen	*The Energetic Basis of Information and Consciousness* – Entropy
Kauffman Stuart	Institute for Systems Biology	*Autocatalytic Sets and the Origin of Life* – Journal of Theoretical Biology
Levin Michael	Tufts University – Allen Discovery Center	*The Computational Boundary of a "Self"* – Frontiers in Psychology
Levin Michael	Tufts University – Allen Discovery Center	*Bioelectric Signaling: Reprogrammable Circuits Underlying Embryogenesis* – Cell
Longo Giuseppe	CNRS – École Normale Supérieure	*Extended Criticality and the Physics of Life* – Journal of Biological Systems
Montagnier Luc	Fondation Luc Montagnier	*DNA Waves and Water* – Interdisciplinary Sciences: Computational Life Sciences
Mossio Matteo	CNRS – Sorbonne Université	*Organizational Closure in Biological Organisms* – Journal of Theoretical Biology
Noble Denis	University of Oxford	*Biophysics and Systems Biology: Why Reductionism Fails* – Journal of Physiology
Popp Fritz-Albert	International Institute of Biophysics	*Biophoton Emission: New Evidence for Coherence in Living Systems* – Physics Letters A
Prigogine Ilya	Université Libre de Bruxelles	*Non-Equilibrium Systems and the Emergence of Order* – Physics Today
Rosen Robert	Dalhousie University	*Life Itself: A Comprehensive Inquiry into the Nature, Origin, and Fabrication of Life* – Columbia University Press
Simeonov Plamen	BAS – Bulgarian Academy of Sciences	*Integral Biomathics: A Post-Newtonian View into the Logos of Bios* – Springer

Torday John	UCLA	*Evolutionary Biology, Cell Communication and the Origin of Physiological Coherence* – Progress in Biophysics and Molecular Biology
Ulanowicz Robert	University of Maryland	*Information Theory in Ecology and Biology* – BioSystems
Varela Francisco	CNRS – CREA, École Polytechnique	*The Brainweb: Phase Synchronization and Large-Scale Integration* – Nature Reviews Neuroscience
Walker Sara Imari	Arizona State University	*The Information Theory of Life* – Reports on Progress in Physics
Werner Eric	University of Oxford	*The Origin, Evolution and Development of Biological Complexity* – BioSystems

Quarta copertina

Siamo davvero solo l'esito di miliardi di reazioni chimiche orchestrate dal DNA? O la vita nasconde un principio organizzatore più profondo, capace di dare forma, coerenza e senso alla materia vivente? La biologia dei campi invita il lettore a mettere in discussione una delle certezze più radicate della scienza moderna: l'idea che comprendere le parti equivalga a comprendere il tutto.

Con uno stile divulgativo ma rigoroso, questo libro accompagna il lettore dentro la crisi del paradigma biologico classico, là dove la spiegazione biochimica mostra i suoi limiti e il darwinismo fatica a rendere conto del problema della forma. Come può un organismo mantenere la propria identità, svilupparsi in modo coerente e adattarsi creativamente all'ambiente, se non esiste un principio che coordini le parti prima ancora che esse entrino in gioco?

La risposta proposta è audace quanto affascinante: la vita come fenomeno di coerenza. Dalla fisica dei sistemi complessi e quantistici alla biologia, emerge l'immagine dell'organismo come sistema non-locale, in cui il tutto precede e informa le parti. In questo orizzonte prendono forma i campi biologici: non metafore vaghe, ma strutture informative reali, capaci di stabilizzare la forma, guidare i processi vitali e rendere la materia vivente qualcosa di più di un assemblaggio casuale.

Informazione che si incarna, energia vitale da ripensare in termini scientifici, salute come stato di coerenza globale e malattia come frammentazione del campo: ogni capitolo apre una prospettiva nuova sul vivere e sul conoscere. La vita appare così come un processo cognitivo diffuso, in cui ogni organismo, dal più semplice al più complesso, interpreta il mondo e risponde ad esso in modo significativo.

La biologia dei campi non promette formule definitive, ma propone una visione integrata e responsabile, capace di mettere in dialogo scienza, filosofia e tradizione senza confonderle. Un libro per chi avverte che ridurre la vita a meccanismo non basta più, e sente il bisogno di pensare l'organismo come un evento di senso nell'universo.

Sinossi breve ISBN

Il libro propone una rilettura innovativa del fenomeno vitale, rivolta a chi avverte i limiti di una biologia ridotta a pura chimica e genetica. Con uno stile divulgativo ma rigoroso, il libro attraversa la crisi del paradigma classico, mostrando perché la vita non possa essere spiegata come semplice somma di reazioni né come esito cieco della selezione naturale. Al centro dell'opera emerge il concetto di coerenza: la vita come processo unitario in cui il tutto precede e organizza le parti. L'organismo viene così descritto come sistema non-locale, sostenuto da campi biologici intesi non come metafore, ma come strutture informative reali, capaci di guidare la forma, stabilizzare l'identità e integrare materia, energia e informazione. Questa prospettiva apre nuove chiavi di lettura per salute e malattia, intese rispettivamente come stati di coerenza o di frammentazione del campo vitale, e conduce a una visione della vita come processo cognitivo diffuso. Un libro per lettori interessati a una biologia capace di dialogare con la filosofia e di restituire alla vita il suo valore di senso nell'universo.

L'autore

Bruno Del Medico è uno scrittore e divulgatore italiano, autore di saggi dedicati all'esplorazione della coscienza, della metafisica e dei nuovi paradigmi della fisica quantistica. Pubblica con Edizioni PensareDiverso, casa editrice specializzata in spiritualità, pensiero critico e scienza di frontiera. Nei suoi libri indaga il rapporto tra osservatore e realtà, proponendo una visione dell'universo in cui la coscienza non è un prodotto secondario della materia, ma un elemento fondamentale dell'esistenza.

L'approccio di Bruno Del Medico integra concetti scientifici, riflessione filosofica e intuizioni spirituali, con uno stile accessibile e orientato alla trasformazione interiore del lettore. È considerato una voce significativa nell'ambito della divulgazione olistica contemporanea, apprezzato soprattutto in contesti culturali alternativi e percorsi di ricerca personale.

Edizioni PensareDiverso è una casa editrice italiana indipendente specializzata in saggistica orientata ai nuovi paradigmi del pensiero, alla spiritualità contemporanea e alla ricerca interiore, con particolare attenzione ai temi di confine tra scienza, coscienza e metafisica. La casa editrice promuove opere che mettono in discussione la visione materialista tradizionale, esplorano il rapporto tra mente, realtà e universo, propongono letture olistiche e sistemiche dell'esistenza, favoriscono la consapevolezza personale e collettiva.

vita come processo informativo – campi vitali,
organismi come sistemi coerenti – non località,
biologia e fisica quantistica – coerenza,
informazione incarnata – forma biologica,
salute e malattia – perdita di coerenza,
epistemologia della biologia – nuova scienza,
vita e senso – metafisica della natura,

AM - biologia dei campi – vita come informazione,
nuova biologia – oltre il riduzionismo,
coerenza biologica – fisica e vita,
campi biologici – organismo non locale,
salute come coerenza – malattia sistemica,
darwinismo e forma – critica evoluzionismo,
biologia quantistica – sistemi complessi,

www.ingramcontent.com/pod-product-compliance
Lightning Source LLC
LaVergne TN
LVHW052027200926
848481LV00005B/1609
* 9 7 9 1 2 5 8 0 6 0 6 1 8 *